U0246970

国菜

环游世界寻找食物、历史和家的意义

Anya Von Bremzen

[美] 安妮亚·冯·布连姆森——著

姜昊骞——译

中国出版集团 东方出版中心

图书在版编目（CIP）数据

国菜：环游世界寻找食物、历史和家的意义 ／（美）安妮亚·冯·布连姆森（Anya Von Bremzen）著；姜昊骞译. - - 上海：东方出版中心，2024.11. - - ISBN 978-7-5473-2568-1

Ⅰ. TS971.201

中国国家版本馆CIP数据核字第202495NJ41号

上海市版权局著作权合同登记：图字09-2023-0989号

国菜：环游世界寻找食物、历史和家的意义

著　　者	［美］安妮亚·冯·布连姆森
译　　者	姜昊骞
策划编辑	沈旖婷
责任编辑	沈旖婷
封面设计	钟　颖

出 版 人	陈义望
出版发行	东方出版中心
地　　址	上海市仙霞路345号
邮政编码	200336
电　　话	021- 62417400
印 刷 者	昆山市亭林印刷有限责任公司

开　　本	890mm×1240mm　1/32
印　　张	10.125
字　　数	206千字
版　　次	2024年11月第1版
印　　次	2024年11月第1次印刷
定　　价	78.00元

献给拉里莎和巴里
缅怀我的兄弟安德烈

目　录

前言

巴黎火锅

在疫情前的一个晦暗的秋季清晨，我和伴侣巴里来到巴黎，准备还原一道记载于19世纪法国菜谱中的"火锅"（pot-au-feu）。我当时头脑中已经开始酝酿要写一本书，我要周游世界，做菜、尝菜、研究菜，通过经典菜肴讲述各国饮食文化。巴黎之行正是为了做这件事。

我们住在文化多元的巴黎13区的易家公寓里，刚把行李放下，就马上跨过了宽阔的意大利大道——大啖非法国菜，给法餐文化来一场大破坏。

在一家名叫"湄公河"的小酒馆里，我品尝到了出彩的咖喱鸡越式三明治，菜里有一点爱的味道。厨师是一个疲倦的越南女人，她感叹道，西贡"很漂亮，那巴黎呢？也不错，就是有些伤感……"有一家马格里布风味清真肉铺里卖夹心脆饼（mahjouba），这是阿尔及利亚人吃的一种酥脆版可丽饼，馅料是炖煮的番茄和青椒，香气逼人。肉店伙计留着小胡子，正被一名

1

古板专横的中年巴黎妇女折腾。等她拿着一片炸小牛肉排离开后，伙计长舒一口气，一边吹口哨，一边比了个"她有病吧"的手势。

这个手势基本上概括了我对巴黎的一贯感受。

我第一次去巴黎是在20世纪70年代。当时我还是一名忧郁的少女，刚刚从苏联移民去费城居住。从那以来，我与"光明之城"之间的关系就一直是焦虑而哀愁的。别人可能会扑向餐厅，为一盘盘牡蛎和一罐罐肉冻意乱情迷。而我，我看到的只有霸道的套餐、褪色的古典主义，还有奥斯曼留下的无穷无尽的米白色立面——简直就是流水线式的斯大林美学，再点缀上窗边摆的天竺葵。

但此时此刻，我在巴黎亚洲文化大动脉舒瓦西大街（Avenue de Choisy）上的一家韩国特产店买了粉色麻薯。下一站是巨型亚洲超市陈氏百货，购物袋里塞着柬埔寨速冻饺子和三大块中国月饼。不远处又有一家霓虹闪烁的中国台湾珍珠奶茶店，我在里面发现了一种结合越南春卷和寿司的美食——寿春卷！

这是我来巴黎最开心的一次。巴黎13区抚慰了我，仿佛让我回到了刚刚离开的跨文化活力社区——皇后区杰克逊高地（Jackson Heights）。香茅、鱼露和哈里萨辣椒酱（harissa）构成了后殖民时代的丰盛融合，缓解了我对法国的恐惧不安。

我把巴里送去了易家公寓。阴差阳错的是，公寓狭小的厨房里恰好有一幅弗雷德里克·怀斯曼（Frederick Wiseman）纪录片《在杰克逊高地》的大幅海报。接着，我就带着买来的东西去了小小的社区公园。长椅上坐着一个胡须稀疏、头戴无檐便帽的穆斯林老人，他把手掌放在心脏的位置跟我打招呼："As-salaam alaikum！"（意为"祝你平安"）

一名餐饮研究学者曾表示，国菜的问题在于"看似显而易见，实则似是而非"。所有带上"国"或者"民族"字眼的东西都可以这样说。大多数人都将"民族"视为有机共同体，自古以来便有共同的学院、人种、语言、文化和饮食纽带。但社科学者认为这种"原生论"站不住脚。20世纪80年代中期，影响力巨大的"现代主义"学派学者厄内斯特·盖尔纳（Ernest Gellner）、艾瑞克·霍布斯鲍姆（Eric Hobsbawm）、本尼迪克特·安德森（Benedict Anderson）有力地证明，民族和民族主义现象的历史并不长久，大致可以追溯到启蒙运动后期，尤其是为当代民族概念提供了模本的法国大革命。大革命期间，绝对君主制下族群、风俗、方言各异的法国转变为有共同的法律、统一的语言、同一部成文宪法的主权实体，它以平等公民的名义施行统治，空中飘扬着一面理想主义的伟大旗帜：自由、平等、博爱！

在法国范例的鼓舞下，各大殖民帝国在长19世纪[1]兴起了民族自决运动，直到第一次和第二次世界大战的废墟上涌现出新兴民族国家浪潮——当然，其中有一些国家的现行边界是欧洲殖民列强赤裸裸瓜分的结果。

最后一波建国潮发生于20世纪90年代初南斯拉夫与苏联解体。我就出生于60年代的苏联，成长在苏维埃社会主义加盟共

---

[1] 指从法国大革命爆发（1789年）至第一次世界大战爆发（1914年）的时期。

和国。加盟共和国天差地别，既有北欧风情的爱沙尼亚，又有遍布沙漠的土库曼斯坦，全都由我的故乡莫斯科统治着。我们享用着全国各地的各种美食：乌兹别克斯坦的手抓饭、格鲁吉亚核桃酱香辣鸡肉、亚美尼亚咸大米蔬菜卷多尔玛（dolma）；它们为法兰克福香肠和蛋黄酱沙拉组成的贫乏苏联饮食增添了色彩。

接着，我和母亲在1974年成了流亡美国的无国籍难民。

我至今记得我的非母语英语课程教师用鼻音浓重的费城口音大声宣讲，我们学生应该为身为光荣的大熔炉国家的一分子而感到骄傲。我试着将自己想象成一片味维他（Velveeta）牌奶酪，它呈现出"狄格洛"（Day-Glo）牌橙色涂料一般的诡异色泽，正在学校食堂午餐里黏糊糊的辣酱大锅里熔化。我对大美国同化模式有着本能的警惕，熔得不算太好。我接受的强硬苏联爱国主义教育让我怀疑美国的州和州民认同。

尽管我现在有时候会想，属于一个关系紧密的小国家——比如冰岛？——会是怎样的感受，但我还是在杰克逊高地的家里感觉最自在。那里有说168种语言的居民，我可以早餐吃哥伦比亚玉米饼（arepa），午饭吃中国西藏楮麻（藏式花纹饺子），没有人关心我的身份。我是一名美籍俄裔犹太人，出生在一个早已从地图上抹去的庞大帝国。我会说好几门语言，每一门都有很重的口音。我的职业是一名居无定所的美食旅行作家。我在伊斯坦布尔有一间公寓，那里曾经是多种族国家奥斯曼帝国的首都。在饮食方面，我和母亲、巴里是狂热的普遍价值文化主义者。我们在犹太教逾越节做鱼饼冻（gefilte fish），诺鲁孜节做波斯手抓饭，俄国东正教复活节做火腿。这种不拘泥于单一身份、地域或共同体的后现代——全球化——境况如今很常见，波兰哲学家齐格蒙特·鲍曼（Zygmunt Bauman）对它有一个很精妙的形容。他称之为"流动的现代性"。一种"没有恒久纽带"的生活。

那么，我这样一个人为什么要启程探索"国菜"文化呢？

因为随着全球化兴起并占据主导地位，民族与民族主义似乎过时了，同时也有了前所未有的活力与意义。食物是透视这一现象的最佳棱镜。从坎帕拉（Kampala）到加德满都（Kathmandu），我们都遇到了无处不在、千篇一律的快餐汉堡，但从第比利斯（Tbilisi）到特拉维夫（Tel Aviv），我们也遇到了同样的"全球布鲁克林"社区，胡子拉碴的嬉皮士们用精酿啤酒和网红酸面包抗议大企业与食品帝国主义。如此一来，精酿啤酒和汉堡成了跨国食品流中的不同政治风味。你可能会觉得，滔天洪水般的全球化会抹杀人们对地方与民族食物的渴望。但事实并非如此：全球化与本地化相互滋养。我们对食物的态度从未如此世界主义——但也从未如此本质主义、地方主义和特殊主义。随着世界变得愈发流动，我们会为"偷窃"美食与文化归属争吵，也会在正宗、风土、传承的条纲中寻求栖身与安慰。我们有一种将食物与地点绑定的强迫式冲动，在旅程途中探寻灵光一现的发源地，寻找日式拉面的诞生地、意大利比萨的摇篮、法式鱼汤的大本营。这便是我过去几十年间的职业生涯。

不仅如此，食物是民族的象征，承载着国旗与国徽般的情感，这些"被发明的传统"对民族的建构与维系，对追索深厚的历史根源至关重要。但事实上，它们往往是晚近的人造产物。

我坐在巴黎的长凳上，一边撕开全球化浓度爆棚的寿春卷的包装，一边思考大学者帕斯卡·奥里（Pascal Ory）的一句超级本质主义的名言。奥里写道，法国"与食物的关系非同一般。法国身份认同即便不是正统法餐的唯一独特食材，也是独特食材之一"。

当然，意大利人、韩国人乃至阿布哈兹人都会愤愤不平地说，他们与食物同样有着特殊的关系。但如果身份起源于我们围在餐桌旁谈论自己的方式的话，那么国菜话语的明确首创者便是法国，更具体地说是巴黎。法国将法餐奉为一种可以输出的法国文化独特产物，与之相伴的还有"chef"（大厨）和"gastronomy"（美食学）等词。此外，法国在17世纪中叶奠定了真正现代餐饮的基础，走出了中世纪杂乱无章的香料，开始发明和记录沿用至今的酱料和技法。法国创造了我们所了解的"restaurant"（餐厅），并将"terrior"（风土）变成了一种有力的民族营销工具。

当然，这种法餐例外主义在近20年来遭受了沉重打击（我承认，我对此公然表示欣喜）。现在的境况又如何呢？法国是"美食国度"的理念是在什么地方，以何种方式诞生的呢？

火锅是我心目中的标志性法餐，我来巴黎就是要钻研它。记载这道菜的菜谱作者是一名影响深远的19世纪大厨，他的非凡经历足可以写成一部传奇小说。罗伯斯庇尔恐怖统治期间，玛丽-安托万·卡雷姆（Marie-Antoine Carême）被贫穷的父亲丢弃在巴黎街头。要不是他已经真实存在了，法国文豪也肯定会把他编出来——是巴尔扎克呢，还是大仲马？两人都是美食家。自学成才，魅力非凡的卡雷姆成了世界上第一个头戴厨师帽的国际名厨（事实上，白色厨师帽就是他发明的）。他不仅是法国大菜中糖丝造型的宗师，还确立了四大母酱，从中演变出了对法国人的自我定义无比重要的无数"子酱"。他是皇室大筵与那个时代的G7宴会的主理人，将法餐至高无上的地位传遍了世界。或者用现代一点的话讲，卡雷姆代表法国品牌主持美食外交（gastrodiplomacy，表示食物蕴含的政治软实力的新潮词）。

卡雷姆的沙文主义著作影响力甚至还要更大。他在1833年的巨著《19世纪法国烹饪艺术》（*L'Art de la Cuisine Française au Dix-Neuvième Siècle*）中高唱："法国啊，我美丽的祖国，唯有你的胸膛中融汇了美食的喜悦。"

那么，今天要如何创造国菜和餐饮文化呢？我将会发现，尽管答案很少一目了然，但经典菜谱永远是好的起点。法国史名家普丽西拉·弗格森（Priscilla Ferguson）认为，卡雷姆的著作通过美食和食物用语将"法国"统合了起来。当时，法国出版物已经开始向心情急切、范围更广的资产阶级公众介绍旧制度下的贵族美食了。弗格森写道："在合众为一的国族建构大业中，卡雷姆的法餐成了一种关键建材。"

卡雷姆对公众表示："我的书不是写给豪门巨室的。我的希望是……在我们美丽的法国，每一个公民都能享用精美的餐点。"

卡雷姆巨著的开篇美馔就是pot-au-feu，意思是"火上的锅"，或者就叫"火锅"。肉汁、牛肉、蔬菜融于一锅，汤与主菜合一，一碗火锅便是卡雷姆亲封的"纯正国菜"，是平等与博爱的象征。

火锅承载着厚重的法国文化。伏尔泰将它与礼仪联系在一起；巴尔扎克亲切地谈起它带给市民的抚慰，甚至出言不逊的煽动家米歇尔·维勒贝克（Michel Houellebecq）也有同感；学者们则将它评为"家庭聚会的神奇核心"。我本人对它的液体成分特别着迷，也就是高汤（bouillon/broth）——那是所有法餐酱汁与汤品的芳香基底。

卡雷姆的继承人，美好时代[2]上流风华的独裁者，奥古斯特·埃斯科菲耶（Auguste Escoffier）断言："做菜，至少是做法国菜，高汤就是一切。"

高汤既家常，但同时又有着笛卡儿式的存在意味：我熬高汤，故我在做法餐。

"卡雷姆……火锅……这个话题太重要了。"法国美食史学家贝内迪克特·博热（Bénédict Beaugé）很支持我的项目。"可惜啊，现在太多人不在意了。"

贝内迪克特年逾古稀，白发渐稀，苍白的面庞庄重而慈祥，散发出深厚谦卑的人性光芒——与聒噪的法国知识分子恰恰相反。他住在巴黎西边，离埃菲尔铁塔很近，家里摆满了书。他家所在的卢尔梅街（Rue de Lourmel）平淡如水，我在街边发现了一家中东自助餐、一家日餐店，还有一家名叫"B计划"的嬉皮文化爱好者酒吧。

我的开场白是："真是新的全球巴黎啊。"

2　指的是19世纪末至第一次世界大战爆发之间的欧洲繁荣时期。

贝内迪克特说："还有乱，从餐饮角度来说。餐饮乱象现在已经持续了将近20年了，反映了法国身份认同的宏观乱象……不过，也许是乱中有治？"

但与我一样，他也在思考"关于法餐文化、关于一个伟大餐桌文明的顶层理念"。他说，巴黎如今似乎只有日本大厨执迷于法餐文化，而突尼斯面包师傅已经在法棍大赛上得奖了。

"没错，外来饮食正在永久地改变巴黎，"他承认，"但问题是什么呢？我们法国人不像你们美国人那样有明确的熔炉国家意识。"

这话没错。我要是向记者朋友询问巴黎的族群构成情况，他们会严肃提醒我，法国法律禁止发布关于族裔、种族或宗教的官方数据——如此一来，类似13区内的这种移民社区变得无声无形。一切都是以对肤色视而不见的普世共和理想的名义。

"不过还有火锅呢！"贝内迪克特点头称是，"那个美妙的、有趣的玩意，一道十足的家常菜——就是高汤炖肉——但又是十足的国菜！"

卡雷姆呢？他温柔地笑着，仿佛在谈论一个心爱的老伯。"一个艺术家，我国厨界的第一个学问家，一个笛卡儿式的灵魂，他为法餐赋予了逻辑基础和语法。然而……"贝内迪克特抬起一根手指，"法餐的理性化与随之而来的民族化——其实并非始于卡雷姆！"

"你是说拉瓦雷纳（La Varenne）吧。"我答道。

弗朗索瓦·皮埃尔·德拉瓦雷纳（François Pierre de La Varenne）是出身勃艮第的德鲁塞尔侯爵（Marquis d'Uxelles）

的"厨房侍从"。1651年，他发表了《法国烹饪》(*Le Cuisinier François*) 一书。之前的将近一个世纪中，意大利文艺复兴菜谱的改编版横行法国。《法国烹饪》是第一本法国原创菜谱，也是全世界第一本以国家命名的菜谱。

现在很难想象，但直到17世纪50年代为止，世界上几乎没有任何专门编纂的"国菜"菜谱一类的东西。穷人靠稀粥野菜为生（当年没人愿意吃，如今却被奉为"传统"），各国宫廷的饮食则是五湖四海，用来自远方的美食炫耀权势与富贵。全欧洲菜谱抄袭成风，不以为耻，以至于欧洲（乃至伊斯兰世界）精英在宴席上吃的东西都差不多，有烤孔雀和烤白鹭，有巨型馅饼（有时里面装着活兔子），还有无处不在的白布丁，这是一种受到穆斯林影响而形成的糊冻菜肴，原料包括米饭、鸡肉和杏仁露。文艺复兴时期的菜谱甜倒牙，动辄一斤肉放两斤糖，滥用进口的肉桂、丁香、胡椒和藏红花，以至于一名历史学家打趣道，什么菜都是一股劣质印度菜的味道。

《法国烹饪》是欧洲烹饪巨变的最早记录。拉瓦雷纳的名著中基本摒弃了厚重的东印度香料，而改用红葱头和香草等"法国香料"；肉菜一概不加糖；以乳化黄油为基底的顺滑酱料开始取代中世纪的浓烈酸甜酱汁。《法国烹饪》里点缀着精巧的蔬菜炖肉和清爽的沙拉，还有法式炖牛肉（boeuf à la mode）这样高辨识度的标准法菜。一名与拉瓦雷纳同时代的人对这种新式"本味"菜肴做了最精当的概括："包菜汤就应该纯是包菜味，韭葱汤就应该纯是韭葱味。"这句现代箴言最初出现在17世纪中期的法国。

"在拉瓦雷纳之后的一个世纪里，"身边堆满了书的纤弱名宿贝内迪克特说，"启蒙精神独领风骚，印刷文化迎来爆炸式发展。"伴随着卢梭的自然崇拜——看似粗鄙，实则非常精巧昂贵——狂热的新式科学方法应运而生。两者联姻带来的后果之一，便是高度浓缩、半食半药的高汤受到追捧。

那这些启蒙灵丹妙药的名字叫什么？

餐厅（restaurant）。

正如历史学家丽贝卡·斯庞（Rebebba Spang）在《餐厅的发明》（*The Invention of the Restaurant*）一书中所说："早在餐厅成为就餐场所的几百年前……餐厅本身就是食物，一种滋补高汤。"作为场所的餐厅——直到19世纪中期都是巴黎独有的胜地——最早出现于1789年革命前的20年间，当时是金碧辉煌的"汤疗"中心。在西方历史上，食客第一次可以随时到店，按价点单，分桌用餐。到了19世纪20年代，巴黎约有3 000家餐厅，样貌和今天的餐厅已经很像了。餐厅是暴食美学的圣殿，没错——祭品就是松露马伦哥炖鸡与奢华的水晶灯。但同样重要的是，餐厅是社会文化地标，为一种法国特有的新式美食文学哲思提供了灵感——吸引着英美朝圣者的到来，按照斯庞的说法，这些人以为法国的"民族性体现在餐厅里"。他们的想法是对的。

当我准备告辞，留下贝内迪克特与他的文字和历史独处之际，他告诫我："当然，国菜不是一夜之间出现的。"那是一个反映了文化与政治变迁的漫长过程。但他强调，法餐自从17世纪中叶就创新求变，别出心裁，而随着餐厅的发展和美食评论家的诞生，这个法国独有的特征愈发突出。另外，从拉瓦雷纳开始的法国餐饮人代代凯歌高奏，反复向本味，向更创新、更科学——也更昂

11

贵——的精纯厨艺效忠。卡雷姆呢？他的"绝大部分"菜肴都奉行"朴素、优雅……华贵"的原则。埃斯科菲耶号称在卡雷姆基础上删繁就简——在接下来的20世纪初，倡导地方菜的美食资产阶级运动嘲笑埃斯科菲耶穷奢烦冗。到了20世纪70年代，反叛传统的"新烹饪"（nouvelle cuisine）大厨博古斯（Bocuse）、特鲁瓦格罗（Troisgros）之类全盘否定卡雷姆-埃斯科菲耶传统，斥之为"糟糕的褐酱和白酱"，同时树立起属于他们自己（而且贵得让人惊诧）的崇尚清爽天然的胜利旗帜。

但为什么——为什么在新烹饪革命之后，推陈出新、崇尚理性的独特法餐文化陷入了惊人的徘徊与困顿呢？

"费兰。"

尼古拉·沙特尼耶（Nicolas Chatenier）用夸张的忧郁语气报出了罪魁祸首的名字。尼古拉衣冠楚楚、形貌俊朗，是一个40岁上下的商人兼花花公子，现任圣培露50最佳餐厅法国评委会主席。圣培露餐厅排行影响力巨大，是米其林餐厅排名的主要对手。

他说的是费兰·阿德里亚（Ferran Adrià），加泰罗尼亚先锋派大厨，曾经是西班牙布拉瓦海岸（Costa Brava）斗牛犬餐厅的天才厨师。20世纪末，阿德里亚横空出世，仿佛集魔法师与科学家于一身，举重若轻之间，巧妙机智地挑战、解构和重新定义了法餐的语法和逻辑——正如毕加索和达利颠覆和激发了艺术界一样。

尼古拉和我在思考法餐大厦倾覆的灾难，地点在一家名叫"鸡锅"的新锐高档餐厅，一份鸡肉版火锅要卖60美元。

尼古拉出身巴黎市民家庭，在他的记忆中，家人过节去法国各大美食圣殿的经历富有魔力。一名留胡子的年轻嬉皮士男服务员端来了高汤炖煮的正宗布雷斯黄鸡，神情里带着千禧一代的冷漠嘲讽。同时，尼古拉如梦似幻地回忆道："罗比雄Jamin餐厅啊，跟糖果盒似的……特鲁瓦格罗家那童话里一般的甜点啊……"这或许就是为什么在世纪初的时候，还是一名雄心勃勃的美食记者的尼古拉对当时甚嚣尘上的法餐危机深感困扰。于是，他写了一篇纪实长文。没有人想听他讲的话。他咯咯笑道："大家骂我是英国特务，我可不是胡编！"

他的眼神变得忧愁。"法国，几百年来的美食大帝国。最优秀的培训，最优秀的出品，最优秀的厨师。然后……"他惨淡地举起手，"《纽约时报》把费兰放在封面上，文章里讲法国衰落，西班牙崛起，这是国耻。"

我责备他道："尼古拉，你少来，那篇文章都快20年了！"

"这边的人还在谈论它。"他向我郑重保证。

西班牙人表现出了"惊人"的团结，围绕在费兰身边，而在乔尔·罗比雄（Joël Robuchon）和阿兰·迪卡斯（Alain Ducasse）的领导下，当代法国人却在相互争斗。尼古拉思之神伤。

"这和70年代新烹饪那帮人不一样，"他坚称，"特鲁瓦格罗、博古斯、米歇尔·盖拉尔（Michel Guérard），他们聪明，真诚——团结。"

确实，他们使用了1968年的激进修辞；革命弥漫在空气中。但他们抓住了时机——那属于一股普遍的、更庞大的文化能量的一部分。"当年的法国万象更新。电影有新浪潮，文学有新小说，文化批评也有新角度。我们是文化与时尚之都——戈达尔、特吕弗、伊夫·圣罗兰！"

他停下话头，打了一个鸡肉高汤味的悲伤饱嗝。"之后是希拉克治下停滞不前的12年。缓慢的，乏味的［叹息］……衰落。"

所以，法餐危机的原因其实不是费兰？

尼古拉耸了耸肩，这是法国人表达赞同的动作。"是一连串危机。"

比如，米其林那过时的、难以为继的高档餐厅标准逼得一些大厨破产，甚至还有大厨被迫自杀；2000年实行35小时工作制，外加19.5%的苛刻增值税（后来调低了），让本就困难的餐厅雪上加霜；中低档餐厅爆出使用预制菜和冷冻食材的丑闻；在乡下，连锁超市和工厂化农场威胁到了地方传统。还有，全球化快餐入侵来了。

"法国，灿烂餐饮文明的输出国，迷上了麦当屎！"[3]尼古拉悲叹道，"就连我们的法棍都变差了。预烤的，冷冻的，工业的。"

但是，现在看起来一切都挺好。法棍又变好了，千禧一代追捧农场直供的有机鲜蔬，仿佛连上了卢梭的自然崇拜。这股新潮流在巴黎东部尤其兴盛，带来了布鲁克林风的咖啡馆、创意鸡尾酒和受到亚洲文化影响的餐厅。"如今，巴黎的所有界限全都模糊了，"尼古拉宣称，"太有意思了！好吧，外界抨击一度让我们落伍——但我们现在思想开放了！我们或许失去了国菜的理念，但我们已经向外界开放了。去金马车看看吧，"他劝我道，"日本人

---

3 原文为McMerde，是麦当劳（McDonald）的蔑称，merde是法语里"粪便"的意思。英语里也有类似的词语McShit。

开的一家新派粤菜馆，超酷的……"

"等等——你是说，巴黎餐饮界之所以有趣起来，是因为大厨们抛弃了法国性的观念？"

尼古拉哽咽了一下。他看上去忧心忡忡。作为圣培露50法国区的首席评委，他必须维护民族价值。"好吧，算是有一点吧，"他让了一步，"但现在大家又有小馆（bistro）情怀了！芹菜根沙拉、鸡肉火锅，就咱们刚刚吃的这些。看看周围吧：座无虚席，晚晚爆满。还是这个价。"

风土啊，他一边遐想着，一边把叉子插进了布雷斯鸡的身子里，生猛吓人的鸡爪还支棱着。这也许就是法国永远的回答，真正的民族叙事。法国不可思议的物产……还有法国人谈论国产品的卓越话术，打开了全球的食欲，满足了世界的胃口。

吃完饭，我在月光下的塞纳河畔漫步，思忖我与尼古拉的谈话，无视了法国爱好者们不避劳苦、趋之若鹜的浪漫水滨。普丽西拉·弗格森论证道，法餐至高无上的地位是因为食物本身——布丁就是证据。但正如尼古拉主张的那样，另一个原因是法国人太擅长话语了：他们的谈话，他们的写作与哲思升华了美食，吃不仅仅是维生，甚至不仅仅是展现上流阶级的权势，而成了一种与文学、建筑、音乐比肩的文化形式。

但我又想到，法国人的谈话终究伤害了法餐。

因为它变成了故步自封的本质主义。随着别处迸发出进步思潮——西班牙有天马行空的新烹饪科学，加利福尼亚和斯堪的纳维亚关注可持续理念——法国则形成了执念，为失去话语加持下的统治地位而焦躁。他们的故事变成了怀旧和辩护，刻板傲慢，墨守成规。我回想起10年前圣保罗的一场星级厨师大会。加泰罗尼亚青年糕点魔法师霍尔迪·罗加（Jordi Roca）献上了一道神奇的浮空甜品。巴西大厨阿莱士·阿塔拉（Alex Atala）激情畅谈亚马逊的生物多样性。法国厨师呢？食神阿兰·迪卡斯手下的厨房团队登台大讲……高汤的重要性。我还记得自己和听众都在翻白眼。那就好比在人工智能峰会上谈钢笔。

可我自己就在巴黎，站在齐膝高的高汤里，研究火锅还有高汤的历史与科学原理——探寻美食与土地之间的广阔关联。比方说，我惊讶地发现，一杯小小的18世纪养生高汤竟然直击法国启蒙运动多个话题的交叉点，包括烹饪、医药、化学、方兴未艾的消费主义，还有古今口味之争。但一个世纪后，高汤又成了餐饮民主化的代表，因为19世纪末的巴黎涌现出了名为"汤馆"（bouillon）的廉价食堂。汤馆是全球快餐连锁店的雏形，在赏心悦目、干净卫生的环境里向贫民阶层出售高汤炖牛肉外加几种简单配菜。

如今，在摆满了巴尔扎克时代小玩意的13区公寓里，我再次研究起卡雷姆《法国烹饪艺术》的开篇菜谱"家常火锅"。

陶锅里放入四磅牛肉、一大块小牛肉、一只插在钎子上烤至半熟的鸡、三升水。后续加入两根胡萝卜、一个芜菁、韭葱和一块插入洋葱里的丁香……

菜谱简明易懂，只是有点古怪。为什么鸡要烤到半熟呢？

贝内迪克特告诉我，这道菜谱之所以经典，是因为卡雷姆的序言《资产阶级火锅剖析》。这本书是御厨卡雷姆写给罗斯柴尔德男爵夫人的，他在序言中讲解了高汤的科学原理及其对资产阶级女性做菜的好处——高汤弥合了性别与阶级的鸿沟。他称赞读者道："照看养生锅的女性哪怕对化学一无所知……已经从母亲那里学会了如何烹制火锅。"学者们认为，这篇序言让火锅真正成了国菜，指引着一代代作家和厨师从这道"什锦一锅出"动笔，撰写自己的著作。

但我问我自己，一道菜还能通过什么方式，有什么原因会被奉为"国菜"呢？

有在海外取得的意外经济成功（意大利比萨），有对游客的吸引力（希腊木莎卡），有在艰苦岁月滋养了大众（战后日本拉面）。有时甚至直接就是法律规定：请看泰式炒粉这个奇特的案例。这道菜源于中国（日式拉面也是如此），经过"泰式改良"后加入酸角和棕榈糖。20世纪30年代的銮披汶·颂堪立法将其定为国民街头小吃。此举是他计划的一部分，其他做法包括将国名"暹罗"改为"泰国"，禁止少数民族语言，还有不许华人上街摆摊。

当然，在所有竞争者里面，什锦炖菜是最有说服力的民族象征，因为它有一种神奇的象征力量。它不拘贫富，跨越地域界线，将不同的历史过往连为一体。在巴西，黑豆炖菜（feijoada）被认为将原住民、殖民者和非洲黑奴文化融合在这一锅黑豆和猪下水的炖菜里。古巴有一种多种肉配薯类的炖菜（ajiaco）跟它如出一辙，也是同样的说法。再来看（如果非要看不可的话）纳粹对德

17

式一锅出（eintopf）的诡异推崇，企图从中发现神秘的人民共同体。直到20世纪30年代为止，"eintopf"这个词都从未见诸书刊，请莫见怪。（我后来发现，类似情况并不少见。）

现在要讲我的火锅，还有它真实的历史源头了。尽管火锅不算是农家菜（农民一年才吃得上一次肉），但它依然被轻易神化为法国共和信条的完美载体，"全法国"的博爱之锅。就连眼高于顶的埃斯科菲耶都对它赞誉有加："这道菜虽然简单……却构成了军人和劳工……富人和工匠的完整晚餐。"早在埃斯科菲耶称霸的美好时代之前，法兰西第三共和国的雄心——通过全民法语教育、服兵役、区域整合和乡村现代化开展激烈的国民齐一化运动——已经基本实现了。尽管女性依然是二等公民，直到1944年才有选举权，但用一名学者的话说，"教玛丽安做饭已经成了一项无比重要的民族议题"。几乎每一本女性家政学教材的开篇都是火锅，19世纪末有一本面向资产阶级女性的热门家政杂志就叫《火锅》。更有甚者，火锅还完美体现了那个时代地方主义者的"多元合一"理念，因为法国各地都有自己的火锅版本［朗格多克有柴捆汤（garbure），布列塔尼有料肉锅（kig ha farz）］，如今它们都被颂扬为全民族宏大美食文化的一部分。

我越是琢磨，就越觉得火锅简直是"国菜"大厦里的一堂显而易见的大师课。

只不过……

我问过的人谈起它用的都是过去时，慵懒怀旧的语气——"外婆菜嘛"，乡下礼拜天中午吃的火锅呀——然后就上气不接下气地推荐起热门刈包店，或者精品布鲁克林风梅兹卡酒吧。有人跟我宣称两个火锅专精的重量级大厨，结果两人都在亚洲享受长假，而且从喜气洋洋的照片墙（Instagram）状态来看，他们一时半会是不打算回国了。

就连法餐名家阿兰·迪卡斯似乎都将这道经典"国菜"扫到了公交车底下。

我到他的头牌重镇——雅典娜广场酒店餐厅拜访了他。听到我的提问后，他思量着答道："卡雷姆……火锅……嗯……"

迪卡斯现年六十有余，身着一尘不染的棕色西装和他的招牌鞋——阿尔登牌厚底鞋。他屡摘米其林星，旗下餐饮帝国横跨好几个大洲，在我脑海里的形象相当于现代企业家版的卡雷姆。他是一名大牌文化企业家和美食外交家，曾代表法国品牌在凡尔赛宫多次招待国家元首。

"火锅……"迪卡斯摇了摇满头银丝的脑袋。他已经皈依了卢梭式的自然烹饪——法国人总在重申的"自然"——如今的他关注地球健康。红肉？他皱起了眉头。对环境不好。

"高汤，底汤，经典法式酱料……卡雷姆，埃斯科菲耶……"迪卡斯心不在焉地总结着我的提问。"当然了，这是我们法国人的DNA……依然在激励着我们。"尽管他听起来兴致不高。"在我们的业务里占，"他停下来算了算，"大概10%吧。可能还不到。"

10%？

我想到了圣保罗的那场舞台秀，妄想法国高汤永远天下第一的陈腐之气。

几天前，我的朋友，《伊都锦》（Elle）杂志法国版美食版主编亚历山德拉·米绍（Alexandra Michot）就要不讲情面多了。她连珠炮一样地说："我们用了整整一百年才摆脱卡雷姆-埃斯科菲耶传统，忘掉霸道的法餐语法。现在，我们终于自由了！未来是美妙的。"

基本就是迪卡斯那句话的核心意思。

迪卡斯隐晦地承认，十年前的法国餐饮界有点压抑。但今天呢？"今天人才济济，多元丰富——亚洲菜、北非菜、小馆的新诠释。新故事有很多，全都是独特的、个性化的、个体化的。"

这是我从尼古拉和其他人那里听到的原话，也是我的经验之谈——但从"建制本制"阿兰·迪卡斯嘴里说出来，我觉得那就是法国的新官方口径了吧：普世已死，地方万岁。法国大菜本身呢？基本上也死了——因为就在我拜访他几个月后，迪卡斯就被赶出了声誉卓著但无利可图的雅典娜广场店，要和阿尔韦特·阿德里亚（Albert Adrià）合作开一家快闪店。阿尔韦特正是迪卡斯老对头费兰的亲弟弟。我上一次听说他，是他筹划在某地开一家素食汉堡店。

那么，在这个似乎已经失去兴趣的法餐发源地，我的卡雷姆/火锅计划——这是探究法国美食与身份认同的逻辑起点，我是这么认为的——又将置于何地呢？

就连我那热爱法国的年迈母亲也看到了老生常谈里不好的一面。她刚刚从莫斯科回来，在巴黎转机回纽约。

她早晨吃了块突尼斯版"东欧馅饼"（pirozhki）和柬埔寨版"俄式布林饼"（blini），之后去本地肉铺的路上问我，还叫我俄语小名。"可是，安钮特呀……干吗要做火锅呢？要说法国国菜的话，难道不应该做库斯库斯（couscous）什么的吗？"

我想到了刚刚读到的一段形容，作者是一名阿尔及利亚裔政治活动家：法国是一个"麦当劳-库斯库斯-牛排-薯条社会"。全球化的风很大。我是不是荒谬地落入了某个骗游客的"正宗"骗局，对一道封存在琥珀里的菜肴心存期待？我是不是太天真了，在追逐某道老掉牙的书本里的菜，在一个官方奉行无视肤色的大政方针，多元化漂都漂不白的国家的跨文化首都里寻找火锅那所谓的"民族"叙事？

说实话，"法国人最喜爱的菜肴"调查中哪里还有火锅的位置？

大约十年前，库斯库斯真的登顶排行了，引发了司空见惯的沙文主义呼号，英国报纸免不了嘲笑，头条里大谈"法国被自己的洋葱汤呛死了"。（la France profonde choking on its soupe a l'oignon.）（请注意，狡猾的英国人把自己的美食符号从烤牛肉换成了鸡肉玛莎拉，以此彰显文化多元。）法国近期的调查结果看上去会让民族主义者安心一点，库斯库斯排名第八，香煎鸭胸排名第一（不过，鸭胸肉也算一道菜了？）但话虽如此，这些日子里法国人最爱的垃圾食品是一款墨西哥卷饼和土耳其烤肉的私生子，黏糊糊，肉量满满，名字叫"法式塔可"。

除了危乎高哉的贝内迪克特·博热以外，全巴黎唯一真心对火锅有热情的人似乎是摩洛哥肉贩拉比先生。

我母亲非要买点肉，我陪她进店的时候，他兴奋地都在搓手了。"哎呀，你说火锅啊，安妮亚女士？"

"火锅，哦啦啦，好极了！"法蒂玛女士表示赞同。她是柏柏尔人，店里的常客，买了两公斤颤悠悠的羊脑子。

拉比先生的店是意大利大道上最欢乐的一家清真肉铺。这是一座生机勃勃、弥漫着孜然香气的社区中心，店里挤满了穿廉价皮夹克的男人、牛仔裤磨破了的女孩子、包头巾的主妇，大家用法语、柏柏尔语和阿拉伯语八卦着难测的巴黎生活。白头发的拉比先生身宽体胖，散发出一种粗犷活泼的气质。他当年在摩洛哥的索维拉市（Essaouira）做工程师，但现在到了巴黎，谁会给他体面的工作干？"巴黎啊，"他感慨道，"哪里有人性？天气冷，古典范，东西贵。"清真肉贩当然再好不过。因为？"因为法国人懒得天刚亮就起床，完全不跟动物打交道。"

他还暗示道，清真议题引出了法国人排外思想中最恶劣的一面。

"安妮亚女士，很快他们就会逼我们吃火腿了！"拉比先生轻声道。

但他现在全心热爱火锅。"Gite，paleron，plat de côtes[4]"。他把这些经典（且无法翻译）的牛肉部位重重放到秤上，接着夸张地拿出两根大棒骨，开始对半锯开。

"不好意思，拉比先生，"我小声说，"我不要 gite 和 plat de côtes……"我专门点了卡雷姆指名的 5 磅牛臀肉、一块鹿排——还有一只烤到半熟的鸡。

拉比先生吃了一惊，甚至有一点被冒犯。他的专业技能，还有

---

4 gite，大腿末端小腿上端的腱子肉；paleron，牛肩肉；plat de côtes，短肋。

他在法国文明使命中的工作正遭受质疑。是谁在质疑？是一个连"再见"（au revoir）都搞错的人。"但是，安妮亚女士，"他郑重地摇头，"正宗火锅不是这么做的。法国菜是有规矩的（il y a des regles）。"

"火锅里放鸡肉？从来没有（Jamais）！"法蒂玛夫人宣告道。

我在手机上给拉比先生看了卡雷姆的经典菜谱。他还是不相信的样子。我把手机传给店里的人看。有人发表了意见。戴头巾的妇女翻着白眼咯咯笑。

突然间，我产生了一种不安的感受。在这家满是移民的店里，我才是"他者"，是不懂法国的规矩、未经教化和同化的闯入者。没错，归属和认同也可以是流动的，是因地制宜，是相互作用。这里的人仅仅五分钟前还在抨击法国，现在就在把"法餐传统"当作自己的东西来辩护了，至少暂时如此。

"好奇怪的场景，"我们带着肉回家的路上，妈妈对我说，"我不敢想象咱家杰克逊高地的哥伦比亚肉贩纳乔先生会教我们做美国菜。"

不知道你有没有体验过五平方米的法餐重镇？在秋日热浪突然袭来，巴黎人纷纷出门到户外咖啡厅享用龙舌兰鸡尾酒和清爽的亚洲沙拉时，却偏偏到一个连台面都没有的厨房里做法餐？

呃，我可不仅仅是打算办一场小小的朴素家庭火锅聚餐。不，女士们，先生们：为了我的项目，为了纪念我的母亲，我决定要依托一整个宏大的事业。官方认证的"法国盛餐"。

这是什么？

2010年，国菜品牌已经是一门赚钱的生意了。秘鲁、泰国、韩国、日本和墨西哥都忙着开发本国餐饮软实力，助力旅游业与出口业发展。当时，经过法国美食文化遗产委员会的多年大力游说，"法国盛餐"（le repas gastronomique des Français）入选联合国教科文组织非物质文化遗产名录。这是非遗名录——它的初衷是"文化遗产去殖民化"，但很快被各国霸占，用来推进本国的形象建设工程——首次承认厨艺和其他民俗，比如秘鲁剪刀舞。（当年"传统墨西哥餐"也入选了。）

教科文组织对法国盛餐的描述开头是"团聚，美食的愉悦……精美用餐环境……"这些空话。接着就是颂扬历史悠久的法餐语法："定式，首先上开胃菜……最后是酒品，中间至少有依次奉上的四道菜，即头盘、肉或鱼配蔬菜、奶酪和甜品。"

看啊，这就是我的规定计划。

教科文组织的荣誉是文化界的大事，迎来了彰显民族情绪的报纸头条，比如"法国向人类献上国菜"和"世界羡慕我国美食"。然而，另一份讥讽的英国头条（当然是英国了）概括了全球反响，大意是尽管联合国教科文组织认可了法餐的地位，但是法餐"堵塞动脉的肥腻和拘谨的呈现方式，已经和老式红白方格桌布一样不时兴了"。

但我，一个坚定的反爱法人士终于在局促的公寓餐桌旁坐下，擦去汗水，为我们的"定式"菜……体验清理好桌面。这或许是我人生中第一次对法国，对巴黎生出爱意。这是一顿如博物馆展品般美妙的菜肴。开胃菜是利莱白葡萄酒配蛋黄酱鸡蛋和卢梭水准的红宝石小萝卜配阳光般灿烂的黄油。真正的开胃菜是法国千禧网红酥皮肉派——外面是老佛爷百货时髦的食品大厅买来的建筑师级正宗卡雷姆派皮，内里是猪肉冻、松露和肥肝拼成的马赛克。我和妈妈把堵塞动脉的牛骨髓倒在本地突尼斯面包师出品的获奖法棍上，妈妈赞许地说了声"嗯"。接下来是卡雷姆那琥珀色的高汤火锅，汤盛在华丽的瓷杯里。然后是拉比先生的精品清真牛肉、鸡肉和小牛肉，火候全都大了，不过算不上惨烈——结尾是冒着泡泡的卡芒贝尔奶酪（一名人类学家称之为法国的"民族神话"）和金箔点缀，富有光泽的深巧克力色怡口莲。

"还记得……莫斯科那会儿吗？"妈妈轻叹一声。我和她坐在摆满小物件的客厅里，巴里则在厨房里咒骂着堆成山的脏碗碟。

是啊，我记得……我记得很清楚……

在苏联时代的莫斯科，巴黎是母亲梦想生活中的一个突出意象。那是一处神秘他乡，是一处她从福楼拜、左拉和她钟爱的普鲁斯特中了解到的乌托邦，她渴望它，感觉它那样亲近，但它又那样遥不可及，说是火星亦无不可。她困居在环境恶劣、散发着酒味和烂菜叶味的莫斯科公寓里，又是一个心怀期盼与浪漫的爱法人士。母亲烹饪寡淡的卷心菜汤时会管它叫火锅（pot-au-feu），号称在巴尔扎克的《邦斯舅舅》里见过这道菜。她根本不知道"好火锅"是什么味，但菜名散发着期盼的香气。

"记得莫斯科那会儿吗？"她又说了一遍，"吃我做的冒牌火锅？梦想着巴黎？"

回想起来，也许我从未原谅过第一次去巴黎带给我的创伤。

在费城度过了两年美国难民生活之后，我们终于拿到了白色塑料的"无国籍"护照。妈妈是家庭保洁工，一天赚15美元，但她还是设法攒够了钱去巴黎，那座让千里之外的她魂牵梦萦的城市。

那巴黎呢？

巴黎迎接我们的是深切沉痛的冷漠：压迫性的奥斯曼式石头建筑，祛魅的现实，它是欧洲文明的抽象体现，严肃而不亲切，对外人摇晃着食指。

最可怕的是吃饭。我们仰着脑袋从外面看博芬格酒店的窗户，瞥视着我们根本消费不起的高层海鲜餐厅。我们举止得体地站在人行道上，怯生生地眺望弗洛尔酒店。在这个美食国度，我们自己吃的主要是一股氨水味的打折卡芒贝尔奶酪，放久了的红肠，还有拉丁区希腊餐厅"游客菜单"里放得更久的木莎卡。我可怜的妈妈啊，她沉醉在文学作品中的巴黎。她真的斥巨资买了半打巴尔扎克笔下的牡蛎，黏滑的口感让13岁的我一阵反胃——不过，牡蛎带给我的创伤还比不上在一家小破馆子里吃的贝亚恩酱配三分熟牛排，这是为了致敬她喜欢的海明威回忆录《流动的盛宴》。服务员端走一口没动的牛肉时看了我们一眼。我们在费城会思乡，感到格格不入，日子过得穷，但从来没有被人侮辱。巴黎用傲慢的眉毛上挑做到了。我还记得那个时候的自己，一个受排挤的流民少女，穿着二手化纤衣服，脸紧贴着莎玛丽丹百货那俗艳的陈列橱窗。展示丝巾的人形模特长着巴黎人的俏鼻，我是多么想把它的鼻子拧断啊——我那时还没有意识到，睁大眼睛的外地人受辱是巴黎经久不衰的风景，是民族叙事的一部分。

我从一名年轻的日本店主那里学到了一个词，"巴黎症候群"。

店主在玛黑区经营着一家小小的精品咖啡店。这种病在日语里读作pari shōkōgun，指的是满怀梦想的日本游客见识到巴黎现实与想象的落差，于是深受冲击。让他们受伤的原因是，他们本来以为巴黎是浑身香奈儿的情侣挎着LV包包走在卵石街道上，去浪漫的餐厅吃饭，结果遇见的是乱糟糟的全球化大都市，满眼是垃圾食品、街道垃圾和地铁里丑陋的景象。但我自己的感受恰恰相反——反巴黎症候群。通过我与真实巴黎一个月的接触，我渐渐地，一天天地走出了关于这座城市的霸道叙事，解脱了我自己关于沉重巴黎文化与饮食陈规的投射与恐惧。现在火锅项目大功告成，我终于可以在这里感受某种类似快乐的情绪了。

妈妈明天下午就要回纽约了。巴里和我接下来要去那不勒斯，然后是东京、塞维利亚、瓦哈卡和伊斯坦布尔，探索那里的国菜叙事。我本来觉得这项任务轻松明了，但它现在已经有点更加复杂难测的样子了——它与历史的悖论和虚构纠缠在一起，暗示着全球化那莫比乌斯环一般的惊人现实。逗留光明之城的最后一天晚上，我们扫荡了贴着《在杰克逊高地》海报的冰箱一遍，看里面还剩下什么"法国菜"。曾经分量很大的火锅只剩下了一夸脱（约合1升）高汤。为了寻找灵感，我搜遍了房东满满当当的橱柜。除了几罐福南梅森商店的泡菜、中国辣酱和摩洛哥哈里萨辣酱以外，里面还有一份装在塑料盒里的越南河粉汤料块。我把卡雷姆教的琥珀色高汤放在炉子上，往里面丢了几个汤料块，碗里摆上酸橙和香菜，吃完了即兴发挥的"粉锅"，向环绕在局促餐桌周围的后民族时代法餐叙事致以冒牌的敬意。

27

那不勒斯

比萨、意面、番茄

　　那年晚些时候，我到了那不勒斯，刚到不到24小时就烤出了我的第一张那不勒斯比萨。款式当然是经典的玛格丽特——呼应意大利国旗的三元配色，严格遵循配方：红是圣玛扎诺番茄，白是水牛奶马苏里拉奶酪，绿是鲜翠罗勒叶。据传，玛格丽特比萨得名于同名的金发王后，她来自统一意大利的萨伏伊皮埃蒙特王室，1889年南巡至此，啖之甚喜，遂赐名，以显君民一体之意。在木槿树丛旁，南亚裔和北非裔的孩子们踢着足球。

　　不过，我来那不勒斯可不是为了成为一名罕见的女比萨师傅。我来到这座多朝古都——在1871年意大利完成统一之前，希腊人、罗马人、阿拉伯人、诺曼人、西班牙人和法国人先后统治过这里——是为了探寻意国之谜，更具体一点，是寻访那城之谜，是为了更深地理解比萨和番茄意面。它们曾经是那不勒斯贫民无可争议的两大主食，后来随着移民潮将"意大利"美食文化传播到全世界——它们全球化得如此彻底，以至于似乎失去了与孕育自己的母体、人流涌动的古城之间的一切联系。

那不勒斯人绝不会让你忘掉这层联系。

"脆底（croccante）比萨是佛罗伦萨式的，还是德式的？"

精干健壮的达维德·布鲁诺（Davide Bruno）教我做比萨，他简直是在笑话我。"你说在纽约叫比萨的那种面乎乎的佛卡夏？全是冒牌货，没一个好！"

全是从那不勒斯比萨来的，达维德坚持认为——他发"全"（tutto）这个字声如炸雷，仿佛在宣告宇宙大爆炸一声巨响，为地球送来了一切生灵。那么，那不勒斯比萨从何而来呢？"那不勒斯的天纵饿才。"我之后会在那不勒斯无数次听到这样的自我神化，这才是咏叹调的前奏音符呢。

达维德当时是新闻比萨（La Notizia）学院的负责人，新闻比萨的老板是我的朋友，那不勒斯首屈一指的比萨大师傅恩佐·科恰（Enzo Coccia）。我的玛格丽特处女作就是一上午大汗淋漓的成果，课上除了达维德以外，还有小莫（全名莫里茨）。小莫同学一头金发，痞里痞气的，在汉堡做比萨设备生意。小莫和我上午努力用挤的手法，将缓慢发酵中的大面团做成苹果大小的小面团（panetti），然后学习如何用手指灵巧地压平小面团。接下来，我们绝望地练起了侧甩手法，拼了命要做出完美的正圆饼坯。在痛斥非那不勒斯比萨和扯裂面团的小莫之余，达维德讲解了那不勒斯烤炉特殊圆顶设计中蕴含的热动力学原理。在我看来，温度高达850华氏度（约合450摄氏度）的火炉就像一个覆盖着白灰的神奇洞穴，它的燃料包括两种木头：烧得快的山毛榉，烧得慢的橡木。两种木材造就了热传递的三种方式——对流、传导、辐射——要在短短90秒内烤出比萨，三者缺一不可。

我的玛格丽特从炽焰中出炉时有点走样。我这个紧张的新手把番茄酱溅出去了，没有像老手一样形成工整的圆圈。比萨下铲的时候，我把饼子掉进了灰里，给红白绿三色旗抹了黑。尽管如此，咬下去第一口还是让我近乎升天。我的玛格丽特吃起来，怎么说呢，就是正宗的那不勒斯比萨味。它是一篇用烟、气、酸写成的短文，凝练朴实，饼边是教科书级的完美无缺。不知怎的，我拍平饼坯的动作恰到好处，刚拍下去，至关重要的（英）寸边一下子就起来了。

"感慨吧，你的第一个比萨？"（Molto emozione，eh，la prima pizza?）达维德用意大利语说道，"有一点丑，不过是你的东西。"（Un po'bruttina，ma tua.）他小心地尝了一口。

"勉强能吃。"

我在他汗津津的脸颊上种下了一枚吻。

巴里和我前一天到那不勒斯是快到傍晚的时候，经典的那不勒斯风格。机场出租车司机对我们小山一样的行李没怨言，但看上去对我们要去的地方有意见：街密巷窄的16世纪老城区，西班牙区。飞奔了好一段后，我们在港口附近的宏大工程里慢下了脚步，接着突然闯进了一片由旁逸斜出的幽暗胡同组成的迷宫——西班牙区到了。急转弯后又是急转弯；司机的脾气越来越大，气得戏腔都出来了。另外，尽管价目表就斜靠在司机椅背后面，但计价表还在不祥地跳着字。我们往上挪啊挪，一段回头路，又一段回头路。接着，我们猛地刹住了车。

我们来到了一个仿佛出自新现实主义电影的小破广场。墙面斑驳，墙皮脱落的六层楼耸立在懒洋洋的暮光下，洗过的衣服在湿漉漉的阳台上滴着水。我们的小车蠕动着爬坡，像发怒的黄蜂一样吱吱作响，接着蹿了出去。赌坊旁边围着一群男的，大部分都是寸头文身；电视里播着足球赛，旁边是迭戈·马拉多纳的大幅照片，一副胜券在握的样子。他是那不勒斯的足球圣魔。马拉多纳下方是两头解开束缚、溜溜达达的斗牛。在我们饱览这混沌景象的同时，司机把我们的行李搬到了满是灰尘的火山石上面。他报出了价钱：比标价高了一倍。我出离愤怒了，操着标准意大利语抗议。他双拳紧握，回应激烈，高喊："行李太多了！"（Molto bagaglio！）浓烈的情绪让他的那不勒斯口音显得更重了。我也朝他喊："无耻！"（Cheating！）

人群聚集了起来，这场面太经典了：敲诈游客。一辆轻便摩托停车围观，车上坐着一名魁梧的妇女、两个小孩和一只斗牛犬。最后，巴里掏出钱包，把几张票子扔给了司机。司机收了钱，最后甩了一下手，骂了两声，狠狠关上车门，扬长而去。

我们到那不勒斯了。

我们租的房子在广场另一侧。顶楼，没有电梯。1869年的时候，马克·吐温（Mark Tawin）抻着脖子感叹道："那不勒斯民居是世界第八大奇观……大部分都有100英尺（约合30米）高！"（吐温也抱怨了宰客问题。）一名脸色苍白、盛气凌人的教莎士比亚的女老师在她的大公寓里等着我们，还有我们的行李。她心事重重地匆忙带我们看了一下房子，交了钥匙，然后就告别离开了。

我们站在她家宽阔的屋顶天台上，远处维苏威火山的一面正对着我们，仿佛一只石头哥斯拉的肩膀。我们身后是庞大的地标性建筑嘉都西会圣马蒂诺修道院，直冲葡萄柚似的粉色天穹。我们确实到那不勒斯了。

厨房光秃秃的，只有一个冰箱，冰箱里只有一罐密封的血红色番茄。再就是一个抽屉里有三包开了封的长条意面。我们太累了，懒得去广场扫货，于是决定即兴创作一道番茄意面。这是向我们在那不勒斯的致敬，也是在向我一头扎进的"主食"月的开端致敬。我向自己承诺，我接下来只吃比萨和意面——一场史诗级的超量碳水加碳水研究。我的油浸番茄用完了女教师的最后一点好橄榄油，迅速脱水，产生了一种意料之外，几乎可以用"冲"来形容的强烈风味。油里没有放大蒜、罗勒和奶酪，番茄味很正。这是因为用的番茄贵气逼人，是在坎帕尼亚夏天最热的时候采摘，由女教师满脸皱纹的奶奶送来的吗？还是单纯要我们节食？我想到了19世纪游客目睹的经典景象，那不勒斯贫民用手狼吞虎咽地吃意面。意大利的第一道番茄酱意面就是这样在那不勒斯诞生的。1939年，"番茄细面"（vermicelli con le pommadore）出现在了一本用那不勒斯方言写的菜谱上，作者是一个名叫布瓦索诺公爵伊波利托·卡瓦尔坎蒂（Ippolito Cavalcanti，Duke of Buonvicino）的绅士。

当我们想象食物里蕴含着某种"地灵"的时候，味道会不会有所不同呢？

我们在天台上一个摇摇晃晃的矮桌旁思考这个问题，同时还在喝女教师留下的甜到发黏的柠檬酒，巴里之前给酒暴力冰镇过。从下方的广场传来扬扬得意的伤感新情歌——新情歌是那不勒斯破烂街道上的当红潮流——背景里是突如其来的怒骂叫喊，还有摩托车尖锐的喇叭声与轰鸣声。一个瓶子砸在画着涂鸦的墙上，声音很响。初升的星星之下，维苏威山麓是一道绵延的曲线，水泥灰里拌着玫褐色，古老的丰腴躯体耗尽了能量，就像一幅宏伟的褪色壁画。

这就是那不勒斯，一座二元城市，光辉灿烂与破败城区永远并存。

通过18世纪中叶的赫库兰尼姆（Herculaneum）与庞贝（Pompeii）古城遗址发掘，那不勒斯与它那美丽与恐怖并存的火山永远成了壮游（Grand Tour）的热门景点，外地人和本地人共同参与的一项传统由此开启，那就是不断将那不勒斯刻板印象化。从那以后，几乎每一个游客都会讲我们正在经历的二元性。歌德确实将那不勒斯称作"天堂"。但占据上风的观点是长期以来（误）认为是玛丽·雪莱（Mary Shelley）说的一句话："那不勒斯是住着魔鬼的天堂。"我们上了床，读了读诺曼·刘易斯（Norman Lewis）的《那不勒斯1944》（Naples' 44）。这本书记述了第二次世界大战刚结束后饱经轰炸、饥肠辘辘的那不勒斯，令人忍俊又骇然。刘易斯当时以英国情报官的身份驻扎在这座城市，离我们所在的西班牙区（Quartieri Spagnoli）很近，就在基艾亚（Chiaia）海边的一座广场旁边。1944年，他目睹了维苏威火山的最近一次喷发。他写道，那是"我见过的，或者说能想象到的最壮观，也最可怕的景象"。

我的玛格丽特首秀场新闻广场53号坐落于沃梅罗区（Vomero）

的一条民房街道上，属于弥漫着浮华氛围的资产阶级上城区。出租车螺旋上升，让壮游客们头晕目眩的海湾景色一览无余。伊斯基亚岛（Ischia）和卡普里岛（Capri）浮在地平线上。

新闻比萨的老板恩佐·科恰五十来岁，我过去的时候他迟到了。恩佐是一名传承派/超传统派面点师、哲学家，还写了一篇科学扎实的比萨研究论文。他在这条街上有三家各不相同的比萨店。他还是多部比萨纪录片的主角，与来访的达官显贵畅谈比萨，到世界各地做比萨咨询。他的常客包括那不勒斯足球俱乐部主席和本市的顶级知识分子。他人称"比萨觉者"（Il Pizzaiolo Illuminato）。

终于，觉者冲了进来。他身形纤长，热情洋溢，戴着时髦的无框眼镜和番茄红色的比萨师傅头巾，身穿一件印着"安赛·基斯"（Ancel Keys）字样的T恤衫。基斯是一名美国生理学家，在20世纪50年代提出了"地中海饮食"这个词语。

觉者用亲吻跟我打了招呼，接着感慨道，"那不勒斯比萨师傅的地位已经变了！我们当年是手艺人里最贱最脏的那一类——活累，无人尊重，也没钱。现在呢？"他发出一声讥讽的大笑。"现在这些小娃娃比萨店，这些连番茄品种都不清楚的无耻网红——他们雇人做宣传！"

"可是，恩佐啊，"我指出，"你也请了米兰的高端公关公司啊。"

"那是我自己赚的！"觉者打趣道，给我看了他手上的伤疤——那是多次腕管手术留下的。

我第一次在那不勒斯吃比萨是在20世纪80年代末。那时的比萨师傅与觉者形象截然相反，戴大金链子，穿白背心。他们用饼坯配杂牌番茄罐头和廉价的奶牛马苏里拉奶酪（fior di latte，字面意思是"牛奶之花"），不像现在用高端的水牛马苏里拉奶酪（mozzarella di bufala）。复刻当年的纯正比萨店很简单。去当年还是危险地带的斯帕卡-那不勒斯街区（Spacca-napoli）找一家老店，比如米凯莱或者马泰奥，搞一张有磨损痕迹的大理石餐桌。订那种用料最省的饼坯，用800华氏度（约合430摄氏度）的炉子烤到起泡微焦——这与纽约市小意大利推崇的暄软比萨相差太大了。端起装在缺口玻璃杯里的劣酒，聆听比萨师傅宣扬激情、牺牲和正宗那不勒斯比萨协会（Associazione Verace Pizza Napoletana）制定的神圣比萨戒律。该协会成立于1984年，宗旨是保护比萨的那不勒斯特色。当时的欧洲热衷于捍卫"文化遗产"，应对全球化。

食客会学到，正宗那不勒斯比萨必须是盘子大小，面团慢速发酵，在店里按照规定时间快速用手推展开（绝不能用擀面杖）。饼身要松软，饼边要有1英寸（2.54厘米）宽的起泡。正宗比萨上只能抹意式番茄酱，玛格丽特比萨或许还可以放马苏里拉奶酪和罗勒叶——然后就没了。"花式"比萨？杂种。

"我们还要手抄协会制定的戒律！"恩佐现在乐呵呵地咧嘴笑道，"那是我们第一次尝试规范几百年来那不勒斯口口相传的传统。"

直到二战后比萨走向全球为止，人们都不会仅仅出于沙文主义或保护主义而添加"那不勒斯"这个形容词。在意餐的词汇里，比萨的本意就是压平的饼子。从文艺复兴时代到19世纪末，书面比萨配方里经常会有糖和杏仁。恩佐还提到，从形式上讲，比萨是一种极其普遍的古老食物——就是扁的饼子，与印度的馕、墨西哥的玉米饼、阿拉伯的皮塔饼有关联。我插话道："是形式服从功能吗？也许是在没有餐具的年代当可食用餐盘用？类似于罗马人的门萨饼（mensae）或者中世纪的盘饼（trencher）？"我们一致认为，至今未息的比萨词源之争——是pinsare？ picea？ bizzo？还是pitta？——暗示了这种食物的普遍性。

"那么好了，恩佐，比萨到底怎么就成了那不勒斯的了？"

"本地馅料（condimenti）。"他答道。但更关键的是：特殊的那不勒斯烤炉——"和庞贝发现的圆拱炉是一类东西！"另外，烤制手法从18世纪中叶就开始代代相传了。

恩佐自己就是第三代比萨师傅，成长于条件艰苦的20世纪60年代下城贫民区，家住那不勒斯中央火车站附近，开一家兼卖比萨的小饭馆。小时候妈妈就带他进了饭馆后厨，避开危险的街道。他看着奶奶福尔图纳制作炸咸鱼、豆面汤、土豆面、放大片肥膘的猪油面，还有番茄意面——那不勒斯经典穷人饭。比萨？那会儿的比萨主要是周六简餐吃的。1973年那不勒斯暴发霍乱，市民恐惧的瘟疫再次袭来，许多餐厅都关门了。按照新的卫生条例，出售鲜食太麻烦了，于是恩佐的父亲决定只做比萨。恩佐就是在店里学会了比萨手艺。

听到霍乱，我打了个激灵。1973年，我和母亲因为霍乱隔离而滞留敖德萨（Odessa），那也是一座熙熙攘攘的港口城市。惨淡的疫情景象至今让我不能忘怀。

1994年，恩佐在沃梅罗开了第一家新闻比萨店，可见意餐版图正在发生多么大的变化。

"不过，意大利又不是法国，对吧？"他笑道，"低端比萨师傅和番茄酱厂家就不说了，当年就连大厨都得不到尊重！"但是，20世纪80年代的经济繁荣催生了一批以北意大利人为主的大厨，比如米其林大厨瓜尔蒂耶罗·马尔凯西（Gaultiero Marchesi），他让精致的极简美学成了全意大利的高端餐饮特色。20世纪90年代出了慢食运动，诞生地也是北方。用首创者卡洛·彼得里尼（Carlo Petrini）的话说，运动的崇高使命是将美食文化转化为"生态美食"。意大利的怀旧美食营销机器开足马力转动，将手工食材推上了设计师手包的地位。受到启发的恩佐开始将比萨理解为画布，而画面可以是阿尔巴松露，或者手工坎帕尼亚奶酪。他用蚕豆、芦笋、用草饲拉提科达绵羊（Laticauda sheep）奶制作的风味浓烈的佩科里诺奶酪创作比萨静物。

2010年，新闻比萨成为有史以来第一家登上米其林指南的比萨店。与此同时，2008年金融危机后意大利经济疲软，于是比萨在全国都从简餐变成了正餐，经常一周吃三顿，现在馅料也丰富起来了——不过价格还是在10欧元以内。

随着变化接踵而至，恩佐意气风发地高呼："比萨已经从肮脏的站街女变成了光彩照人的公主。"

我在刚开业的新闻比萨的第一顿饭就改变了我对比萨的看法。现在20年过去了，恩佐给我点了一份简简单单的凤尾鱼"pizza mignon-per esaltare l'olio"，意思是"小比萨—点缀秘制橄榄油"。我再一次为饼皮着迷——微带酵母味的精确数字配方，室温下发酵10到14个小时（恩佐坚持说，比萨诞生的18世纪30年代可没有冰箱），面团极其松软。饼简直是漂到桌面上的，起泡完美无瑕，点缀着微小的气泡。起泡之于精品比萨的重要性，就相当于大理石纹之于神户和牛。吃它是绝对一流的体验——明火烤饼。但又完全禁欲，我告诉恩佐。

"没错（Esatto）！"他点头道。但关键在于：不管公关做得有多炫，但比萨师傅永远是手艺人（artigiano）。他不会成为大师。大厨可以创作大菜。比萨师傅呢？不行。"好吧，也许可以换馅料，"觉者做了让步，"但比萨永远是比萨。根子是面饼（impasto），200年的手艺……还是传承。"他听起来像是守护古老圣火的大祭司。"还是一门精确科学，还是那不勒斯的伟大遗产。然而……"他现在操起了哲学家的语气，"比萨也要与时俱进吧？传统（面饼）和进化（馅料）的辩证法……都在这一口里！"

我坐车回到西班牙区，回想起恩佐的朋友马里诺·尼奥拉（Marino Niola）的一句格言。尼奥拉是一名本地的人类学家和文化批评家，也是我了解那不勒斯特性的"神谕"。他讲得更通俗一些：

面饼是硬件，馅料是软件。

16世纪中叶，那不勒斯严酷的西班牙总督唐·佩德罗·德托莱多（Don Pedro de Toledo）大兴土木，决定为西班牙驻军修建营房，地点就在我们如今旅居一个月的区域。位于沃梅罗高地脚下，紧邻托莱多大道西侧的西班牙区就这样诞生了，斜街、小巷和阶梯分布如同棋盘。这里如今已经无情改造成了全球化的旅游步行街。最初的营房是平房。随着那不勒斯人口膨胀，平房很快演变成楼房；城区变成了暗无天日的狭路密网，暴增的贫民拥挤在没有窗户的底层陋室，名叫"底屋"（bassi）。楼上住着条件比较好的人家。那不勒斯这种贫富混居，上下分化的格局延续至今。那不勒斯人会欣然谈起这一点，还带着一些自豪。

我们第二天晚上绕着广场散步的时候，当地的密度更加凸显。我们楼的入口和教堂台阶之间塞进了一家小洗车铺，天台旁边就耸立着灰色钟楼。再往外一点就是一条通往相邻街区的窄短过道，上方是一个停着各色摩托车的停车场。再旁边是摆放着耶稣一家图像的壁龛，然后是晾衣架，然后是底屋居民呼吸新鲜空气，吃属于他们的番茄意面的桌椅，最后是另一张卖鸡蛋的桌子。

我们拐进了下一条小巷。巷子里挤满了小店——熟食店、饭馆、一家有比特犬玩偶和活兔子的宠物店，还有两家肉铺。一个小隔间里卖散酒，拧开龙头就出酒（vino sfuso）。让巴里开心的是，这里还是那不勒斯足球俱乐部和马拉多纳的一座拥挤圣地。"我们是纽约来的，我男朋友是足球记者。"我告诉态度生硬的卖酒人。他身材粗壮，平头文身，因为光照不足而像蛤蜊壳一样苍白。"让他去写那个吧。"他只是低声答道，面无表情地指了指一张修过的海报，画面中是莱昂内尔·梅西（Lionel Messi）在给"圣迭戈"擦鞋。巷子对面——老天啊，看着点摩托车！——是一间熟食小店，店主虽然没有文身，但也同样阴沉。这就是西班牙区的男子气概。我们后来从一名常驻当地的社会学家处得知，尽管卡莫拉黑手党在当地已经绝迹将近十年了，但他们的行为准则——"咄咄逼人的大男子主义、肆无忌惮的飞车党、吓人的狗、说一种特别的那不勒斯方言"——留了下来，成了西班牙区的

"文化资本"。这名社会学家还说，西班牙区的人口密度是惊人的每平方千米23 000人，仅次于印度孟买（Mumbai）。

我用功研究了住处附近的4欧元比萨，发现基本都是恩佐创业之前的那一类：廉价番茄罐头，葡萄籽油，奶酪不是水牛奶做的，软得像海绵一样。但是，它们永远有美味芬芳的"硬件"——教科书级的面饼。

尽管如此，几天后回到新闻街53号还是很享受的。我们品尝了恩佐的限量版玛格丽特比萨，黄番茄的浓缩维苏威风味简直都要爆出来了。更享受的是与安东尼奥·马托齐（Antonio Mattozzi）分享维苏威黄番茄。马托齐是《发明比萨店》（*Inventing the Pizzeria*）的作者。按照恩佐的说法，这是唯一一本没有重复"比萨谎言"的书。几年前，一名"重量级"哈佛学者翻译的英文版面世了。

安东尼奥85岁上下，短小矍铄，面色红润，让人想起精干目明的杰佩托师傅。[1]他身边站着一名瘦长的中年妇女，那是他的女儿多纳泰拉，一名研究意大利"八百纪元"（ottocento，即19世纪）的学者。父女二人真是一对，她有着一头略带潦草的黑色卷发，而且容易激动，常常在满头白发、轻声细语的父亲即将说到精彩处的时候打断他。比方说，他是怎么到警方档案里查资料的——比萨店是出了名的爱着火，所以必须在警察局登记——总是被19世纪的持刀械斗、站街女、激情犯罪和私刑干扰正事。"查

1　译者注：雕刻出匹诺曹的木工。

资料花了四年。"他难为情地承认道。

马托齐家族是那不勒斯最显赫的比萨世家——从19世纪中叶开始，马托齐比萨店就有20家——安东尼奥最初是想写一部家族史的。但在梳理国家档案的过程中，他的目标变得更大了：揭穿围绕着那不勒斯比萨的含情脉脉的都市传说。正如他在书中写到的那样，那些"虚构的口述史往往是由现代比萨店主自己编造和宣扬，后来甚至学术著作中也在复述"。安东尼奥是一座人人吹泡泡的城市里的理性主义者。通过条分缕析跨度数十年的牌照、人口统计数据和警方答案——"19世纪的摄像头"——他写出了一部目光清晰的社会史，讲述的不仅仅是比萨行业，更是18世纪末至19世纪的那不勒斯城本身。

"比萨史就是城市史。"他开始了讲述……

这时多纳泰拉插进来说，外国人对那不勒斯的记述比大部分意大利人的记述更可靠。例如，19世纪40年代，大仲马慧眼独具地将比萨称作"美食市场温度计"。但北意大利的来访者呢？她做了个鬼脸。"北方人对南方人有偏见，对两西西里王国的宏伟都城那不勒斯毫无敬意——意大利统一后，王国沦为了一个省份，失去了地位与尊严。不，北方人什么都没干，只是诋毁我们的比萨！"

多纳泰拉显然不喜欢统一，许多那不勒斯人也有同样的情怀。

对比萨最明目张胆的污蔑出自佛罗伦萨名流，匹诺曹故事的作者卡洛·科洛迪（Carlo Collodi）。他在19世纪末写了一本面向小学生的游记《小乔尼漫游意大利》（*Il Viaggio per l'Italia di Giannettino*）。他在书里问小读者："你知道什么是比萨吗？""烤得黑乎乎的饼子，发白光的大蒜和凤尾鱼，黄绿色的油……这里一点，那里一点的番茄，这些让比萨看起来像是乱糟糟的脏东西，跟贩子身上的尘土正相称。"

你想想，多纳泰拉哼了一声，从恩佐干净优雅的玛格丽特比萨上切下了一块等边三角形。

对马托齐家族来说，更重要的是本地名作家马蒂尔德·塞劳（Matilde Serao）对比萨的描述。她写的小说受到亨利·詹姆斯（Henry James）的推崇，1884年出了一本左拉式的历史纪实文学，书名叫《那不勒斯的腹肚》（*Il Ventre di Napoli*）。安东尼奥喜欢大段引用她的原文。塞劳是那不勒斯第一大报《晨报》（*Il Mattino*）的联合创始人，对故乡有着炽热的自豪感。然而，在先向普通读者介绍比萨是"一种厚面团压成的圆饼"——安东尼奥说，即使在1884年，这道菜出了那不勒斯还是没有多少人了解，所以要作此介绍——之后，塞劳接着讲比萨是如何"没有厨艺的烧物"；比萨师傅晚上烤饼，切成长条，一条一个铜板，然后交给小孩去街边卖。

"男孩要站在那里几乎一整天，天冷了比萨会凉，烈日下比萨会晒黄，蝇虫在饼子上驻足。"安东尼奥凭着记忆复述道。

我低头瞥了一眼比萨顶上正在凝固的黄番茄酱，略微感到不适。"为什么这么倒胃口啊？"我脱口而出。

"环境脏乱，城区地狭人稠……霍乱，"马托齐父女俩异口同声道，"那就是19世纪那不勒斯的市容！"

塞劳其实是一个斗士，渴望让人们关注那不勒斯下城区贫民窟骇人听闻的卫生状况和过度拥挤——那里是1884年霍乱大疫的温床，塞劳怀着极大的激情记录了疫情。（我了解到，差不多一个世

43

纪后，这种可怕疾病的另一次暴发让恩佐家饭店转型成为比萨专门店。）

安东尼奥把身子往前靠了靠。他小声而坚定地说道，要想真正理解比萨的起源，就需要认识这样一个压倒性的现实：19世纪的那不勒斯是意大利第一大城市，欧洲第三大城市——人口密度是维多利亚时代伦敦的十倍。近50万人挤在海湾、后山和维苏威火山之间的区区8平方千米土地上，其中大部分都是穷人。"令人惊叹的美与同样令人震惊的腐朽落后并列，"安东尼奥在书中写道，"这种情况是如此极端，以至于几乎是刻意为之！"就连最破败的下城区房产都价格高昂，成千上万人被迫露宿街头。这些人就是大名鼎鼎的那不勒斯拉撒路人（得名于麻风病人的主保圣人圣拉撒路）。衣衫褴褛、无家可归的穷人极具画面感，令大仲马和歌德着迷。哪怕是能住进底屋的幸运儿也没有厨具，就是我们在西班牙区经常往里瞟的那种没有窗户的陋室。

"比萨就是这么来的！"安东尼奥喊道。简直是救星啊。便宜到尘埃里的可口街头食物，管它有没有苍蝇，反正只花1枚铜币，营养还行，早中晚饭零食皆宜。塞劳将比萨称作"果腹急救包"（Il pronto soccorso dello stomaco）。

多纳泰拉附和道："大仲马觉得很神奇，我们的拉撒路人是怎么只靠比萨和西瓜（cocomero）活下来的。"

比萨师傅也是那不勒斯房地产紧张的受害者。在高租金的逼迫下，他们不得不日夜劳作，赚取微薄的利润。安东尼奥发现，1807年记录在册的比萨店有54家。一个世纪后，这个数字增长了几乎一倍。

"我们的比萨啊！那不勒斯独一无二特性的产物。"安东尼奥宣称。

"产自我们的地理，我们的坚韧，我们的饥饿。"多纳泰拉断言。

比萨与那不勒斯的关联有多么不可磨灭呢？不可磨灭到塞劳有一段名文，讲述一个那不勒斯创业者在罗马开了一家比萨店，服务于大量思乡成疾的那不勒斯人。刚开始兴盛了一阵后，这家比萨店就衰败了，好似一朵脱离了那不勒斯栖息地的"异乡花"。举个例子，20世纪30年代的米兰只有9家比萨店。那现在呢？

安东尼奥说，今天意大利全国有大约5万家比萨店。

我在沃梅罗高地上吹着空调，在高端大气的新闻比萨店里思考，这样一道受人鄙夷的菜——既破败又炫目的宫殿与出租屋之城的营养急救包——怎么成了世界上最全球化的食物？恩佐这样的明星比萨师傅又是如何通过珍惜食材重新包装和宣告了它的那不勒斯性？这些食材当年与比萨离得十万八千里，现在依然让大部分西班牙区底屋居民遥不可及。

安东尼奥静静地对着我微笑。"也许你会想，比萨这么好吃，必然会火遍世界？但它其实是逆风成功的。"

"是啊，成功变成了完蛋货（cazzato）！"拿着一瓶本地小厂出品的特拉诺过来的恩佐大喊道。格拉诺是坎帕尼亚的一种起泡红酒。"所以，那不勒斯人必须把比萨从假货和杂种里拯救出来！"

白胡子的安东尼奥在窃笑。他不欣赏极端的风土主义，比如那个流传多年的都市传说，讲那不勒斯的水（不携带霍乱病菌的那种）对比萨至关重要。"也许比萨最终能成功，"他指出——"是因为它太容易全球化了。"多纳泰拉插话道："它是一种灵活多变的容器。""放夏威夷菠萝和韩国泡菜都行。"安东尼奥总结道，同时恩佐端出了他最爱的甜点，黑巧克力熔岩比萨饺。

沿着庞大的巴洛克式波旁王宫走到托莱多大道脚下，便矗立着玻璃拱顶的翁贝托购物街（Galleria Umberto）。吃完饭后，马托齐父女带我们去了那里。这座恢宏的美好时代建筑以伦敦水晶宫为模板，是卫生运动（Risanamento）的展示窗口。针对1884年的霍乱暴发，那不勒斯下城区于1889年发起了这场奥斯曼式的清退重建工程。Risanamento的字面意思是"恢复健康"，却蕴含着更凶恶的力量。意大利国王翁贝托一世和当时的首相宣告："我们必须将那不勒斯开膛破肚！"弗兰克·斯诺登（Frank Snowden）在《霍乱时期的那不勒斯》（*Naples in the Time of Cholera*）中写道，那不勒斯是欧洲唯一一座因为一种疾病而大规模改造的城市。

在西班牙区的边缘——卫生运动事实上并未触及此地——我们从布兰迪比萨店外摆区旁走过，游客坐在桌边品尝着黏糊糊的比萨。布兰迪最早的店主名叫拉法埃莱·埃斯波西托（Raffaele Esposito），他的著名事迹是为1889年莅临那不勒斯的意大利王后玛格丽特献上了三块比萨，其中有一块就是我来那不勒斯第一天上午试做的标志性三色旗比萨。据说玛格丽特很喜欢，埃斯波西托遂以皮埃蒙特王后命名了这款比萨。我们停下脚步，走了进去。

吧台后面的墙上挂着一份黄色文件，日期是1889年6月11日，签发人是"王室膳食负责人"。文件中称，拉法埃莱·埃斯波西托为王后制作的三块比萨品质上乘。

经理向我们保证："绝对是真品，我们做过碳14测年。"

向他致谢后，我们又走进了逼仄的西班牙区。外面的摩托车开得跟疯了一样，大多数都是这个点的比萨外卖员。家人们坐在底屋门外，抽着烟，打着手势。底屋还是没有窗户，里面依然拥挤得吓人，不过现在有了平板电视和厨具，长得像坟一样的双人床上面铺着花床单。很多底屋住着新来的移民。刺鼻的咖喱味和葫芦巴味从厨房里飘出来，与那不勒斯油炸大蒜和罗勒的味道混在一起。到了楼下广场上，我们小声朝斗牛犬嘘了一声，接着便爬上了我们住的公寓。

尽管当时是午夜了，但多纳泰拉发来的一封邮件已经在等着我了——这是接踵而至的论文轰炸的第一弹。邮件里是扎卡里·诺瓦克（Zachary Nowak）的一篇文章，他就是那个翻译了安东尼奥著作的"重量级"哈佛学者。

诺瓦克的文章冷静而扎实地考察了玛格丽特比萨的传说及其解读。

正统版本的基本事实和时代背景如下：1889年，意大利国王翁贝托（来自统治皮埃蒙特的萨伏依王室）亲临那不勒斯，正式发起卫生运动。翁贝托是一个感情淡漠，缺乏吸引力的人物。尽管如此，由于他在1884年霍乱暴发期间亲临视察的英勇慈悲之举，他还是赢得了群众的欢呼。但是，19世纪60年代的意大利统一和吞并那不勒斯证明是一场灾难。宏伟的波旁故都丧失了地位与权势，城市经济崩溃。在本地人眼中，建立全意大利人的祖国的统一运动是皮埃蒙特酝酿的产物，损害了南方的利益。于是，1889年王室南巡有一个更大的目的，那就是实现和解，争取南方人对民族观念的支持。

47

金发碧眼的恩特·玛格丽特（Enter Margherita）是翁贝托的王后，拥有丈夫缺少的魅力。她吃腻了法餐，于是摆出亲民的姿态，将著名比萨师傅埃斯波西托请到卡波迪蒙特王宫，办一次平民吃食品鉴会。她青睐彰显爱国情怀的三色旗馅饼，那是埃斯波西托特制的一道菜。埃斯波西托用王后的名字给菜定名，又请王室下文称赞他的比萨店。布兰迪比萨店里挂的就是这份荣誉证书。

这就是每一本书，每一个网站——每一本学术著作——都会复述的玛格丽特比萨的故事，内容略有出入。学术著作一般会将其描述为萨伏依王室的宣传杰作。约翰·迪基（John Dickie）写了一本敏锐的意大利菜专著《意菜珍馐！》（Delizia！）。作者认为，玛格丽特王后纡尊降贵向意大利最贫穷城市的最廉价食品表示赞许的姿态，就相当于19世纪末版的戴安娜王妃拥抱艾滋病患者。迪基写道："凭借比萨，玛格丽特亲身走进了那不勒斯的腹肚。"他这里是在向塞劳致敬。一名研究番茄历史的学者主张，玛格丽特比萨是一种被发明出来的传统，一杯调配完美的政治鸡尾酒——以灭亡的波旁王朝为代价的萨伏依新朝亲民雅政，加入平民食品战胜法国大菜，再加上"统一运动阴影下那不勒斯菜品的意大利化"。比萨研究者卡罗尔·赫尔斯托斯基（Carol Helstosky）还说，玛格丽特比萨的创制成了"意大利民族主义叙事中的一处重要细节"。

这一切听上去都颇有说服力。直到我读了诺瓦克的文章为止。

除了布兰迪比萨店的证书——上面没有提到"玛格丽特比萨"或其食材——以外，诺瓦克没有找到文献证明卡波迪蒙特宫举办过王室馅饼品鉴会。当时有意大利官方媒体热衷于宣扬国家统一的蛛丝马迹，但没有提及比萨品尝或者命名。埃斯波西托在当时也不是"著名"比萨师傅。再说了，他的"特制"三色馅饼在那不勒斯已经广为人知。更不用说玛格丽特王后是出了名的洁癖。实话说，她在一座与霍乱扯上关系，而且健康条件依然极差的城市里吃一道穷人菜，这样的概率有多大？

那布兰迪比萨店里展示的黄色证书呢？诺瓦克认真检查了"王室"印章和笔记之后得出结论：是赝品。（我意识到，经理宣传的碳14测年只管新旧，不管真假。）到了几十年后的20世纪30年代，才有一份报纸首次提及这份证书。据诺瓦克判断，证书很可能是大萧条经营困难时期比萨店主的营销噱头。

事情就是这样。玛格丽特比萨的故事不仅仅是坊间传言，而且用诺瓦克的话说是"谣传"。一则完美契合多种诉求的谣言：北意大利的国家统一宣传、那不勒斯人受挫的自豪感——还有布兰迪比萨店的生意。

第二天早上，我睡眼惺忪地给多纳泰拉打电话咨询。

她的评语是：太复杂了。

就拿一件事来说，1889年来访的王室成员其实并非"外人"。1868年结婚后，翁贝托和玛格丽特在那不勒斯居住了将近两年。两人的儿子，日后的维托里奥·埃马努埃莱三世（Victor Emmanuel III）国王便出生于此。后来玛格丽特惯常6月份来访。不仅如此，她在那不勒斯生活期间环游意大利，莅临地方民俗活动，精明地赢得了民间支持。这一切为多纳泰拉本人对诺瓦克

"谣传修正论"的修正提供了可信度：亦即，玛格丽特肯定在1889年之前的某个时候尝过最终以她命名的比萨。事实上，多纳泰拉有证据——"暂时绝密"。不过，布兰迪和埃斯波西托的那一段确实是假的。她也同意"玛格丽特比萨"这个称呼直到20世纪30年代才付诸文字，而且真正流行开来是在1989年，当时布兰迪比萨店趁着那不勒斯比萨即将全球爆火的时机，举行了（谣传）"王室品鉴会"百年纪念活动。

还有一条谣传让多纳泰拉非常恼火，那就是正宗那不勒斯比萨协会对比萨馅料的规定，说真正的比萨只能是番茄的或者玛格丽特的。"纯属虚构。"她嗤之以鼻。甚至大仲马当年都说比萨有放猪油的，有放小鱼的，有放橄榄油和牛至的。

"正宗……"我在反思这件怪兽般的营销工具，同时多纳泰拉在电话里向我讲述着种种关于那不勒斯比萨的谎言。面对全球化，那不勒斯迫切想要保护自己的饮食遗产，于是炮制出虚假的神话起源，将一道不久前还被认为过于低贱，甚至连城市宣传图片都进不去的食品历史化、经典化——还有商业化。原来就是这样吗？多纳泰拉挂断电话后，我在想，难道旅游海报里宣扬的前工业化意大利（坎帕尼亚、那不勒斯）美景也是纯属虚构吗？在某个正宗的、神话般的过往中，唱着歌的农夫从有机农田里摘下美味到爆炸的番茄，城里的穷人则一边享受着用心制作的贫民美食比萨和意面，一面唱响《我的太阳》？

但话又说回来……城市传说与神话的发达是为了服务于一种目的。它们创造出了想象的共同体，延续着发明的传统。按照诺瓦克的看法，玛格丽特传说的生命力本身就值得社会学家研究。

但我现在迷失在了繁杂与层累之中。比方说，对于那些阐述比萨"意大利化"对统一运动的意义的学术文献，揭开玛格丽特的谣传实质意味着什么？毕竟，直到20世纪中期之前，任何品种的比萨其实都没有成为经典国菜？

我的思绪脱离了玛格丽特疑案，转向了我来那不勒斯的另一个原因：意面。当然不是北意大利产的软绵绵的加蛋鲜面（pasta fresca），而是杜兰小麦做的高筋硬质干面（pastasciutta）——长途贸易的经济引擎，现代意大利餐饮的主心骨。

还有就是一样多年来声名狼藉、渴望见识鲜活贫民生活的壮游客们爱看的那不勒斯街景。我闯进托莱多大道上的一家廉价纪念品商店，研究起展示当地意面食客（giamaccheroni）实景的19世纪旧明信片和版画。里面有传说中大腹便便的面贩（maccaronari；今天macaroni专指通心粉，但历史上maccheroni曾是所有意面的泛称）守着放在室外的沸水铜锅，还有堆成山的芝士碎。在一张图片里，游客抛出硬币，如狼似虎的穷人，拉撒路人（乞丐）和衣衫褴褛的"街童"（scugnizzi，流浪儿）手里抓着滑溜溜滚烫的长条意面，一口吞下肚，行云流水，令人赞叹——吃得仰头朝天。

不过，意大利最早吃面条的不是那不勒斯人，而是西西里人。12世纪阿拉伯地理学家穆罕默德·伊德里西（Muhammad al-Idrisi）首次记载巴勒莫（Palermo）附近有人制作一种名叫"干面条"（itriyya）的条状面食——词源是阿拉伯语，希腊语，还是希伯来语？——"用船"贩运去往卡拉布里亚（Calabria）和"其他基督教的土地"。那不勒斯人呢？他们被称作"食菜者"

（mangiafoglie），或者用更古雅的说法，"屙菜者"（cacafoglie），因为那不勒斯人大量食用深色绿叶菜——简直是布鲁克林梦想膳食的先行者。那不勒斯生产意面始于1295年，但并非主流食物。意面制造烦琐，价钱比面包贵得多，只有富贵人家才会用肥腻的阉鸡汤烹制，火候太过，而且常常与加糖、蜂蜜或肉桂的甜品同食。

但到了17世纪中期，那不勒斯的干面消费量暴增。意面成了大众食品，并最终从这里向北传播。

20世纪50年代，犹太裔意大利共产主义者、政治家和意大利农业研究名家埃米利奥·塞雷尼（Emilio Sereni）撰写了富有影响力的《从食菜者到食面者的那不勒斯人》一文，发掘并探讨了这一饮食变迁。在寻找原因的过程中，塞雷尼考察了16至18世纪那不勒斯城市贫民的营养状况。用当代意大利饮食学者马西莫·蒙塔纳里（Massimo Montanari）的话说，这场从食菜到食面的范式大转换是"意大利膳食语法"的剧变，它的起爆点就是那不勒斯。那么，是什么条件催动了这一变化呢？

在我阅读塞雷尼的分析过程中，答案再次呼之欲出，和比萨的情况一样：城市密度。

1503年，西班牙开始了对那不勒斯两个世纪的统治，城市人口随之飙升——当时是5万人，到了世纪末增长了四倍。在廉价面包和低税负的吸引下，乡村贫民不断涌入城市。到了17世纪中期，那不勒斯人口又翻了一番。但是，西班牙总督府在供养拥挤严重的大都市方面做得很差，腐败猖獗，治理不善，肉价腾贵。无序扩张的城市吞噬了周边生产蔬菜的农田。塞雷尼解释道，那不勒斯人没有从外地进口容易腐烂的蔬菜，而是改吃耐储存的干面条。由于新生产技术的作用，干面条的生产成本和繁复程度在17世纪大幅降低。在始终坚守马克思主义的塞雷尼看来，饮食范式的转换代表了那不勒斯群众是生存适应的天才。另一个天才做法是通过加入少许奶酪来补充蛋白质，让面条的营养变得更加全面。

饮食变化在18世纪完成了。那不勒斯成了世界意面之都，把"吃面人"的绰号从西西里手里抢了过来。歌德在1787年发现："意面……在任何地方的所有商店里都能买到，价钱很便宜。"在之后的半个世纪里，意面流行到了意大利以外。1834年，大仲马写道，如今"意面……是一道欧洲菜，像文明一样传播"。但它的震中是在这里，还有穷困潦倒的下城区。

1884年，马蒂尔德·塞劳在《那不勒斯的腹肚》中写道："那不勒斯老百姓只要有两分钱，就会去买一份意面……分量很小，买家会因为想要多一点酱，多一点奶酪，多一点面条而与店主争吵。"

我总是迷失在昏暗喧闹的西班牙区迷宫里，有一种挥之不去的感觉，那就是我还住在那个那不勒斯——那个拥挤严酷的巢城，让比萨和意面变成了生存的必需品。其他欧洲老城区早就经历了士绅化和纯净化，而西班牙区却仿佛是出自塞劳的书页里。失业率依然高得惊人。没有人行道的小巷依然遍布西瓜贩子，现在也卖纸巾。我们的五感依然应接不暇——肉铺里活色生香的百叶，贴墙橱窗里吃了要人命的1欧元薯条，永无止息的廉价比萨外卖，以前是用移动的炉子卖，现在换成了急速摩托车。即便是西班牙区里无处不在的体育博彩店，它们难道不是"那不勒斯真正的毒品"（塞劳语），也就是当地常年造成死伤的彩票瘾的现代变种吗？与此同时，底屋门前的家庭纠纷闹个不停，让人想起瓦尔特·本雅明（Walter Benjamin）在1928年给那不勒斯贴上的"多孔"城市标签。在那不勒斯，不仅内与外、公与私，就连景观与观众的界线都总是模糊的。本雅明写道："阳台、庭院、窗户、大门、楼梯、屋顶，全都变成了舞台和包厢。"

那不勒斯：永远在自我表演，永远在自我观察。

小说家雪莉·哈泽德常年居住在那不勒斯条件较好的区域，她认为那不勒斯是一座隐秘之城。我们也这样认为：两周过去了，西班牙区的费解程度丝毫未减——友好程度也丝毫未增。楼下广场里有个穿那不勒斯天蓝色队服的可爱小孩，巴里朝他咧嘴微笑，晃着手指打招呼，结果对方只是瞪了回来。有一家时髦的小理发店，广告里写着理发只要9欧元。巴里做了个浓香过头的"养发"，他以为是理发项目附赠的，结果喷了那么一下就要4欧元。这是芳香精油版的出租车宰客。

走投无路的我模仿起那不勒斯土话口音，试图赢得店主们的好感。他们总是冷漠地盯着我看，而且每天给茄子意面这道菜的要价都不一样。有时候意面做得没法吃。阴着脸的熟食店主卖的波切塔烤肉（porchetta）也是一个样。

16世纪，在西班牙兵营建成以前，这里曾经是养蚕的桑园。桑园也为聚饮和做爱打了掩护。常言道："去桑林吧。"兵营和军人来了以后，饮酒作乐喧闹了几个世纪。西班牙区成了那不勒斯的性产业中心——游乐屋（case di piacere，即合法妓院，最终于1958年禁止）、站街（至今合法）和异装癖（现在以巴西妓女为主）。我不知道性产业会引出我的意面课。

我们有天下午沿着桑葚路走，朝两个在底屋里喝意式浓缩咖啡的老妇人微笑。"你好啊！进来吧！"两人里比较壮实，像是女主人的那个向我们示意——她真的在笑。屋里有两张长桌，周围是货真价实的那不勒斯基督诞生像；炉子上有两个大铝壶冒着气泡。"这里致力于传承文化（vascio）……"——在那不勒斯话里是"底屋"的意思，招待我们的女主人农齐亚解释道，"我们在这里做平民美食，谈论我们的西班牙区，唱那不勒斯歌曲。"

"西班牙人统治时期，这里是一家游乐屋！"她那个不同寻常的同伴塔朗蒂娜说道。后者是一位老人，漂过的头发梳成顶髻，面颊像花栗鼠似的，还做过丰唇手术。

农齐亚邀请我第二天过去，观赏她烹制晚餐活动要上的三种不同的意面，我感觉自己与令人生畏的西班牙区的关系取得了突破。意面菜谱是奶奶传给她的——奶奶又是奶奶的奶奶传的。

塔朗蒂娜和打扮得跟艺伎似的伙伴们到屋外抽烟，我则和农齐亚坐在一起，她正用手掰断制作配热那亚酱的长条光滑通心粉（ziti）。尽管名字叫热那亚酱，这却是正经的那不勒斯菜：厚切牛肉和大量洋葱熬煮两天以上得到的意面大酱，是番茄传入之前的那不勒斯意面伴侣，受到了阿拉伯人的影响。晚餐菜单上另一道地方风情浓烈的平民食品是"碳水加碳水"的土豆意面，海量土豆和烟熏波芙拉奶酪（provola）全部融为一道意面沙拉（pasta mischiata）——农齐亚黏软的那不勒斯方言把mischiata

读作mmishkiata。农齐亚讲得明白，当年穷的时候，这就是一道杂拌菜，手头剩下什么干掉的、碎掉的、沾着尘土的食材就丢进去煮。现在呢，我反思道，现在全都是包装好的喜庆干净的产品，是在消费过去的苦日子。我注意到农齐亚的配料是加罗法洛（Garofalo）生产的，这是一家有五个世纪历史的意面生产商，所在地格拉诺是那不勒斯附近山区的一座以生产意面闻名的小镇。加罗法洛打怀旧牌，标榜自己"极其传统"，其实老板是西班牙食品加工巨头埃布罗（Ebro）。

"农齐亚会用鲜面吗？"我问她，"比方说，北意大利人喜欢的加蛋手工湿宽面（tagliatelle）。"她瞪了我一眼，好像我是一个神经病。"绝不（Mai）。"她哼了一声。意面一统意大利的看法可以休矣。

农齐亚伸手去拿慢食运动兴起前的工业级去皮西红柿（pelati），报出了下一道意面的名字。烟花女意面（Puttanesca），其实就是一种加了橄榄和凤尾鱼的番茄意面。

我倒吸了一口凉气。

烟花女意面？

地灵来了，最深刻的本地精神。简直太纯正了，正到搞笑的程度——在几百年来那不勒斯的性产业中心的一家前妓院里制作烟花女意面。慈祥、按时去教堂、老祖母一般的农齐亚竟然会对这道老菜感到骄傲，毫无道德上的鄙夷，这也是不可思议。她拿出档案管理员的劲头，向我展示了游乐屋里跟女孩找乐子的菜单（"美军打折"）。菜单挂在一面挂满了图片的墙上，有老祖母出镜的家庭合照，有头顶光环的马拉多纳圣像，有头戴黑色圆顶礼帽的托托（Totò，那不勒斯的卓别林），有土生土长的演员兼编剧爱德华多·德菲利波（Eduardo De Filippo），有一张翻筋斗棋盘的放大照［翻筋斗是那不勒斯版的宾果，数字与梦境意象（la smorfia）对应］，还有塔朗蒂娜摆玛丽莲·梦露造型的照片，耶稣基督似乎正以责备的目光看着她。

"我们的那不勒斯啊。"（Napoli... La nostra Napoli.）农齐亚对着她塞了一屋子的那不勒斯物件喃喃自语，那是她自我神化的神龛。我感觉自己一瞬间被困在了一个圣诞马槽里，就是那不勒斯展示耶稣诞生场景的神龛，让人幽闭恐惧症发作的感觉。

烟花女意面里煎凤尾鱼、水瓜柳和橄榄的刺鼻气味充满了曾经是妓院的屋子。我聊到我的朋友，那不勒斯畅销美食家阿梅迪奥（Amedeo）曾坚定地对我说，妓女从不下厨；在那不勒斯，烟花女意面更常见的叫法是绿帽意面（pasta del cornuto），指的是妻子在外偷情后匆匆赶回家煮的意面酱。

"呸。"农齐亚耸了耸肩。"塔朗蒂！"她喊道。

"是，妓女很少下厨，"资深目击者塔朗蒂娜表示，她身上还散发着烟味，"但客人点菜钱分我们三成，还有酒钱五成。"烟花女意面呢？她宣称名字源于红酱和红灯区。妓院非法化之后，烟花女意面成了嫖客的暗号；有人喊要吃面，姑娘（或者小伙）就赶紧出来接客。

听到这些私密细节，我难以置信地摇起了头。它们是事实，传说，还是谣言？这些事是在怀旧小窝里讲述的，两个讲述人都是那不勒斯人的经典形象。如果说塔朗蒂娜是皮囊衰老的普契涅拉，那么这里还有两个大普契涅拉在凝视着她：托托在电影中体现了普契涅拉的精神，爱德华多·德菲利波则献上了普契涅拉的知名舞台演绎。这篇充满着回响与化身的那不勒斯空间让我想起了托马斯·贝尔蒙特（Thomas Belmonte）的一句话。他是精彩的那不勒斯下城区人类学专著《枯竭的泉水》（*The Broken Fountain*）的作者。贝尔蒙特写道："如果说创作戏剧的本意是隐喻生活，那么在那不勒斯，喻体压倒了本体，社会自身呈现为一连串戏中戏。"

现在塔朗蒂娜进入了档案管理员模式，她跑回自己的底屋，取来几张磨损的照片。塔朗蒂娜在一次西班牙区马拉多纳主题街头活动期间站在老爷车上伸展肢体，塔朗蒂娜参加罗马市威尼托街的某次节日，看起来像是粗犷版的碧姬·芭铎（Brigitte Bardot）（"我见过她"）。

"费里尼、帕索里尼、阿尔贝托·摩拉维亚……"塔朗蒂娜数着她认识的大人物们。

但是，甜美生活终有限度，罗马也变得无聊了。那不勒斯在呼唤她回去。"西班牙区啊，"她感叹道，"我们美妙的西班牙区！"俊小伙兜售违禁香烟，给妓女带浓缩咖啡。什么都是"叫"卖——牛奶、西瓜、比萨，还有像维苏威山里一样刺鼻（puzzolente）的矿泉水。流氓穿正装，妓女抹口红。"还有水手，美国水手！"塔朗蒂娜现在沉醉于往日回忆，这些回忆大概也是神话，与战后那不勒斯贫困惨象的记述形成了鲜明对照。"一大片白色的美国人海洋，刚刚下船！"塔朗蒂娜轻声诉说着，"就来我们西班牙区，急着找姑娘和'比萨饼'！"

农齐亚附和着点头，带着幸福的赞许神情。"我们的那不勒斯啊，"她又说了一遍，"圣徒、妓女和比萨之城。"王后的比萨，我心里念叨着，烟花女意面。

终于，我们的底层烟花女意面做好了。不，这不是一道从地中海白日梦里走出来的性感杰作。它不像恩佐的菜那样，迸发出维苏威火山土直送的有机番茄风味。这道面忠实于贫民食品的根，有点黏糊糊的，平平无奇，你在那不勒斯到处都是的上百家无名小馆吃到的那种菜。口味？不好不坏吧。但躲不掉的是，颜色暗淡、煮烂炖化、微微带着凤尾鱼腥味的番茄酱蘸在一根根长面条上，一点都不优雅。如果说这间底屋里其他所有的东西都是一出那不勒斯大戏，意面却不是怀旧：它尝起来就是番茄罐头和贫穷的味道。或许这也是典型。

穷（La miseria）。

意大利原本是诸多公国、王国和教皇国的拼合，而统一的现代化意大利国家本应改善极其贫困的半岛居民的生活福祉——意大利农业人口占三分之二，四分之三是文盲。1860年加里波第进入那不勒斯的时候，市民预期寿命约为30岁。农齐亚口中奶奶做的有益健康的贫民食品呢？乡村地区的"食品"就是个残酷的笑话，大部分吃的都是连维持生存标准都达不到的盐水稀粥，或者黑面包蘸卤水（直到19世纪末为止，出了那不勒斯城连意面都少见）。但在统一后的混乱时期，就连这样糟糕的待遇都受到了威胁。南方人受害尤其严重。波旁王朝征收的保护性关税被废除，摧毁了巴勒莫和那不勒斯的产业。正如那不勒斯人喜欢反复念叨的那样，占据支配地位的北方萨伏依人掠夺了波旁宝藏。乡下的农民不能种贵族的土地了。最坏的是税——盐税、糖税、面粉税、面包税、面条税，每一袋送进磨坊的谷物都要缴税——榨取穷人的钱，供养新国家的军队和官僚。到了19世纪末，意大利拥有全欧洲最高的税负。

有史以来最大规模的移民潮之一就这样开始了——意大利文化与形象，那不勒斯比萨和意面由此全球化。《意菜珍馐！》的作者约翰·迪基有一句尖刻的评语："意大利菜迈向全球热门菜系有一条独特的路径，那就是输出饿肚子的农夫。"同时，法国输出的是专业厨师和酱料。

1880年至1915年之间共有1 300万意大利人出海，大部分去的是"两美"（北美洲和南美洲）。他们的信条是："我出国是为了吃饭。"（Mi emigro per mangar.）到了20世纪头十年，六分之一意大利人生活在海外——90%左右的移民来自前两西西里王国，大部分是农村人，唯一盛产移民的大城就是那不勒斯。意大利人最大的聚居地在美国、阿根廷和巴西。而他们逃离的新生意大利民族国家仍然是一个不安定的政治建构，用一名历史学家的话说，统一的唯一纽带就是宗教与饥饿。1870年，最后的教宗领地被废除，当时会说刚推行不久的标准意大利语（佛罗伦萨方言）的人口比例不到10%。钟楼情结（campanilismo），也就是对本地教堂钟楼的忠诚依然定义与分隔着意大利（许多人会说，至今依然如此）。

刚到美国的新移民大多住在东海岸，出租屋里塞满了卡拉布里亚人、西西里人、那不勒斯人和阿布鲁齐人——他们彼此都是陌生人，丝毫没有共同的"意大利菜"意识。

那他们实际吃什么？

当然不是如今闯入大众神话里的卡拉布里亚或那不勒斯地方

菜，老祖母用心制作的美食。迪基写道，意大利人之所以移民，恰恰是因为他们被意大利餐饮文化排除在外。我70年代第一次去纽约小意大利的时候（我自己也是一个无国籍的新移民），我记得自己眼巴巴地看着酥脆的白面包、暗红色的萨拉米香肠、肥润的粉红色摩泰台拉火腿、火红的酱里咕嘟着的高尔夫球大小的肉丸。当然，我当年不知道在一个世纪前的旧意大利，这一切都是梦中美食（cucina di sogni），是意大利穷人眼中的童话。然而，正如历史学家哈西娅·迪纳（Hasia Diner）在研究移民饮食的专著《为饿赴美》（Hungering for America）中指出，意大利农民无法分享这些待遇，在整个半岛，"穷人制作食物，看见食物，懂得评判食物优劣，但只能吃权势者分给他们的食物"。而到了新大陆，南北美洲拥有丰富的平价白面包和红肉，让饥饿的美梦化为了美味的现实。"来了美国，天天吃席，"这样的家信汗牛充栋，"我们一天吃三顿肉，而不是一年吃三顿。"与此同时，其他遇到意大利移民的美国人也感到惊奇，这些非技术工人是怎么大吃进口意面配帕尔马奶酪、香肠、咖啡和甜品的。

美国移民的意大利菜就这样诞生了：炮制出来的融合菜，一边是新大陆的丰饶资源，一边是对故乡富人餐桌的垂涎回忆。堆成山的肉丸意面、大分量的开胃沙拉、"帕尔马奶酪"鹿排肉、满满Polly-O牌乳清奶酪的贝壳意面？这些都是美国意式创新菜，如今也让意大利本国人笑开颜。

与故乡的阶层等级一样，地区分野也在移民的厨房里开始消解，统一的饮食民族出现了，比老家早了几十年——如果说本土有过民族统一的话。不管是在纽约还是布宜诺斯艾利斯，来自不同地方的农民都挤在小意大利里面，他们闻见和品尝了各自的菜品，也不可避免地互相借鉴。在美国，社交俱乐部和街头节日也促进了泛意大利菜的形成：那不勒斯的面条配用新大陆牛绞肉制作的北意博洛尼亚肉酱，米兰香煎小牛肉配南意野菜，最后来一份西西里泡泡冰激凌。哈西娅·迪纳主张，移民不仅提升了意大利人的饮食标准，还推动了爱国情怀——作为意大利人，他们的市域和区域认同如今被民族认同所吸纳，至少在厨房里如此。

"美丽国度"（Bel Paese）自身的巧妙干涉也激发了移民群体中的意大利人意识。意大利政府赞助的各地但丁协会向孩子们教授但丁的语言，而他们的价值只会说卡拉布里亚或那不勒斯方言。商务部宣传和保护"意大利制造"品牌，将移民转化为爱国消费者。返乡者不问缘由，一律授予公民权。新意大利国家没有任由移民同化，而是培育了跨越国界的民族主义——一种对大意大利（la più grande Italia）的归属感。

比萨和番茄意面就是如此。这两道菜本来是那不勒斯城的特色菜（对大规模移民初期的非那不勒斯人来说是新鲜事物），后来逐渐成了意大利的代表，从移民群体最终拓展到了世界上的其他地方。人类学家佛朗哥·拉塞克拉（Franco La Cecla）认为，比萨和番茄意面作为消除了长期南北方差异的标志性食物，"成了全民族上空飘扬的旗帜……是国家的全球化意象"。不仅如此，它们还表达了意大利餐饮的两面性。番茄意面是意大利裔美国人家常菜的代名词，是"妈妈菜"，最终在北美洲燃起了意面馆和意式家庭餐厅的风潮。比萨是廉价外出用餐的革命，是典型的"外卖"食品，还有无可抗拒的那不勒斯人开放热情的刻板印象（现在成了全意大利人的刻板印象）。

一个有利因素是，两者从经济角度看都是天才的发明，适应性极强，成本低，而且随着时间推移实现了大规模生产。另一个有利因素对番茄意面的影响尤其大，那就是在意大利人移民期间，意大利本土的意面和番茄罐头生产加工业也发生了一场小型的工业革命，国内厂商于是在美洲拥有了一个庞大的爱国移民市场。当出口先后由于第一次世界大战和墨索里尼的保护主义政策停摆时，美国和阿根廷产品涌了进来。归根到底，意大利菜之所以在新大陆内外火起来，靠的不是夫妻饭馆，而是大型工业制造商。

博亚尔迪大厨（Chef Boyardee）[2]，有人要吗？

拉塞克拉认为，比萨和意面成为意大利的全球象征，"远早于同样的过程在本土发生"。

好吧，那"美丽国度"本身呢？意大利自身的饮食民族建构呢？

我穿过了西班牙区上方不远处的花园，那里原本是一座17世纪的女修道院。然后我走进了马里诺·尼奥拉（Marino Niola）和妻子伊丽莎白·莫罗（Elisabetta Moro）共用的大学办公室，面积不大。两人是恩佐的朋友，都是知名文化人类学家，对美食有着浓厚兴趣。

"哎呀，墨索里尼自然要谈！"贝塔[3]答道，她长得像德国人，

2　美籍意大利厨师赫克托·博亚尔迪在20世纪30年代开厂生产意面和肉酱罐头，行销全美，还在第二次世界大战期间成了军用口粮。
3　伊丽莎白的昵称。

出身意大利北部的威尼托地区。"墨索里尼和他的全面文化民族建构。还有他的食品爱国论——他的自给自足宣传，尤其是针对女性。"（她指的是1935年意大利入侵埃塞俄比亚后遭到国际制裁后，墨索里尼鼓吹粮食主权。）

"但在那不勒斯这边，"那不勒斯人马里诺笑道，"墨索里尼什么都不是。我们只记得他愚蠢地企图用意面取代土产大米，做意面是需要进口小麦的。"

"那不勒斯人马上就认为是歧视南方！"贝塔翻了个白眼，高声道。"那不勒斯人啊，他们觉得人生就是一场针对他们的漫长侮辱！"

"然后呢，当然了，"马里诺说，"还有阿尔图西……"

哎呀，阿尔图西。我就等着这个名字呢。

佩莱格里诺·阿尔图西（Pellegrino Artusi）1820年出生于意大利中部的罗马涅（Romagna），是一个终身未婚的胖男人，留着羊排胡，喜欢高顶礼帽。1891年，富有爱国情怀、爱好玩乐的71岁厨艺爱好者阿尔图西从银行退休，出版了一本烹饪书《厨房科学与美食艺术》（*La Scienza in Cucina e l'Arte di Mangiar Bene*）——如今通称《阿尔图西菜谱》（*L'Artusi*）。

《阿尔图西菜谱》有各种称号，有人说它是美食学与意大利文化的地标，有人说它是现代意大利一切事物的奠基性文本，有人说它是一部促进民族意识铸造的巨著。这本书整理了新生统一意大利国家各地的具有强烈地方色彩的食谱，从而发挥了上述作用。当时意大利贵族宴席吃的上流菜是法国菜，而平民食品大多是口口相传，纷乱不堪，同一种鱼或者蔬菜名称不一的。

作为意餐之父，阿尔图西不仅在意大利餐饮界受到尊崇，而且他被捧上了神坛。2011年是阿尔图西冥辰100周年和意大利统一150周年。阿尔图西抢了不得人心、一盘散沙的统一纪念活动的风头。阿尔图西天才在哪里？或许在于他认为，团结国家的唯一方式就是通过食物。因此，学者皮耶罗·坎波雷西（Piero Camporesi）在《厨房科学与美食艺术》1970年版的前言中写道，在无止境的地方特殊性让任何意大利统一运动都显得"神秘而遥远"的历史关头，这本书对民族统一起到的作用比曼佐尼（Manzoni）的《约婚夫妇》（I Promessi Sposi）——这也是一部奠基性文本——还要大。

意大利人有多么热爱他们亲爱的阿尔图西，他们伟大的统一者。书中把女读者夸成了花，浪语调笑（"如果这道甜品样子有点像一条……大蚂蟥，请不要惊惶"，他说的是果馅卷），还有"傻子都会做"的肉丸配方。意大利人也钟爱《阿尔图西菜谱》的灰姑娘式成功。出版商看不起他，他就自费首印一千册，致谢语中把书献给自己养的猫。第一版里有475道菜，1909年的第13版达到了790道。迄今为止，这本书已经出了111版。《阿尔图西菜谱》是意大利读者最多的书之一，与《匹诺曹》和前面提过的《约婚夫妇》不相轩轾。

它还以语言成就闻名。阿尔图西不仅将花哨的法文词从意餐用语清除了出去，而且在那个意大利仍然像巴别塔一样遍地方言的年代，选择用新官方书面语托斯卡纳方言写作。事实上，讲罗马涅方言的作者为了更好地掌握但丁的语言，曾于1851年移居佛罗伦萨。1827年，讲伦巴第方言的曼佐尼也为了写《约婚夫妇》而做了同样的事。

于是，这是一本用意大利语写给意大利人的涵盖意大利全国的菜谱——至少是写给寻觅家常菜和家庭理想的新兴民族资产阶级的（而大部分是文盲的穷人正在海外创造另一种意大利菜）。

"但对我们这里来说有一个问题，"马里诺在一座那不勒斯花园旁的办公室里笑着说，"对那不勒斯人来说，阿尔图西就是意餐领域的加富尔。"

"他的意思是，"贝塔澄清道，"这边将统一视为皮埃蒙特政客加富尔的谋划。阿尔图西的意餐混一也是如此！也是北方人的谋划，你也能猜到……是歧视南方。"

没错啊。《阿尔图西菜谱》的意大利统一得很奇怪：以北方—中部为轴心——点缀着少许外国菜。阿布鲁齐、阿普亚、巴西利卡塔（Basilicata）、卡拉布里亚？几乎不提。撒丁岛（Sardinia）压根不存在；辣椒和其他罗马以南流行的食材也一样。尽管《阿尔图西菜谱》后续版本收录了来自读者的建议和菜谱，但"骄阳地带"（Mezzogiorno）依然不利，那不勒斯和西西里菜谱屈指可数。

我急于进一步了解伟大统一者的反南方偏见，但恰好有一个研究生过来讨论卡塞塔（Caserta）地区的卡莫拉奶酪和马苏里拉奶酪的制作工艺。

我离开了人类学家夫妇和他们的花园，下山去翁贝托购物街附近的一家大型菲尔特瑞奈利（Feltrinelli）书店，继续我的研究。我在途中咨询了几名那不勒斯专家。

"啵！"电话那头的农齐亚脱口而出，"从来没听说过这个阿尔图西（questo Artuzzi）。我只会做我奶奶教的菜。"

"我当然有《阿尔图西菜谱》，"本地优秀大厨梅拉大笑道，"但说实话，他的菜谱很烂。"

"阿尔图西？哈哈！"恩佐大喊一声，"你去看看他的比萨方子！"

至于多纳泰拉，她拿出整整20分钟控诉阿尔图西在自传里如何诋毁那不勒斯的番茄意面。他显然吃的是街头比萨，抱怨辣椒和辣味奶酪放得太多，于是去了一家小资餐厅，点的是——"你想想！"多纳泰拉喊道，"他点的是长条意面配法国贝夏美酱（spathetti con la balsamella）！！"

"《阿尔图西菜谱》卖得怎么样？"我到了菲尔特瑞奈利书店后询问一个和善的年轻店员。

"阿尔图西？"他扫了一眼电脑。"当然了，在那不勒斯，"他提出，"我们有我们自己的重量级菜谱，比如1839年卡瓦尔坎蒂用那不勒斯方言写的《烹饪理论与实践》（Cucina Teorico-Pratica），书中有意大利第一份番茄酱意面菜谱——销量很好，几乎和杰米·奥利弗（Jamie Oliver）一样！"他向我保证，这边所有讲那不勒斯的书都好卖。也许是因为那不勒斯人不再讨厌自己和自己的城市了？"阿尔图西，阿尔图西……"他一边在电脑上查询全国销售数据，一边喃喃道，"那不勒斯的话，没什么特别的（niente particolare）。没有博洛尼亚卖得好！"

我在菜谱区再次浏览了这部巨著。店里是1970年的经典版，收录了坎波雷西的长篇学术导论。我心里在想，这不是一本现代意大利菜谱。比方说，意面——在总共790道里只占35道左右——被归为小菜（minestre），也就是前菜，小菜又细分为干小菜和汤小菜。意大利统一三十年之后，干意面显然完全达不到它在今日意大利餐饮中的势力。意大利学者谄媚地讲，番茄意面传遍意大利要归功于阿尔图西。鉴于他的杰作中只有区区两道加了番茄酱的意面，其中有一道还是黄油风味，所以此说貌似大有可疑。我听从恩佐的建议，查看了"那不勒斯比萨"的菜谱。找到了——原来是甜品。放乳清奶酪、杏仁和糖的酥皮蛋糕，听上去挺好吃。

我到家时得知，意大利第一道咸味的那不勒斯比萨菜谱要到1911年才出现，当时《阿尔图西菜谱》已经出版两年了。我还发现，我整整两天没吃比萨。我突然感到一阵戒断反应，于是赶往斯帕卡那不勒斯区，城里大多数老字号比萨店和炸物店都挤在法庭街（Via dei Tribunali）上。

斯帕卡那不勒斯的意思是"分割那不勒斯"，指的是三条穿越旧城中心的老街，它们至今沿用罗马时代的名字——第十街（Decumani）。在我的记忆中，这片区域极其丑恶：脏兮兮的深色卵石街道错综复杂，墙面上有涂鸦，广场明显在破败，教堂开放时间捉摸不定。你要是去米凯莱这些老牌比萨店，可要害怕臭名昭著的那不勒斯抢劫飞车党（scippatori）。

我现在走在法庭街上，周围是精致的冰激凌店和兜售慢食认证产品的熟食店，我使劲眨眼想要认出旧物——什么都行。不同于我们住的西班牙区，法院街已经彻底士绅化了；就连摩托车都没有了。我晕了，于是问一个穿白背心的老头，吉诺·索比洛比萨店（Pizzeria Gino Sorbillo）怎么走。

"跟着人群走。"白背心笑着用手一指。他没开玩笑。一窝蜂的游客显出了比萨店的那不勒斯风格蓝白色遮阳篷，举起的自拍杆俨然一座移动森林。

吉诺·索比洛年纪四十来岁，魅力非凡，是著名比萨世家的掌舵人。他在自己的私人房间接待了我，位于门店旁边一座窄窄巴巴的老楼的二层。他介绍这里是"比萨之家"（La Casa della Pizza）。

"这里是吉诺·索比洛，"他宣告道，不知为何要用第三人称自指，"整理他的思想……恢复能量……逃避外界癫狂的地方。"

吉诺·索比洛计划将"这里"改造成一座比萨博物馆，又或者是一座索比洛博物馆——我觉得有点多余，因为它已经是一座吉诺·索比洛博物馆了。每一寸地方都塞满了菜单、剪报、索比洛商标、小物件，还有这个满面笑容的上镜比萨师傅与其他名人的合影。周围环绕着那不勒斯老抒情歌曲，墙上吉诺的姑姑，女比萨师傅齐娅·埃斯泰里纳（Zia Esterina）在照片里露出圣徒一样的笑容。

我与吉诺·索比洛初次见面是在1989年，当时他十来岁，孩子气的俏脸仿佛是从布伦齐诺（Bronzino）的画里出来似的，T恤衫上写着"我奶奶卡洛琳娜有21个孩子，个个都做比萨"——这似乎是真的。我当时询问他对滨海大道（Lungomare）上的新派比萨店怎么看，他的回答是轻蔑地吐了一口痰。如今，吉诺在滨海大道上有一家新派比萨店，在曼哈顿和米兰有分店，在那不勒斯有一家名为"齐娅·埃斯泰里纳"的炸比萨连锁店——未来还要在迈阿密和东京开店。如果说恩佐是比萨界的觉者哲学家，吉诺

69

就是比萨界的克里斯蒂亚诺·罗纳尔多（Cristiano Ronaldo，即C罗）。他甚至噘嘴的样子都和那位球星一样。

"美丽的那不勒斯。"吉诺·索比洛现在一边缓慢庄重地说话，一边打开文件夹，里面都是老那不勒斯风景的旧明信片。但从20世纪70年代和80年代开始，他美丽的城市，尤其是斯帕卡那不勒斯就沉沦了。有能力的人都在逃离地头蛇卡莫拉。后来，大约5年前，比萨又开始吸引人们回流。"现在年轻比萨师都是仰望吉诺·索比洛，"他继续说道，"吉诺·索比洛就好像……他们的祖父（nonno），正宗那不勒斯人，嘻哈艺术家。"我在思考爷爷和嘻哈怎么能组合到一起，同时吉诺匆匆忙忙地接电话，回短信，时不时像歌剧演员一样绝望地猛击天灵盖，喃喃道："人人都想要一点吉诺·索比洛，我该做什么呀？"

他不打招呼就接受了那不勒斯亲吻广播台（Kiss Radio Napoli）的电话采访。他在应答的间隙会闭眼咬唇，好似要唱高难度花腔之前的男高音，或者要开点球之前的罗纳尔多。

"比萨面前，人人平等。"吉诺·索比洛告诉亲吻广播台。他继续说着金句。

"比萨折成四折吃——做成钱夹子那样——因为我们不能忘了比萨源于街边食品。比萨儿——流浪儿比萨。"

"大厨只是大厨，比萨师傅是贴近人民生活的匠人。"

"我们已经进入了有机卡普托面粉的黄金年代。"

"法庭街跟纽约小意大利一个样。"

"巴西的那不勒斯比萨店比那不勒斯本地还多。"

"我们正将自己的历史送往全世界，教世界人民身为一名那不勒斯人的意义。"

他还骄傲地表示："我们的酒店爆满，我们的比萨店满客，我们的比萨儿征服了地球。"

我对当天的经历原本有各种反响，而在索比洛比萨店的地下贵宾包厢吃午饭的时候——"本·斯蒂勒（Ben Stiller）本人在里面吃了一张玛格丽特比萨"——反响就只有一种了。在这里，哪怕只是品尝一张再简单不过的番茄比萨，也仿佛在体验克里斯蒂亚诺·罗纳尔多的一次华丽却又不失庄严的射门。它比恩佐家轻盈的比萨更酥脆和扎实，风味迸发。我心想，那是调制到尽善尽美的力作，小麦、番茄和橄榄油的极致表现。

吃完比萨，吉诺带我参加他的斯帕卡那不勒斯巡行——"爬满我们那不勒斯比萨的路道街巷"。我们没有走多远。每走几米，就有感恩的店主和清道夫把我们拦下来，表示吉诺·索比洛和他的比萨是如何改变了他们的生活，让他们沉沦的街区恢复了生机。一家刚翻新的朗姆酒蛋糕（baba au rhum）的老板大声致谢，感激索比洛比萨店分给他的生意。一个皮肤被太阳晒黑的准乞丐告诉我们，他每天都会拿着吉诺家的炸比萨去海滩——冬天也去。"如果一张炸比萨能带给一个人快乐——那我就满足了。"吉诺大度地表示。有一个兼职爱彼迎房东的警察说："永远对吉诺满怀感激。"

现在，我们后面跟了一小群人。我发现其中一半都是各类警察：巡警、市警、武警。难道全是比萨爱好者？我当时回想起几年前听说卡莫拉黑手党烧过吉诺比萨店——他显然不愿讨论那起事故。这与警方在场有关吗？

你好啊，吉诺。谢谢你，吉诺。吉诺大人。吉诺善人。

本地居民的齐声颂扬恍如喜歌剧场景：感恩的百姓（pleb）欢迎目光如炬的本地英雄（令人惊讶的是，pleb这个古罗马词语在那不勒斯依然常用）。只不过这是真实，太真实了：法庭街每家比萨店门口排队都有好几里，熟食店和糕饼店装潢一新，来自全球的比萨朝圣客在卵石路上成群游荡。比萨儿，一铜板的果腹急救包，科洛迪鄙夷地称之为"乱糟糟的脏东西"，萨缪尔·莫尔塞（Samuel Morse）口中"从地沟里掏出来的臭饼子"……这个饼子现在的全球产值是多少来着？差不多1 400亿美元？

"比萨效应"。我想到了人类学家兼印度教僧侣阿迦汉南达·巴拉提（Agehananda Bharati）造出的这个词，指的是一种小众文化现象输出到外国，海外成功又使得发源地对它重新评判，将其视为一种原创的悠久传统，只不过如今赋予了新的意义和地位（巴拉提用此来讨论瑜伽）。另一名人类学家甚至引申出了"反向比萨效应"的概念，指的是一种文化现象不仅以这样的方式在本土迎来复兴，而且会为了满足外国游客的新期望——追求纯正，追求传统——而做出调整，从而形成一个投射、期望和挪用的连续循环。但我觉得讽刺而奇诡的是，推广和宣扬比萨属于"意大利"的移民恰恰是当年跨洋越海、躲避意大利统一后混乱与贫困局面的人。一种下层食品经历了输出、演变和重构，然后反向输入国内，作为统一的"美丽国度"的民族符号而受到颂扬和捍卫——对一座大部分人至今将统一视为天大不公的城市来说，比萨在全球取得的成功既带来了自豪感，也带来了挫败感。

我的思绪在S. 格雷戈里奥·阿尔梅诺大街（Via S. Gregorio Armeno）上断掉了。街上到处都是制售那不勒斯本地特色圣诞摆件（presepi）的店铺。吉诺领着我们进了一处拥挤的二楼房间。那是马尔科·费里尼奥（Marco Ferrigno）工房。马尔科是第五代圣诞摆件匠人，也是与吉诺齐名的网红手艺人。我们小心翼翼地穿过大群花纹艳丽的陶管，其间马尔科解释道，圣诞摆件至少从12世纪起就是那不勒斯特产了。"但摆件真正有趣起来是在17世纪末，那时神圣开始混入了世俗。"我驻足观看一组工匠制作木头做的小胳膊小腿，那是要安到普契涅拉、牧羊人、裹头巾的博士，还有马拉多纳和托托身上的。半户外阳台里坐着一个来自保加利亚的年轻学徒，他一丝不苟地手绘了一盘子水晶小眼珠。眼珠生动得吓人，有一种那不勒斯风情的诡异。

但在部件繁多、古色古香的圣诞摆件里，真正让我目瞪口呆的是里面的食品。它们就像世俗版的圣物箱一样，反映和讲述着这座拥挤城市——以缩微模型的形式。一个小小的修士捧着一个小小的梨形波芙拉奶酪，一个小小的女人叫卖名叫"弗里塞勒"（friselle）的圈饼。在玩具屋大小的酒馆里，小小的桌子上摆着花椰菜凤尾鱼（insalata di rinforzo）、肉丸（polpette）和圣诞节鳗鱼（capitone）。旁边的吉诺向我讲解各种食物。他说，圣诞摆件"帮助我们发掘——乃至保留——几乎消失的那不勒斯街头食品"。马尔科·费里尼奥表示同意，但有所保留。摆件确实在记录历史——但带有鼓舞人心的意味，在一座永远受到疾病与饥饿困扰的城市里呈现出想象中的丰饶。

"正因如此，"吉诺严肃地表示，"直到不久前，直到90年代，比萨都被认为太鄙俗、太低贱，连圣诞摆件都不能进。"

"但现在比萨成了文物，"马尔科说，"一门老手艺，就像圣诞摆件一样，就像那不勒斯本身一样，再次迎来了兴盛！"

我们站着凝视这件展现城市风貌的摆件，赞赏着它的样子——正如永远在自我欣赏的那不勒斯。"自我神化（Auto-folklorizzazione）。"我回想起人类学家马里诺对这种那不勒斯综合征的形容。一座自恋的城市，反复发明和注视着自己的历史身份认同。宝贵的那不勒斯本质主义事业永远在路上……独特的优越感，那不勒斯味。

东京

拉面与米饭

我和巴里落地东京的时候，我又一次在揣摩比萨效应。

当时刚到樱花季。樱花树上膨大的花苞刚有特艺七彩的苗头，但日本永不停息的商品化与审美化机器已经开动，喷涌出了樱花粉色的主题产品，尤其是食品。抵达后的第二天早晨，我们正往地铁走——要去上野公园的樱花树海捕捉最先开放的花朵——我注意到星巴克（Sutaba）推出了云樱星冰乐与酥脆肉桂卷套餐，麦当劳（Makudo）则用麦乐冰引诱着人们，软冰激凌中点缀着盐渍樱叶。我走进一家7-11便利店（konbini，泛指日本无处不在，不可或缺的便利商店），很快没忍住买了一球装的哈根达斯樱花抹茶冰激凌，边缘摆着真樱花。

在上野公园，周末野餐客们不耐烦地挤在富有节日氛围的野餐布和蓝色塑料坐垫上，簇拥在树下，枝条上一丛丛刚刚开放的粉白花朵，秀色可餐。咯咯笑着的中国游客身穿租来的化纤和服，摆出打卡拍照的姿势。我们努力穿过人群，点头打招呼，拒绝了递来的花见酒（"这个点喝酒还太早了！"），却跟人分享了一个饭团。饭团是粉色的。

比萨效应呢？我想到它的一部分原因是，我们下榻于地标东京塔旁的麻布台，走在这片市中心区域，你总会不断碰到炭烧那不勒斯比萨店里飘来的烤饼和番茄香气（典型的东京价格，看得人头皮发麻）。还有一部分原因是，比萨效应在东京表现为拉面效应。这又是一种重要的碳水主食，一开始是不受人待见的廉价热量来源，在食品工业化时代实现了大规模生产，后来走出日本国门，到了20世纪90年代又成为慢食匠人的宠儿，但价格依然不到10美元——最后被捧上神坛，成为民族财富、旅游热点和软实力图腾。拉面开启了从日本走向全球，再从全球回流日本的无尽循环。

但与那不勒斯的情况一样，我来东京要品鉴研究的不只是一种碳水，而是两种主食。第二种是粳米白饭（gohan）。当地菜肴大多要配饭吃，而且饭在各种本质主义的"日本人论"（民族色彩增强版的那不勒斯主义）中有着突出地位。面饭，饭面。两者构成了一个饶有趣味的辩证二元组：一个是日本改良的中国菜，最终依赖于进口美国小麦；另一个是拥有近乎神秘光环的本土财富，成为日本人自身的"饮食符号"。一快，一慢，一外来，一传统。但两者都是民族经典饮食的一部分：饭是和食（一种永恒的，据称历史悠久的超日本饮食理念）的神圣基石；面是"归化"的现代国民食明星，是廉价的"庶民料理"，推动了日本二战后的重建与繁荣。

我们旅居那不勒斯的经历还产生了一声回响。我们住在奥克伍德东京服务式公寓九层，从那里看不到维苏威火山，但能看到东京塔——几乎就是在塔下面。我们的大窗外面被硕大无朋的钢铁骨架填满。在床前的小阳台上，我们仰望锥形的铁塔，看着它直冲夜空，将灯火甩在身下。它是日本的另一个标志物，典型日式借鉴创新的产物。东京塔建于20世纪中期，仿照巴黎埃菲尔铁塔的样式，采用"航空警示标志"的活泼橙白配色，象征着日本的战后繁荣与全球布局起步。就这样，春日的东京用近在眼前的仿巴黎景观（铁塔工人的能量来源就是拉面）迎接我们，而我们可以在房里订购正宗那不勒斯比萨协会官方认证的比萨以及饮品，比如季节限定的朝日樱花啤酒或樱花味百事。甜品同样应景，是凯蒂猫主题樱花清酒味奇巧。

"不要，我们都不在那不勒斯了。"巴里的话有一点多余。

我和文学界的朋友们展开了拉面研究，大部分都是老一辈。我发现，其中有些人不是很喜欢拉面。

当我提议在拉面店碰头时，巴里小说的译者柴田元幸犹犹豫豫地说："嗯，太油了。"实在没有人在拉面店社交。他会请我们去吃荞麦面吗？

其他人则对拉面在千禧一代中的人气感到茫然。相当茫然，想得很细。

"我听说纽约一风堂卖20美元一碗——还有领班和酒水单！"日本文化狂热记录者都筑响一大笑道。他住在皇居附近丸之内的一间狭小的Loft公寓[1]里，我们当时正在他家喝绿茶。他家的面貌是近藤麻理惠的反面，堆满了画册、滑稽海报和土酷的中古收藏品。他身穿一件黑色T恤衫，戴金属框眼镜，宛如一尊调皮又慈祥的大佛。他被逗乐的原因或许是，拉面连锁店一风堂在日本的地位相当于麦当劳。

"不，真正的拉面店，"柴田解释道，"应该破破烂烂的，摆着几周前的报纸，电视里永远在放无聊的智力问答节目，漫画书到处都是——还有俗气的电台音乐，日本流行音乐（J-pop）或者演歌什么的，那就是我们日本的乡村风。对了，还有满脸痘痘的顾客，"他笑着说，"许多满脸痘痘的顾客！"

"因为拉面不是正经食物，甚至不是一个菜系。"他坚持说。在东京，朴素的酱油拉面、盐拉面或味噌拉面传统上是屋台（yatai，流动摊贩）卖的快餐，摊上播放招牌的唢呐小曲。拉面就像热狗一样，是半夜酒醉填个肚子的东西。但后来为之一变。日本人发现了地域性。

"设想一下，地域性热狗！"柴田惊呼。

我没有点破地域性热狗真的存在，在20世纪90年代跃升为正经食物，就像地域性拉面风格一样。

"你再想一想有多滑稽，"他继续说道，"一下子人人都开始谈'拉面原创'……自由，创新……为了拉面！'收藏款拉面'，'圣杯拉面'！拉面店老板甚至开始出哲学书了。就讲一碗面条！"

1　Loft公寓一般住房面积在20～50平方米，层高在4～5米，具有小户型、高挑、开敞、灵活、个性等特点。

有趣又荒诞。

与柴田见面结束后，我们去原宿散步。我和巴里一致认为，东京看上去不像我们前几次来的时候那样异域风情，眼花缭乱了。我们刚刚在狂乱的东南亚各国首都待了两周时间，现在东京显出一股20世纪80年代的老气。简直可以说是闲适。原宿桥原本是扮装哥特洛丽塔和街头风尚的胜地，而我们发现那些惊世骇俗的混搭已经不见了，被优衣库和无印良品的低调全球化浪潮冲走了。

离开了原宿，我们前往附近明治神宫的广大常青林中漫步。穿过高大的鸟居，里面的路两旁竖立着一面展示墙，墙上是用稻草包裹的酒桶，装点得生机勃勃——那是每年酿酒厂献给神社的奉纳。清酒是神给人类的馈赠，出现于神道教仪式之中。令我惊讶的是，这里还有其他酒的献礼——号称来自高登-查理曼（Corton-Charlemangne）、热夫雷-香贝丹（Gevrey-Chambertin）和伯恩（Beaune）这些大牌勃艮第产地的木桶。

事实上，19世纪后期在位的日本民族主义化身、现代日本国家的名义缔造者明治天皇本人并不爱喝法国葡萄酒。我后来知道，这是天皇民族建构的一种策略。

之前在柴田的公寓里，我询问他对明治维新的看法。他茫然地答道："实话说，现在只有铁杆民族主义者才会去想那件事。"我要补充的是，食物史研究者也会想。

我会思考明治维新——思考很多。

日本在19世纪后三分之一成为现代民族国家，之前与意大利一样是众多封建领地的大杂烩，没有多少民族意识，更不要说国菜了。但与意大利不同的是，日本是一个常年孤悬海外的岛国。两百多年来，德川幕府推行所谓的"锁国"政策，将外国人，尤其是西方人挡在外面，将本国人关在里面。

1853年，美国佩里少将的黑船来航。

一个极端落后、落于下风的国家被迫开国，被迫签订了可恶的不平等贸易条约。创伤与羞辱造成了一场存在危机，1868年幕府垮台，开启了持续44年的明治维新。原生信仰神道教被定为国教，地位高于佛教，当时还是少年的明治天皇成了新的至高神。首都迁往幕府盘踞多年的大本营江户，更名为东京。日本现代化仿照西方模式：关键在于提振与主张日本在万国之林中的独特地位——矛盾的是，这一切的名义都是保护日本"本土"的祖先传统与价值观，其中许多观念都是全新的发明。天皇崇拜就是一例。

意大利统一是长达数十年的混乱期，生活方式或饮食方面鲜有革新，但日本是以激进手段，自上而下地打造出了新的民族性。天皇传统上是不公开露面的，在古城京都风雅诗书，悠游岁月。而如今年轻的明治天皇成了国民榜样，亲身体现以他的名义推行的改革，将和服换成挺拔的欧式穗带军装，留发蓄须，拆掉顶髻。他喝清酒，也喝葡萄酒。他的1873年新年贺词中加入了一条自己食用牛羊肉的消息，打破了数百年来佛教禁食家畜的忌讳。10名佛教僧人为此悖逆之举而攻打皇居，五人殒命，余者收押。

明治国家采用一种准达尔文主义的方式，企图通过社会手段打造出更优越、更强健的日本躯体，以迎接西方的挑战。肉食在其中发挥着重要作用。日本人为何身材矮小？（明治天皇身高5英尺4英寸，约合162厘米。）当时普遍认为原因是动物蛋白摄入不足。明治时代的宣传家大力鼓吹吃肉的好处，于是日本破天荒地鼓励起了家畜养殖业。影响力最大的西化派是公共知识分子和教育家福泽谕吉（他还激烈反对佛教）。在我从便利店取款机里取出的10 000日元钞票上，福泽谕吉的短发头像忧郁地凝视着我。福泽早年游历欧美，1870年撰写名篇《肉食之说》，主张肉食（当然还有科学技术）对明治时代文明开化的理想至关重要。他警告道："我国当下不吃肉的做法有损健康，体弱者势必增多。"

卡塔日娜·奎埃尔特卡（Katarzyna Cwiertka）在经典名著《现代日餐：食物、权力与民族认同》（*Modern Japanese Cuisine: Food, Power and National Identity*）中指出，文明开化政策"将日本精英的生活分割成两个独立的半球"。"和"代表着传统日本的那一半，"洋"代表着西方的那一半。明治天皇登基后才过了十年，洋食店里供应给穿洋装的洋食风靡日本权势阶层。由于自身的号召力，洋食后来逐渐渗透到了下层阶级。到了19世纪80年代末，城市平民已经在价格亲民的洋食屋大啖"汉堡肉排"、咖喱饭、油炸土豆饼（可乐饼）和炸猪排了。这些菜至今是经典日餐的重要组成部分。尽管高档酒店和外交宴席保留着沉闷的法式大菜，但洋食屋供应的是更接地气的英式融合菜，加入了国产酱油元素，配菜上的是米饭。到了20世纪初，洋食已经闯入了公务餐和军队食堂——甚至走进了家庭厨房。

然而，改造日本餐饮的不仅仅是洋食（拉面就快讲到了）。

按照奎埃尔特卡的看法，日本后来进入两次世界大战之间的帝国主义时期，日餐也演化成为洋和华"三角"——尽管日本之前用了几十年时间重新吸收"被殖民的东方"。日本近千年来大量借鉴了中国文化——茶与佛、面条与豆腐、文字、纸与布。但中国在明治时代沦为失败国家，没有能力像日本一样现代化，先是在两次鸦片战争中败于欧洲，后来又在1894年的甲午战争中被日本帝国主义击败。历史学家石毛尾道解释道，中餐于是被蔑视为"停滞不前的亚洲"的伙食，贴上"不卫生"的标签。直到第一次世界大战结束，中餐的形象才开始变成美味实惠，中华料理屋（中餐馆）开始在日本城市大量涌现。而甚至在不到10年前，1911年的一本东京饮食指南中还大肆贬低中餐厅，称之为散发着猪油味的"惨淡破败"之地，很像北意大利人看不起那不勒斯和比萨。

但情况毕竟不同。石毛主张，日本人之所以接纳了西餐，后来又逐渐接受了中餐，主要是因为它们补足了日本本土菜的缺失：肉、油脂和香辛料。同时，拉面研究者乔治·索尔特（George Solt）从地缘政治角度给出了解释，指出欧洲帝国主义让日本接受了小麦、肉和奶等西方食物，而"两次世界大战之间中餐流行的原因是日本在亚洲大陆实行的帝国主义"。

中餐是通过通商口岸——神户、长崎、横滨——传遍日本的，当地中国人大多为西方商人做仆役、厨师、办事员和勤杂工，也有独立经商和做中介生意的。横滨拥有日本最大的华人聚居区，即繁华的南京町（相当于唐人街）。按照通说，日式拉面的雏形"南京面"于19世纪80年代末在南京町出现，是一种咸口重油猪骨汤底（当时还没有叉烧）煮的碱水面，碱水的作用是让面条更加筋道。

南京面是怎样转变为千禧一代的宠儿、全球产值440亿美元的产业？这个复杂的历程就是我旅居东京期间的主要研究对象。

不过，我目前迫切想要与一个御面族玩耍。我认识了两个"拉面族"，也就是所谓的"御面族"。令我震惊的是，两个都是美国人——他们以前是《花花公子》日文版的拉面主题撰稿人。在这个拉面杂志、电视剧和漫画受到热捧的地方，两人是货真价实的名人。

我先接触的是艾布拉姆·普劳特（Abram Plaut），他提议在新派拉面店面庄（Mensho）集合。这家店位于远离市中心的护国寺住宅区。见面前，我先去观赏了丹下健三在1964年奥运会前后设计的圣玛丽亚大教堂，一座直冲云霄，闪耀着光芒的日本现代主义杰作。附近的高架轻轨下方整齐摆放着当地无家可归者的行李，它们显眼却无人打扰，等待着晚上回来的主人。

艾布拉姆在面庄店招下与我见面，招牌上写着英文"明日一碗"（A Bowl for Tomorrow）。艾布拉姆35岁上下，身材高大，肩膀宽阔，不长痘痘，戴着一顶黑色的勇士队棒球帽——他是湾区人——风格夸张的破洞牛仔裤是一名设计师朋友的手笔。他的跑鞋极具符号意义，超出了我的解读能力。我努力不要盯着他一双大手上的奇特指甲油，涂得跟棒棒糖似的。来了这么一个令人望而生畏的嘻哈潮男拉面族，我要怎么跟他沟通呢？但艾布拉姆只是说："你好呀，咱们进去干几碗啊。"他说着把几枚必不可少的1 000日元硬币投入取票机，然后我们就去吃面了。

面庄是一家高档拉面连锁店的分店，概念来自庄野智治，一名成绩斐然、自封"超拉面创作家"的年轻人。他在东京有6家拉面店，店里除了卖传统的盐拉面和酱油拉面以外，还供应鹅肝沾面（汤底与面条分开放）和巧克力羊排黑拉面。2016年，庄野和亚当合开了面庄旧金山店，店里的鸡白汤拉面马上赢得了狂热追捧。鸡白汤是用鸡骨熬制的，也可以做成抹茶口味的。

我仅仅是在店里看了一圈，就可以说庄野的店确实是"明日一碗"。年轻的白衣员工们在玻璃屏风后磨制面用的北海道全麦面粉。墙上的海报用日英双语宣传各种支持本土膳食的口号和神秘的生物化学烹饪术，比如拉面汤底融合了鲣节提取肌苷酸与昆布提取谷氨酸，提鲜效果神奇无比。又比如面庄使用产自"鲣鱼之乡"枕崎市的本枯节等级鲣节（熟成时间长达数月，蒙尘发霉的品种）——要我猜的话，这会让汤底既传承又科学吧。

"超级正宗的产地直供。"艾布拉姆赞许道。

庄野君的招牌海鲜拉面上桌了。超大白碗的宽沿点缀着乌鱼子碎和覆盖着葱酥的雪白扇贝丁。细韧的面条轻盈地漂浮在浓郁的海鲜清汤里，表面是恍如粉色花瓣的生鸡片（你没听错）。艾布拉姆啧啧赞道："即使在日本这个鸡蛋完美无缺的国家，这枚温泉蛋也是品质出众。"我点点头，惊愕于这碗1 000日元拉面的品质，蛋黄散发着荧光般的橙色，滑润得超凡脱俗。

"庄野家这里确实棒极了，"艾布拉姆继续说道，"但这里是东京嘛，这连我本月最佳拉面都算不上。"仅仅东京一地，每年新开拉面店数量就达到300家左右。这是菠萝拉面、特基拉酒、冰激凌和比萨拉面，有顾客穿主题服装的拉面店，有供应蟋蟀拉面的秘密快闪店……

"实话说，"艾布拉姆承认，话里带着疲倦，"我甚至追踪新店都做不到，更别提回访老店了。"

面条是12世纪前后与中国佛僧一起进入日本的，但直到8个世纪之后，它才以"拉面"的形态出现（面条＋肉汤＋配菜），成为一道由屋台摊贩和廉价中餐馆售卖的人气小吃。从语义上讲，日式拉面可能源于中国拉面。"拉面"在日语里的叫法是"中国面"。第二次世界大战之前的几十年间，拉面店开始走出隔绝的中华街，但拉面真正崛起为不可或缺的"耐力食品"是在日本二战后的重建时期。大量进口的美国小麦（之后还会更多）为重建日本基础设施——以及后来1964年奥运会的配套东京更新工程——的劳动力提供了廉价的热量来源。1955年至1974年之间，日本拉面消费额增长了250%。

到了20世纪80年代，拉面已经进入了日本的"国民料理"殿堂。历史学家乔治·索尔特在《拉面》(The Untold Story of Ramen)一书中解释道，国民料理是源于战后高增长时期日常生活的浪漫化符号。后来，随着日本泡沫经济从制造业转向服务业，拉面摆脱了便宜管饱的形象，开始吸引"新人类"，对这些手头有钱的都市雅痞族来说，"生活方式"比父辈筚路蓝缕的宝贵记忆更加重要。美食潮催生了"食色作品"的崛起，吃饭成了景观——拉面主题电视节目、杂志、漫画和电子游戏汹涌而至。新生的拉面游客（"拉面行列"）愿意开车数英里排队吃电视上宣传的超热门拉面，"拉面指南"应运而生。

在20世纪90年代泡沫破裂后的经济低迷期，人们渴望带有民族象征意味以及高档食材的美食，却又钱包空空（与比萨的情况如出一辙），于是拉面进入了一个新的黄金时代（形象也再次变迁）。按照索尔特的看法，当年勤劳工人的符号再次转化为"全心投入的精工慢作"。用一名人类学家的话说，这是日本的国家形象从"日本会社转向酷日本"的一部分。于是，民俗景点新横滨拉面博物馆于1994年开业，继这座地方风味拉面主题公园之后，其他类似场所纷纷涌现，比如叫"拉面哲人堂"的主题公园，还有形如剧场的新宿面屋武藏等设计至死（但价格依然在承受范围内）的拉面店——这些都让我们的朋友柴田感到茫然。

在20世纪80年代，开一家独立拉面店或许是逃避上班族生活的一种方式。庄野那一代嬉皮风拉面主理人成长于一个持续衰退、前景有限的年代。再次引用索尔特的话，他们成了日本再调整后的身份认同的门面——"不仅重新定义了日本流行文化，更重新定义了日本自身的概念——包括在国内和国外"。

而我在庄野家嗦进肚子里的，正是反转变迁的历史。我响亮地吃完了最后一根现制面条和最后一片葱酥，想着想着爆出了汗。

对于拉面在千禧一代食客与厨师之间的高人气，艾布拉姆有自己的看法。比方说，拉面"爆发"与日本互联网爆发是重叠的，而且两者"相辅相成"。但拉面还带来了自由的承诺——摆脱经典日式料理桎梏的自由。"寿司永远是寿司，怀石料理永远是怀石料理，"他一边用亮橙色的指甲整理黑帽，一边说，"有拉面之前，日本人崇尚荞麦面，高雅啊，禅意啊之类的，制作的规矩一丝不苟。"可拉面呢？拉面是可以亵玩的"廉价荡妇"，开一家店的资本相当于5万日元，完全是"另一个层次"和个性化的，汤底、面条、配菜和酱汁有着无穷无尽的搭配。

这基本就是庄野君的经历。他是一个孩子气的萌系拉面摇滚巨星。我们吃完碗里的面，艾布拉姆提醒我拉面店最重要的一条规矩，"吃完就走"，于是我们到面庄店外的长椅上与庄野见面。

"我是上高中的时候爱上了拉面，"庄野君开始讲了，艾布拉姆做翻译，"辗转于各家中餐馆，品尝各种不一样的拉面。"他结交的一个可乐饼店老板给了他剩下的骨头碎肉熬汤，于是他尝试制作豚骨拉面。这种浓白厚重的猪骨汤来自九州，激发了千禧一代的拉面热潮。"我在大学里开拉面派对，"他露出甜甜的笑容，"觉得自己简直是个天才。"

2005年，他拿着很少的钱开了自己的第一家拉面店，店里只有十个座位，只卖低价豚骨拉面。但是，他很快就在网上看到的大厨出品激励下，开始推出季节限定拉面，造访法国和意大利餐厅，还去中国学习手抻拉面。他最终意识到，只要有面有汤底，拉面几乎有无限可能。他开了新店，往来日本各地寻觅食材，提出了农场直供的概念——艾布拉姆再次评论道："日本第一家！"——然后一直走到今天，面粉都是自家磨的。

"在日本，拉面是穷人吃的美味快餐，B级美食。"庄野继续讲道，用到了一个形容温馨低调、带个人抚慰感的食物的日语词——舌尖上的B级片。但他在外国受到了美食巨星的待遇，于是他确信拉面和寿司一样是"高级美食"。这一反响让他感到震撼。"来自全世界各地的米其林大厨！"他惊呼道，"他们都想认识我，一介区区的拉面师傅！"

庄野当下的梦想是环游世界，运用海外本土食材制作农庄直供拉面。"因为庄野是个稀罕物，"艾布拉姆赞同道，"一个提倡乡土食材的大厨，也是一个合格的拉面大师。"

我想询问拉面与民族主义的事情，但艾布拉姆不知道到底怎么翻译。于是，我问拉面是不是日本料理。"我尊重拉面的中国起源，"庄野回答时礼貌地微微颔首，看上去有一些讽刺，"但是我们日本人改造了拉面，变化了拉面，将拉面提升到寿司的层次。"他会光顾老式拉面店吗？"当然会，"他说，"我每逢新年都会去我最喜欢的传统拉面店。为我打破规矩而谢罪。"他没有开玩笑。

我们又去了面庄街对面一家有软饮自助的家庭餐馆，其间我对艾布拉姆有了更多了解。2003年的时候，他在东京周边做交换生。他去吃了一家寂寂无闻的乡下拉面店，大开眼界。下一次吃拉面是另一种不同的风格，再次大开眼界。等吃到第五家拉面店，瞪大眼睛的他有了灵感。"拉面就像雪花，每一碗都是独一无二的。于是我来到这里，"他近乎羞怯地说，"拉面的麦加，仅仅东京就有1万家店。"

艾布拉姆最后长住东京，先是做英语教师，后来到易趣网上把限量版篮球鞋卖给"下一级"的乔丹（Air Jordan）爱好者——并在头脑里建立了一个拉面数据库。有天晚上，他遇到了一名《花花公子》日文版的编辑，对方惊叹："天哪！你比大部分日本人还要懂拉面！"于是，艾布拉姆就和另一名热爱拉面的加州老乡布莱恩开了一个拉面专栏，每周报告拉面店试吃。他们的"外人"（gaijin）作风一炮走红。"因为我们诚实到铁面无私的程度，"艾布拉姆解释道，"痛骂油腻腻的猪肉叉烧和'硬纸板面条'"，让极其礼貌的日本人产生了窘迫的快感。嘻哈风的艾布拉姆成了供不应求的拉面电视节目专家嘉宾："日本人爱死了！"尽管如此，他觉得日本御面族让他显得像个菜鸟。他给我看了照片墙（Instagram）上的一张照片，图中一个衣着华丽的小伙子端着拉面走出兰博基尼跑车。

"我一年吃200碗拉面。这小子至少干2 000碗——还不算正餐！"艾布拉姆怀着敬意摇了摇头。

另一方面，御面族端着一碗白饭走出跑车的可能性非常低。白饭丝毫没有千禧一代的嬉皮光环。

在前往柳原料理教室的路上，我思忖着这个事实。这所地位崇高的学校致力于传承和发扬江户时代的菜谱。我来这里是为了从少当家柳原尚之身上吸收一些白饭的智慧。尚之是料理名门子弟，写过好几本书，不仅是日本的官方美食文化大使，有时也会上电视台的美食节目。实话说，没准他的座驾就是兰博基尼呢。

料理教室在奥克伍德酒店1英里（约1.61千米）外，是一座带屋顶庭园的三层独栋建筑，栖身于东京市中心虎之门之丘（Toranomon Hills）的玻璃摩天大厦之下，俨然一处令人惊艳的小小美食天地。我正庆幸自己在这座地址令人费解的大都市里找对了路，一名助理就过来取走了我的鞋。我对自己袜子的状态有些难为情。

年轻黑发的助理名叫玛丽亚，她是外国人，还是日洋混血？她带我进入了先进的烹饪教学间。"呃……和食的味道。"玛丽亚喃喃道，笑容里带着深沉而含蓄的传统韵味。没错，就是超日本的旨味：酱油，出汁，还有微焦的味噌。

我从学生座位上看着她，心想玛丽亚本人也有一点超日本的味道，几乎称得上夸张。她对到来学生鞠躬是何其恭敬，她在柳原先生（教师或师傅的尊称）身后碎步紧跟是何其忠诚安静，她布置课堂用品又是何其慢条斯理。她简直像尼姑一样，一个完美无缺的弟子，照看着日本文化的祭坛。与此同时，柳原先生丝毫没有德高望重的典型教师做派。他40岁出头，面容俊朗如王子，笑容恍如牙膏广告里的模特。他举止随和低调，学生似乎无须表示尊敬。但他后来笑着承认，就连来学习的耄耋老翁都会称呼他"先生"，字面意思是"先出生的人"。

我的同班同学有15名年轻的日本美女，还有一个中年大叔，看起来像是退休的大企业职员。先生首先展示了一道上市时间极短的应季食材，竹笋鱼生鱼片。他手操一柄寒光巨刃，精准如同珠宝匠，将一整条竹笋鱼刮鳞，去骨，切成精致的花瓣鱼片。生鱼片有细小的紫色花苞和可爱的葱秆装饰，放在一片紫苏叶上传阅全班。学生们敬畏地鞠躬，我一个外国人也尽量鞠了一躬。接下来，先生将一片猪排切成了火柴棒粗的肉丝，堆放起来。"这是做一道源于海外的汤品，"玛丽亚轻声讲解道，"江户时代的日本人不吃猪肉。"然后先生又制作了必不可少的煮物（炖菜），一道古法鸡茸高汤蒸红蜜南瓜，使用他的招牌香菇昆布出汁，昆布产自北海道东部的一座偏远渔村。

"一汁三菜，意思是一道汤，三道配菜，再加上白饭。"玛丽亚总结道。

这就是先生致力于传承发扬的精进料理（禅僧饮食）与传统和食的基本结构：饭＋汤＋配菜＝日餐。

从大多数记载来看，江户时代的家庭料理很差。一家人的饮食朴素而单调，就是米饭、豆腐和腌菜，所有东西都拿来腌，不同时节腌的东西不一样，每人拿着一盘自己吃。后来明治时代的生活改良人士为家庭赋予了新的道德意义。吃饭变成了一家人围坐在矮桌旁的集体活动。明治时代的新女性被认为体现了维多利亚式的"良母贤妻"理想，要做精通家政和卫生的先进全职太太（主妇）。妻子要制作从妇女杂志上抄来的新菜，为家庭餐食增色。饭+汤+配菜的日餐语法依然成立，但配菜变得更丰富、更多样，也更融合了："和洋折中料理"，即日餐与西餐的结合体。

但今天呢？我在思考这个问题的时候，先生的刀正上下翻飞，神乎其技。如今日本女性的劳动参与率达到了创纪录的50%。一名女白领精疲力竭，在拥挤的回家地铁上累得打起了盹，她为什么还要精心切猪肉、刮鱼鳞呢？这些日本料理的仪式和规范，细致入微，无穷无尽，富有禅意……还有什么意义呢，既然超市和百货商场里的美食广场（depachika）——乃至档次高一点的便利店都有大片现成的珍奇食品待售？

话又说回来，班上的同学们给我的感觉并不属于那过劳的50%。

终于，先生进入了祭典：做饭。用具是形似毕业猫的传统金属材质的釜，还有一个大木盖用来吸收多余水汽。但是，米先要多次换水淘洗。接着，先生开始轻快地在水里搅拌米，用双掌按摩和轻轻揉搓米粒。"洗米，"玛丽亚悄声道，仿佛在宣告一种秘密仪式，"洗掉米糠。"

"听……深切地倾听你的饭，"先生缓慢而庄重地说着，"倾听搅拌的呲呲呲、沙沙沙声⋯⋯水冒泡的波窟、波窟、波窟声⋯⋯水沸腾的帕噻、帕噻、帕噻声。"日本煮饭拟声词实在博大精深。

下课后，我问先生，学生们会不会真的在自己家的小厨房里给鱼开膛，切生鱼片。"我们的切鱼课是最抢手的，"他用优秀的英语回答道，"自制生鱼片排队特别流行，你懂的。"

但我追问道，米饭是日本的国民主食，日本学生为什么要花钱学做呢？这就像教意大利人煮意面一样荒谬。"电饭煲已经完全统治了我们的厨房，"他告诉我，"你会感觉到不可思议。福岛核电站事故导致断电的时候，很多人都挨饿了，因为他们不知道怎么煮饭。亲手煮，在锅里煮。"

自江户时代后期以来，柳原家世代专精近茶流厨艺与餐厅经营。近茶流是茶席（茶会期间供应的饭+汤+配菜）的一支，是简化版的怀石料理。怀石料理是一种封闭的多道菜餐食，高度仪式化，成本极高。先生6岁的时候，他那在50多岁的年纪创办柳原料理教室的祖父给他展示了一套日餐刀具。先生跟着父母学习做菜，掌握了难到变态的桂剥（katsuramuki）手法，可以将蔬菜切得比纸还要薄。不过，他在大学读的是酿造学专业，后来供职于一家大型酱油公司。2009年，他的人生迎来了意外变化。在祖父的安排下，他以"院士"（inji，为法事制作斋饭的人）身份为修二会服务。修二会是为期两周的悔过法事，地点在始建于8世纪的奈良古都东大寺。在为东大寺服务的三年时间里，先生还承担了修改僧众日常菜单的任务。他惊讶地发现，僧人的膳食竟然如此寡淡。菜单从1947年以来就没有改动过，那时的日本几乎没有粮食可以吃。

"但僧众抵制我的食物！"先生回忆道，当时我们在教室楼上的一间房里用餐，那里是他母亲的插花教室，"他们把我当作闯入者！"

他在寺里过得很惨。没有酒，没有肉，不能出门。因为压力大，他体重掉了8千克。但是，他一边沉浸在江户料理书中，一边尝试将寺庙饮食现代化，于是开发出了大约50道豆腐菜，包括热门的黑核桃酱豆腐，还有新潮的西式牛油果配山葵酱——僧众之前不吃沙拉——还有豆腐馅汤叶（即豆腐皮），他在手机上向我展示了这道美到令人震撼的菜品。他笑着说："僧众最后真的都很喜欢我，尤其是我做天妇罗的时候，人人都爱天妇罗。"先生是在东大寺学会了如何用明火煮饭。对他来说，明火饭依然是世界上最美味的东西。

料理教室的楼自从江户时代晚期开始就属于柳原家，当年花魁还在港区巡行，每人平均每年食用约270千克米，相当于每天5杯左右。但先生感慨道，今天这个数字已经降低到了每年60千克，是60年代的一半。面包销量最近超过了米，啤酒卖得比清酒好。日本在人均水稻消费量上已经落到了全球第50名。

对先生来说，这代表着一场深切的精神危机。饭，还有味淋、酱油等发酵调味料，出汁打底的味噌汤——对他来说，它们定义了日本文化。"出汁通常是孩子继母乳之后喝的第二种液体，"他解释道，"我儿子六周大的时候就喝出汁了。米饭、腌菜和汤组成的早餐将日本家庭凝聚在一起。"现在呢？现在每条街都有精品法式和意式烘焙店——哪一个奔波的人能抗拒牛角面包呢？（我是抗拒不了，我贪婪地想着，回忆起早饭吃的是便利店卖的红豆牛角面包。）"好吧，"先生承认，"我国女性会去美食广场买配饭菜，尤其是西餐。但当我们不再做出汁和饭的那一刻，我们就不再是日本人了。"他语气平和，没有装腔作势，却有坚定的信念。

"饭"在日语里既指一顿饭，也指米饭。在日本，圆粒黏性国产粳米（japonica rice，字面意思是"日本米"）是一种传统的财富衡量标准，有时甚至是货币，一种税收。米钱被认为是道德纯洁的，而金钱则有一点肮脏。现代日本天皇——天照大神是神道教的太阳女神，创造了供养最早的日本人的神圣稻田，而天皇就是天照大神的半神后裔——要在皇宫内插秧，确保收成会好。那神社里供奉的米糕和稻秆呢？它们是献给人们喜爱的狐神和稻米守护神稻荷的。

我明白稻米在日本文化中有着形而上层面的分量。我读过《作为自我的稻米》，这部著名结构人类学家大贯惠美子的短小作品颇具影响力，作者考察了日本人漫长而厚重的食稻者与种稻者自我认同史。大贯认为，国产粳米演化成了日本人集体身份认同的一个核心隐喻——在本质主义的日本人论中是"日本性"的永恒本质。米象征着从独特的日本美学（无处不在的稻田艺术表征）到农业政策，再到民族建构的一切。不仅如此，大贯还主张，日本人的食稻自我常常与他者对立：相对于吃肉的西方人，相对于吃另一种不同的稻米（籼米，indica rice，字面意思是"印度米"）的中国人，相对于加利福尼亚的水稻游说团体，后者在《作为自我的稻米》写作的20世纪90年代中期正在推动对日出口大米。

但是，稻米也是一种被发明的传统。

日本学校里向孩子们教授的神话呢？讲这种谷物是如何养育了日本人民两千年。这只不过是一个神话。尽管稻米过去是重要的地位象征和税粮，但直到近代，日本人都是吃"杂粮"的。大麦和豆是日本人饮食中的基本要素。在20世纪初普及之前，稻米都是城市精英的食物。平民——包括稻农自己——只在特殊场合食用稻米。皇宫里的种稻祈福仪式呢？是明治时代精明的形象操纵者们的半发明产物。按照大贯的看法，面对大众对西方科技优越性——以及政府激进的西式现代化政策——的焦虑情绪，稻米象征变得特别强劲。明治当局利用将村庄视为日本的心脏与灵魂的乡土怀旧情结来团结民众，同时推动新构想出来的日本民族的工业化与军事化（明治时期的政策非常扭曲）。在第二次世界大战前夕，稻米崇拜走进了一个非常阴暗的方向。日本超民族主义和军国主义政府将"白米"的纯洁奉为代表"日本人自身纯洁性"的半神圣象征——日本在列国中独一无二。

我没有与先生讨论任何种族主义的内容。他看上去太酷了，不会吃日本人论那套讲日本是地球上最棒的国家的神话。相反，我们计划去买昆布和炸猪排，还在他最爱的居酒屋喝了很多清酒。他向我展示了做出汁汤底用的干香菇和北海道日晒昆布——出汁是和食的基础。

在走入傍晚的江户之前，我忍不住向玛丽亚君询问她的经历。她羞涩又神神秘秘地回答说，她在基多（Quito）——厄瓜多尔！——长大，热爱日本动漫，毕业于意大利美食科学大学，论文主题是清酒，后来在一家著名的慕尼黑酒吧工作。她从1998年就来到日本，在料理教室工作，而且打算一直留在日本，直到真正掌握和食"应该有的方式"。她拿着我的鞋回来找我，一边向我优雅鞠躬，一边说，而那需要无尽的风险与耐心。

东京塔附近有一条整洁的古风购物街，我在街上的一家小超市找米的时候，我自己对和食的奉献开始动摇了。超市入口处装点着假樱枝，舒曼的钢琴奏鸣曲从某个隐秘的地方飘了出来。舒曼与樱花：明治味浓极了。店里只卖昂贵的5磅装糙粳米，一个短暂旅居，还计划吃很多拉面的外人能拿这么一大袋怎么办呢？

我又回到了一家便利店，这次是全家。全家出一种奇怪但好吃的"比萨馒"（奶酪番茄馅的中式蒸包），还有长条形半透明的蔓越莓味"全家马卡龙"，只卖125日元。

"欢迎光临（Irrashaimase）！"便利店员大喊一声，脸上浮现出全家的企业级笑容。

他的名牌上写着"阿克拉姆"。他来自乌兹别克斯坦，是愈发膨胀的"便利店外国人"大军的一员，其中大部分是学生，帮助缓解日本人口老龄化带来的严重劳动力短缺。苏联乌兹别克斯坦！我试着用俄语表达我的买米两难。阿克拉姆听懂了，让我大为欣慰。日本老年人是便利店的重要客群。因此店里有大量为"哀愁独居退休老人"准备的小包装商品，阿克拉姆陪我边走边指的时候解释道。我们身边是显眼的塑料包装全熟半切鸡蛋、小人国似的蛋黄酱或味噌酱包、热缩塑的半切三明治、宝宝罐装"番茄酱"配3.5盎司盒装进口意大利面。最后，我们找到了——小包装大米。只不过它已经是饭了——预制饭，微波炉加热即可食用。

阿克拉姆退去了笑容。"日本，一个悲哀的国家，"他用乌兹别克口音的俄语小声说道，"我妈妈在撒马尔罕老家的园子里做抓饭，会把全马哈拉（mahalla，社区）的人都请来！"乌兹别克米饭散发着孜然和羊肉的香气，那是自然。而日本的白米饭……

"一个富国为什么要吃这么没有滋味的东西？"阿克拉姆感到疑惑，阔脸上写满了对吃米日本人悲哀处境的极大同情。

我私底下与阿克拉姆有同感。谁会不想念撒着孜然的撒马尔罕抓饭呢？但我职责所在，还是迈着沉重的步伐回到小超市，把那袋5磅的大米搬回了家——是明治时期开发的越光米——还买了味噌酱三文鱼和微波即食生姜猪肉，还有好多小包装的神秘腌菜。

米下锅后，电饭煲嗡嗡作响，东京塔亲切地俯瞰着我那间面积虽小却完美符合人体工学的白色厨房。这时，我打开了学术搜索网站。我了解到，为日本传统家庭料理衰落而忧心忡忡的不只是先生一个人。日本政府与农林水产省也在忧虑。他们担心，随着2013年成功列入联合国教科文组织非物质文化遗产的和食日渐遗失，日本人也会失去对民族独特性的自豪感。而且，按照埃里克·拉思（Eric Rath）的看法，这种忧虑与更深层的社会经济焦虑有关。许多像拉思一样的西方学者也投身于破除和解构日本的"国民"饮食。自从20世纪90年代进入后泡沫衰退时代之后，日本就遭到了一连串问题的冲击，包括全球市场竞争力的下降以及不祥的食物自给率。日本是食品自给率最低的工业化国家之一。

在联合国家教科文组织的名录中，和食——含混地界定为"日本传统饮食文化"，以同样含混但成绩斐然的"法国盛餐"为榜样——显得悠久而永恒。事实上，和食源于明治时代，当时西方文化与食品的涌入催生出了区分"和"（日本自我）与"洋"（西方他者）的保护性需求。但学者们认为，20世纪的大部分时间里都没有和食这个"东西"——或许是因为洋食迅速融入了日本自我，以至于剥离"和"与"洋"显得刻意且无意义。90年代末，日本媒体中提及和食的次数确实略有增多。政府担心农业产出，稻米销量降低，还有廉价进口食品增多，于是发起了各种"地产地消"（eat local）运动，同时文部省也通过学生午餐和"食育"（食品教育）宣扬日餐文化价值。

然而，造就和食爆发的是联合国教科文组织名录。原本日本大众对"联合国教科文组织"只是略有耳闻，如今这个词到处都是，料理书、媒体文章、美食指南和学术研究里都在颂扬。政府也在国外将和食宣传为日本民族悠久的健康饮食传统，其中掺入了文化外交和日本品牌打造的因素。加量版的比萨效应发动了。国际认可促进了和食的国内声望，而且有民调显示，膨胀了在家做饭的日本人对本国非物质文化遗产的自豪感。

确实是非物质。

对学者埃里克·拉思看来，和食也是一种被发明的民族传统——"自上而下引导日本人民采用特定饮食方式的尝试。"这不是说和食完全是假的。但就像白米饭（或者意大利的白意面）一样，它只是并非所有人的饮食。饭+汤+配菜的结构主要源于茶席。茶席被宣传成所有日本烹饪的美学基础，但历史事实是，茶席是贵族男性的追求。在现实中，直到20世纪为止，只有城市精英才有足够多的饭釜、平底锅和火源来烹制白饭加上配菜（明治时代之前的白饭都很寡淡）。农村人就是一个灶，一口大锅，谷物

（大部分情况下不是稻米）、薯类和味噌全都丢进去，煮出来就是名叫"揉饭"（kate meshi）的粥，听上去很像流行的美国谷物碗。

当我吃完最后一口在奥克伍德实验厨房里做出来的电饭煲米饭之后，我突然间想吃揉饭了。白饭吃起来……就是普通煮熟的粳米味。好吃是挺好吃，但有一点黏，或许是因为我搞不明白日本独有的电饭煲设置。

这时，巴里走进来，闻了闻电饭煲里的东西。他耸了耸肩，接着扭头又闻。"那个，"他说，"闻着不错。"

他指着炖锅里配饭用的味噌汤。

那种味噌特有的香气，就是先生的助理玛丽亚怀着敬意所说的"定义和食的芳香"（the aroma of washoku）。

旨味。

旨味是千禧一代食客与厨师的宠儿，是酸、咸、甜、苦之后的"第五味觉"。旨味由东京化学教授池田菊苗于1908年发现，后来为日餐例外论提供了某种实证科学基础。池田出身于一个破落的古老武士世家，留学德国，戴着眼镜，彬彬有礼。池田夫人煮的蔬菜出汁高汤有一种似肉的醇美，这让他产生了好奇。昆布是一种日式高汤使用的特殊海带，池田将大量昆布进行浓缩，分析得到的咸鲜味晶体，最终发现鲜味源于一种名叫谷氨酸的氨基酸。池田给自己的发现起了一个可爱的名字，"旨味"（umami），在日语里是"鲜美"的意思。他将谷氨酸与钠结合，创造出了体现为溶于水的白色粉末的旨味——谷氨酸钠（monosodium glutamate），英语简称MSG。申请专利后，池田给这种增味剂起了"味之素"

99

这个商品名用于营销。经过早期的一些磕绊，谷氨酸钠传遍中国乃至亚洲。到了20世纪中期，金宝、雀巢和奥斯卡美（Oscar Mayer）等西方巨头都使用了谷氨酸钠——中餐馆也在用。如今，味之素株式会社的产品行销130个国家，年销售额100亿美元。

但问题在这里：与"和食"一样，作为味觉描述的"旨味"一词至少在20世纪的大部分时间里都很少出现。一名历史学家写道，在池田创造出谷氨酸钠的明治时代晚期，它提供的是"可靠、高效、便利、科学的卫生与营养保障"，符合明治时代的文明开化方略。具体来说，味素迎合了明治时代受过教育的新型资产阶级家庭妇女，她们喜欢装在时髦撒粉罐里的科学光环。但到了20世纪70年代，谷氨酸钠的形象大为改观。全世界对食品添加剂大加挞伐——还记得美国的"中餐馆综合征"丑闻吗？此事后来证明并无科学依据，是彻头彻尾的种族歧视——促使日本食客反感大公司生产的加工食品。池田发明的白色粉末销量暴跌。于是，味之素（以及其他谷氨酸钠生产商）发起了一场大规模的形象改造计划，改用池田最早的用词："旨味调料"。听上去那么和谐自然、那么日本。

在鲜味调料促进会、鲜味研究会、鲜味信息中心等机构的努力下，谷氨酸钠的形象改造计划逐渐走强。这些机构的推广方案将旨味定位为"国际食品语言"的一部分。接下来，美国科学家于2000年发现了人类L-谷氨酸受体，对日本人味蕾别具一格、独一无二的敏感性进行了新一轮的科学推广；日本人的味蕾早已发现了"第五味觉"。到了新世纪的第二个十年，从戴夫·张（Dave Chang）到Noma餐厅老板勒内·雷哲度（Rene Redzepi）的全球新生代酷主厨继续为旨味推波助澜。在日本国内，尤其是和食申遗成功后，国家电视台NHK播出了长达一个小时以上的节目，宣扬旨味是日本厨师可以教给外国厨师的民族财富。

尽管日本自上而下地推广宣传，开展品牌建设和美食外交，但日本厨师依然与所谓的传统饮食文化渐行渐远。自20世纪90年代中期以来，拉面销量稳定，但正如我已经从先生口中了解到的那样，米饭陷入了大危机。如今，日本的食物自给率已经降到了40%以下。年轻食客正在迫切拥抱舶来食材与饮食潮流。

一次又一次的民调显示，日本厨师偏爱西餐配菜。

在一个湿漉漉的早上，我决定到新宿自己做点调查。那里的代代木大厦就像翻拍50年代版《哥斯拉》里孤零零的帝国大厦似的。在熙熙攘攘的高岛屋百货店地下美食广场里，我搭讪了一个时髦的年轻购物者，我的一个日本朋友担任翻译。她羞红了脸。受调者的举止暗示她是一名"单身寄生族"，这个日语词表示独立独居的未婚女青年。

"面条（拉面、荞麦面）——还是意面？你喜欢哪一种？"

这个推定单身寄生族疑惑地眨着眼。"今天想吃什么就买什么！"她脱口而出，接着就跑掉了——去排队买新鲜出路的年轮蛋糕，这种原产德国的多层蛋糕在德国早已被遗忘，在日本却是爆款。

下一个应答者是身穿三宅一生褶裙的华贵女士，正考虑要不要买一件"御土产"（omiyage）——一个售价150美元的方形西瓜。

"和果子（日本点心）还是法式酥点（日语里读作shu，法语原文是 choux)？"

她看上去也很困惑。"酥点不是日本的吗？"

我和朋友面面相觑。

趁着前往拜访热情的杜氏（首席酿酒师）小野诚的时机，我在下着蒙蒙细雨的东京都外乡村尝试了另一种调查路线。

"你出国的时候会想念什么食物？"

我得到的回答是："德式炸猪排和香肠！"

我又冒昧问他对明治维新是什么看法呢？

小野君是明治粉。他又倒了一轮自产的芬芳吟酿，同时说道："明治以前的日本就像朝鲜一样孤立而可悲。但开国以后，酒厂就可以使用西方技术了。"

唉，西方技术无助于今天的日本酒厂。现在的日本酒销量是70年代的三分之一。如今，清酒在日本酒品消费总量中只占6%。于是，小野君几年前做了一项创新：他开始在附近种水稻，用来酿造超本土化的清酒（大多数清酒使用一到两个"驰名"标准品种的国产米）。"我们发现日本葡萄酒消费者热衷于欧洲的风土概念，"他告诉我，"这给了我们启发。"显然，日本酒厂也钟爱"酒庄"（domaine）和"特酿"（cuvée）这种法语词。

我回想起了明治神宫里的勃艮第葡萄酒桶。

我又回想起之前与佐野先生的一次对话。身材瘦削、人到中年的佐野是一家东京著名味噌店的老板，店里有数十种千奇百怪的味噌，号称"味噌汤馆"。

"味噌汤，"佐野先生思索道，"是日常饮食，没错，但也是重要的民族象征，将我们与我们的家庭、我们的根、我们的遗产连在一起。所有日本人都承载着它。"他动情地补充道："我们童年的深厚偏好。"然而，味噌需求量在过去几十年间有所降低：全日本味噌厂的数目从1 600家左右减少到了如今的900家。但是！佐野君的笑容占据了半张脸。"味噌过去五年间热起来了，大潮流，又来了！"

就此而言，行业必须感谢敏锐的味噌促进委员会（Japanese Miso Promotion Board）及其手下经过严格训练的"味噌师"科普队伍。但推动味噌复兴的最重要因素是全球范围的发酵热。佐野先生问我有没有听说过丹麦的勒内·雷哲度，或者美国的戴夫·张这些味噌爱好者？"如今，我们再一次为米曲菌疯狂！"他热情地说道，"因此，在我的店里，我想让年轻一代的日本人接触味噌，就像他们制作高档的单一产地咖啡一样！"

若要拯救民族主食，莫过于外来传入的千禧年风土癖，我心里想。"和魂洋才"（"日本精神，西方学问"）……我想起了这句明治时代的名言，它本质上讲的就是本国人适应和挪用外来思想的天分（日本化与本土化）。当然，日本在明治时代之前就有一句俗语：和魂汉才。

接下来，我要考察东京的早餐偏好，主要方法是在一家亮亮堂堂、四四方方的7-11便利店里科学地溜达。数据是乱的。有昏昏欲睡的女白领拿起饭团、牛角面包或者塑料包装果切路上吃。（可她们是在哪里吃的呢？日本地铁上没有人吃东西，街道上也没有人边走边吃。）有惺忪蒙眬的男性上班族站在便利店就餐区吃东西，把荞麦冷面倒进塑料碗，或者用热水冲装在泡沫塑料杯里的即食燕麦粥。

我问我的乌兹别克朋友阿克拉姆，他所在的全家便利店的顾客早晨特别喜欢买什么？

"这个！"他喊道。

是"挤挤包"——形状像甜甜圈，表面是绿色抹茶淋面。"Zeleniy bublik！"阿克拉姆叫了一声。那是俄语里"绿色贝果"的意思。

他脸上伴随出现的表情暗示，文明的终结临近了。

与此同时，为了研究拉面，我努力做到两天一碗。

但即使在极其拥挤嘈杂的时候，"酷日本"品牌在饮食界的化身，千禧年风格拉面店都表现出一种奇特的反社会氛围，没有人吃完后逗留，更不会有人分食一碗面，断然不可。

不，我最喜欢的地方是坚守传统的破旧老店，为70岁以上的食客提供东京式酱油拉面，这些日本老人想起战后重建时代的美好往日便泪眼蒙眬。巴里和我一次又一次回到位于涩谷的喜乐餐厅，这家老字号灯打得太亮。我们来店里吃的是中式豆芽面，淡口汤底中点缀着洋葱酥和脆嫩的豆芽。这家店是我们的朋友，流行文化达人都筑响一告诉我们的。面店栖身于花里胡哨的情趣酒店后面——现在为了改头换面，也卖不错的鸡尾酒和家庭自助餐。

接着，正当拉面店普遍的倦怠感开始出现时，有人敲门了。发型时髦的波兰奥克伍德酒店礼宾人员带给我们一个巨大的快递箱。

内容物：方便拉面。

我知道自己还没有提到它，美国宿舍里"只需加水"的能量补充剂，美国监狱里的实际流通货币——覆盖80个国家，年产值约

1 000亿美元的全球产业。手工拉面爱好者痛恨方便拉面，便如热
爱炭烤那不勒斯馅饼那股烟火气的人痛恨冷冻比萨——但方便拉
面在诞生地日本的追随者群体愈发庞大。日本人多次将方便面选
为本国最伟大的发明，排在随身听（还有人记得索尼随身听吗）、
快如火箭的子弹头列车、卡拉OK之前，甚至比数码相机还靠前。

　　快递发件人是由尾瞳。她是一名年轻学者，我们不久前在巴
里办的文学活动上刚认识她。明星小说家川上未映子参加了活动，
活动地点在日本国际文化会馆，馆内的日式庭园葱郁而宁静。活
动结束后，我们去了一家伪意式餐厅吃完饭，标志性潮流女性川
上脚踏路珀廷高跟鞋，操着粗犷的大阪话，畅谈自己对拉面的沉
迷。不好意思，不是高端货，就是商业连锁店里卖的硬核庶民食
品。"我这一代人迷上了谷氨酸钠！"川上喊道，"吃不到味之素
就痒，解痒的时候既快乐，又有负罪感！"

　　不过，川上作品英文版的译者之一，瞳才是现实世界中的拉面
公主。她家里有一家拉面公司，生产深受喜爱的健康新派素食拉
面Yamadai New Touch（无味素添加！）。

　　现在好了，我们之后在奥克伍德度过了神魂颠倒的无味素周。
瞳一边在短信里给我发送译文和注释的时候，巴里和我一边在争
夺每一根New Touch拉面。

　　季节限定香葱味噌拉面。（好吃极了！）

　　博多风味豚骨拉面。（潮流宽！）

　　京都拉面。（川上最爱！）

　　就连我那打蔫的白饭泡了剩下的New Touch面汤都重获新生。

　　我刚来的几周里开始觉得面饭"套餐"是一种硬坳的思想挑

战，如今在这里，它突然间变得完全合理。

"这个我能吃一辈子。"巴里陶醉地说道。

世界上第一款拉面于1958年上市，也就是我们房间窗外耸立的东京塔竣工的那一年，也就是日本结束了战后的艰苦耻辱岁月，正式开始高速增长的那一年。几个月前，一度破产的中年华裔日籍商人安藤百福终于发明了瞬间热油干燥法生产，加水即可复原的方便面。他在大阪市郊的破旧住宅后院里做了整整一年的实验，晚上只睡四个小时，全年无休，才取得了这一成就——他是企业家超级英雄的模范。这款面被称作"鸡肉拉面"，立即以招牌橙色包装展开营销，成为日本新兴大众消费主义的标志性食品。用安藤自己的话说，鸡肉拉面是"时代之子"，它改造了这个国家的饮食，也将发明者奉为民族英雄。

英雄不断创造着壮举。1971年，安藤发明了独立包装，开盖倒水即食的杯面"合味道"。半个世纪后，他创办的日清公司每年在全球卖出500亿份杯面。2007年安藤百福的葬礼（他生前是一个高尔夫球爱好者，享年94岁）在大阪巨蛋体育馆举行。葬礼上有一名日本宇航员赞扬了逝者开发的可以在太空食用的特殊拉面，还有一名日本前首相称颂"战后日本引以为傲的一种饮食文化的创造者"。（当然，没有人提到安藤曾因逃税入狱。）

用拉面历史研究者乔治·索尔特的话说，方便面从根本上改变了日本人与日本人生存方式之间的关系。安藤有一句名言："人就是面！"（Mankind is noodlekind！）但索尔特主张，日本方便面需要放到日本战后地缘政治格局中来理解——美国小麦是其中的一个突出因素。

"安藤的经历，"索尔特写道，"体现了美国占领日本时期的面粉输入与日本政府努力利用美国面粉之间的深刻联系。"

安藤的传奇企业创新故事始于日本宣布投降的1945年8月。按照一个出名的说法，他正穿行于残破的第二故乡大阪——大阪人口从300万缩减到了100万，幸存者也是饥肠辘辘——看见一长串灯光暗淡的黑市中华面摊，于是心想（出自《安藤自传》）："人们怎么竟然愿意为了一碗面遭这么大的罪？"故事里写道，开发方便暖心食品的种子就此种下——它不仅要解决日本的饥饿问题，更要解决世界的饥饿问题。

与此同时，美国占领当局对饥荒和战后日本有着自己的想法。美方起初不愿意提供任何救灾物资，后来出于冷战思维，担心濒临饿死会引发红色政潮爆发，于是重新做了考虑。1946年4月的电报表明，道格拉斯·麦克阿瑟将军将剩余的美国面粉拨给日本，以图削弱"左翼分子"。感恩的日本官方发起宣传运动，鼓励人民食用"美利坚粉"（美国面粉）。"小麦粉的蛋白质含量比稻米高50%，"一份宣传册上写着，"美国为你们的食品供给投入了2.5亿美元。学着妥善运用吧……"

1952年，美国占领结束，但艾森豪威尔政府继续向日本倾销美国剩余农产品。1954年至1964年间，日本接受了价值4.45亿美元的美国"食品援助"——其中有一大部分是面粉，美国院外游说团体向日本厚生省施压，要求其推广美国面粉。厚生省又向营养学家施压，要求他们撰文宣扬面粉优于稻米。有一篇文章警告道："只给孩子喂米吃的家长是让孩子注定过上傻瓜的生活。"与此同时，美国资助的"餐车"巡行乡间，教导家庭主妇用增白美利坚粉（美国面粉）和美国肉罐头做菜。美国出资设立的日本学童午餐里有美国面包、粉冲牛奶和炖肉。（按照索尔特的说法，日本校园午餐直到20世纪70年代中期都几乎不提供米饭。）日本农林大臣后来感慨道："为了镇压革命，美国向日本运来了一船一船的食品，而这又在日本引发了另一场革命：饮食习惯革命。"历史学家铃木纠生认为，占领结束后20年间日本饮食习惯的变迁是一场自上而下的运动，是由华盛顿和东京的领导者炮制和策划的。那是明治维新时代的阴影，却经历了一种近乎倒错的扭转。

那安藤的方便面呢？

这位大发明家在自传中追忆道，与战后日本农业部门的接触促使他开发面粉制品。官员甚至提供了一定的资金。然而，安藤认为自己拯救了亚洲饮食——通过面条的方式。因为否则的话，美国佬就会让日本人改吃白面包。虽然安藤这样讲，但早期的方便面广告里还是出现了"Chibikko"的形象。在公司资料中，Chibikko是一个喜庆的金发孩童，拥有"白面粉一样的肤色，圆鼻子，大眼睛，还有雀斑，代表着健康的形象"。索尔特写道，直到日本经济繁荣，对本国国际地位的自卑情结有所减弱的20世纪60年代末，日清广告中才开始出现"年轻男子身穿和服，联系日本文化的独特性探讨饮食"。

如何将这种宣传传遍全国？靠的是新兴的电视科技，尤其是从当时日本最高的建筑物，新东京塔发出的调频广播。

等到我们吃完了赠送的24包Yamadai New Touch拉面，我要求会见瞳的家人。

瞳带我们走进了凄面（Yamadai）的东京营销总部，大楼在一条死气沉沉、平平无奇的街道上，旁边是窄小如沟渠的神田川。她承认："哎呀，我自己都没来过呢。我其实不怎么喜欢拉面。"

在一件空旷的白色会议室里，瞳的叔叔庆一和母亲春美接待了我们。庆一看上去是一个豪饮的大企业老板，身穿米黄色套装毛衣的春美则雍容典雅。

我们通过庆一叔叔了解到，凄面创始于1948年，创始人是瞳的外祖父大久保周三郎。周三郎出生于东京以北的茨城县的一个种稻大地主家庭。他起初制作乌冬面，后来"赶上了方便面的潮流"。但是，方便面终究产生了形象问题。安藤的原始工艺是瞬间热油干燥法，面饼中会残留20%的油脂。于是，凄面在21世纪初采用了先进的蒸熟干燥法——非油炸。产品更健康！名为"超级拉面"（Sugomen）的新式方便面甚至模拟了手工拉面的柔韧口感。

庆一叔叔在黑板上写下了几个数字。"目前日本每年消费方便面超过5亿份……日清控制了大约40%的份额……"

"相比之下，我们只有2.5%。"瞳的妈妈谦虚地补充道。

"那也不小了，"庆一叔叔沉声道，"我们的销售额是100亿日元。"

凄面常年在日本方便面盲测电视节目夺冠，基本掌控了顶级方便面市场。随着日本中老年群体健康与品质意识的提升，这一客群正在扩大。

"是啊，"瞳小声说，"我国老人味蕾争夺战是很激烈的。"

"不好意思，"我小声回问，"我们，嗯，能不能来一点试吃呢？"

当时该吃午饭了。鲜亮的New Touch杯面展示牌仿佛铃声大作，召唤着巴甫洛夫的狗。

"啊——"瞳说。

忙活了五分钟后，巴里和我扑向了开胃菜，清爽京都酱油拉面。配料有切片猪肉和京都特产"九条葱"，在肉汤里复原的葱像鲜葱一样美味，不可思议。"凄面有70款不同的面，这是卖得最好的一款，"庆一看着我们狼吞虎咽时提示道，"一地一面，这个点子了不起！"另外，尽管日本银发族吃面的言论不少，但买方便面最多的群体还是年轻人："年轻人爱开拉面派对，独一无二、浓郁强烈、出类拔萃的口味！"正说着呢，一碗辣力凶猛、嚼劲十足的干拌担担面（日本改良过的中国四川担担面）就上来了。在我们风卷残云的时候，我不禁又在想：平淡的白饭完蛋了。

为了探寻潜在的畅销款，凄面团队游历全日本，做试吃，组织焦点小组访谈，咨询超市。"但说到底，哈哈，"瞳说道，"我们的口味测评大师是祖母！我们寄给你的那一包是她选的！"老祖母92岁了，拥有预知潮流的超凡能力。这位拉面女先知目前最喜欢什么口味？是新推出的长崎海鲜超级面，"一炮打响"！

"但说实话，"春美妈妈透露，"我的母亲和父亲，我们全家都更喜欢乌冬面或荞麦面。我爸爸快100岁了，到现在每年还是会给茨城的家族新年宴制作手工荞麦面，我爸妈在那里种大米生活。荞麦面啊！"她露出了欣喜的笑容，"那么健康，营养那么完善，那么日本。"

现在，我们离开了凄面总部，一辆光彩照人的奔驰载着我们去了春美最喜欢的购物地，时尚到炫目的银座6号商场。我们路过了一家宣传"熟成牛肉热狗"的香肠摊位，还有墨西哥风味棒冰的宣传板，棒冰口味是冲绳芒果菠萝之类的，最后进了一家传奇京都绿茶品牌旗下的甜品店——辻利茶铺。我们点了一种神奇的千层墨玉抹茶冻芭菲、抹茶冰激凌和抹茶戚风蛋糕，边吃边听春美讲述自己的故事。

作为一名坐飞机去利昂或北海道品尝当地特产的美食家，春美是在茨城老家稻田边上，吃米饭、味噌和腌菜长大的——"没有可口的洋食，甚至方圆几英里都没有一家意餐厅。"她现在已经学会了欣赏"我们的和食"，每天早饭都是米饭配味噌汤。但在她小的时候，这样的饭菜却显得单调乏味，她觉得自己就是个乡巴佬，尽管在家族面条厂的电视广告里看到日本明星还是挺好玩的。

为了让她接受淑女教育，她的面条大亨父亲给她在东京买了一座大房子，她一个人和六名职员、一名保姆生活。她上茶道和插花课程，上贵族学校，有好多同学是真正的贵族出身。上学的时候，春美因为自己的茨城口音、家族面条生意和午餐便当而感到尴尬。她的便当盒一股烤鱼味，是她的农妇保姆放进去的。同学们的豪华便当则出自专业大厨之手。

"但公主们都想要我的便当里的正宗农村饭！"春美摇头笑道，"现在这么多年过去了，日本人为地方美食而自豪。"

"米饭、味噌汤、荞麦面、乌冬面……这就是日餐。"她小声说道，珍珠轻轻摇晃，而我正好吃完了最后一勺芭菲。

"不过，春美君啊，"我问她，"那拉面呢？"

她微微噘起了嘴："拉面，恕我直言，就是垃圾食品，绝不是和食。尽管我们真心希望自家的健康New Touch超级面把拉面的形象提升了一些。"

回到奥克伍德，在橘黄色的埃菲尔铁塔仿制品那舒适宜人的氛围下，我大吃了一惊。我得知了一件与民间传说和官方记述不同的事实。安藤百福，日本民族骄傲与国民食品的著名发明者，原来生于中国台湾，本名吴百福。他的双亲都是中国人。他是1933年移居日本的，时年23岁。他直到1948年才入籍。

仿佛这条多重身份与历史的莫比乌斯环扭得还不够厉害似的，有证据表明，他曾被自己的发明重创——对手是张国文，也是中国台湾人，也在大阪。在日清创业前夕，张国文发明了一种方便面（名为"长寿面"）并申请专利。他于1961年将专利售予安藤百福（价钱很不错）。从此，张国文便退出了。

但在现代东京，定义"国民"食品叙事要从何入手呢？

粉色的樱花换成了品红的杜鹃，接着是紫色的鸢尾花。我在日本已经有快四周时间了，依然在等待着某一个灵感迸发的时刻。我坐在修建于明治时代晚期的日比谷公园的一棵银杏树下，大口吃着畅销的7-11饼干——"鸡肉蓉"和巧克力脆片口味——闪亮的摩天大楼从绿地上冉冉升起，一览无余。我在想，日餐可以表现成一个超大号的便当盒，里面精心划好了格子。日本人热爱分类，品牌划分，命名区分，将格子分成了和食与洋食。这个格子是高端A级美食下的日本料理，比如怀石料理和寿司；那个格子是令人舒适的B级料理，比如拉面和其他大部分亚洲融合菜，就像咖喱饭这种。再细分还有"民族"（esunikku，即英语的ethnic）料理，主要有东南亚菜、中餐，还有欧洲各国菜系（以法国菜和意大利菜为主）和美国菜，既有原汁原味的，也有全球本土化的产物。

但实际上，在这座化生万物的大都市里，吃饭就像是在享用一大碗跨文化融合菜，各种似曾相识的品类混在一起，毫无违和感，让分类失去了意义。传统正宗与标新立异结合的方式有时显得勉强造作，但更多是随意中带着惊艳。

这对任何民族饮食习惯有何意义呢？

我向东京知名美食记者佐佐木宏子提出了这个问题，地点是在她最喜欢的一家森系极简风荞麦面馆，既有东京风情，又有柏林韵味。

"早上吃米饭还是牛角面包，乌冬面还是意面，这只是一个消费者选择的小问题。"宏子一边拿绿茶面沾新磨的核桃酱，一边耸肩道。"它与我们的身份没有关系。安妮亚啊，说真的，大家不在意。很多人以为麦当劳是日本菜！"她眼珠一转，"只要外来食物潮流扎下了根，我们就会完全忘掉它的出处。"大约几十年前，可丽饼进入日本，原宿一带涌现出可丽饼店，就像雨后的蘑菇一样，后来又传到了日本的其他地方——以"原宿美食"的名义。

不仅如此，大多数人在抛弃纯粹的日餐厅，尤其是被认为昂贵、刻板、枯燥的怀石料理店。

"实话说，"宏子说着将勺子插进了荞麦面店的招牌甜品——加泰罗尼亚焦糖奶冻，"日本年轻人甚至不知道什么是怀石料理。"

四十多岁的宏子严肃而略带官气，与柳原先生一样是一名信仰坚定的战士。她推崇传统的米饭，尤其是本地渔业的可持续发展，"尽管日本人被认为崇拜自然"，但本地鱼类状况堪忧。她每天早上都会驻足品味饭釜中飘出来的米香。

有一天，宏子建议我们去拜访一个米饭达人。

"御米族！"我喊道，"请！"

在将近一个月的时间里，我一直在找这样一个人。或许在他的帮助下，我能够最终达到那神龙见首不见尾的灵感时刻？

米饭极客四十多岁，名讳舩久保正明，一头青春饱满的黑发，眼镜后面的目光犀利，与一双棱角分明的农夫大手相得益彰。我从他的网站上得知，正明是"五星级稻米专家"和"米味鉴定师"——日本人真是崇拜美食家和证书啊——还曾荣获"农林水产大臣奖"。我发现，他还是东京几家最私密的殿堂级寿司店的稻米供应商。

他在东京江东区的三楼小办公室里接待了我们，这处旧商业区在二战前曾以谷物生意闻名。纸张、箱子和一台笨重的老式传真机堆满了房间。屋里潮得让人窒息。一楼是达人的高端米铺舩久保结庵，还有一家朴素的饭团店。我们脚下是一台轰鸣的稻谷脱壳机，闻着有甜味，接着又是糠味——"富含氨基酸的奇妙浓郁风味。"御米族兴奋地说道。

正当宏子艰难翻译着他那激情澎湃的长篇大论时，舩久保君向我们讲，他小时候吃妈妈做的米饭并没有特别兴奋。20多岁时，他是一名法餐厨师，工作中一粒米都没有。后来，他父亲骤然去世。他父亲是一名和果子师傅，和果子是日本甜品，通常以黏米为基底。舩久保继承了父亲的售米许可证。25岁时，舩久（舩久保的简称）第一次自己买米。"作为厨师，我会经常拜访生产商，"他大声说，"但我的来访似乎把稻农吓到了！"让他自己惊讶的是，他发现零售商和厨师几乎从来不去真正接触稻农。

"然后他们还说什么，米是我们的神谷。"他不屑地嘀咕了一句。

然而，整个日本都只吃寥寥几种标准稻米。当时全国卖得最好的米是越光米（现在也是），就是我在自家电饭锅里做的那种米。

"越光米形状好，米粒大，复热口感好。"宏子插嘴道。

"而且特别乏味。"舩久保反驳道。

在继续拜访稻农的过程中，舩久保愈发郁闷。自明治时代以来，日本政府持续投资水稻种植技术，同时对稻农提供大量补贴——他们最终形成了保守主义的自由民主党的重要票仓。自1955年以来，自由民主党长期执政，只有几次短暂的下台。一名自由民主党要员宣称："米是我国精神文明的核心。"稻米种植成了日本受保护最多的产业之一，手段包括前面讲过的补贴、虚高的价格（依赖消费者的爱国心），还有直到最近才撤销的严厉进口关税。但我从柳原先生处了解到，日本稻米消费量在60年代达到顶峰后持续下降。舩久保发现，大多数稻农以政府扶持为生命线，陷在无比强大的农业合作社创造出的无穷无尽的官僚体制之中，根本没有积极性。

"我多么希望这种农民直接消失啊！"他闷声道。

情况如今更早了。目前有超过80%的稻农早已过了退休年龄。"他们走了，他们的知识也就没了。"舩久保说。不仅如此，90%

的稻农种植其他作物，一半以上承担文职一类的工作。"如果你有其他收入来源的话，"米饭极客滔滔不绝，"哪里会有提升水稻品质的动力呢？一千个人吃一块稻田的饭。再说了，这年头谁还吃米饭啊？"

这些问题悬在散发着谷壳甜香的潮湿空气中。

最终，舩久发现了一些热情专注的稻农，尽管为了维持积极性，他往往不得不买断他们的所有大米。有了这些独一无二的特种米，他开始接触寿司师傅。但结果还是挫败：高傲的寿司师傅固执己见，不感兴趣。

"他们谈自己的秘制风味醋，他们捏舍利（即饭团）的手法——甚至谈水。但米呢？"他哼了一声，"大多数人都恪守某种所谓的名品标准米，因为他们的师傅就是这么教的。因为那是一贯的做法。"

不过，他最后谈下的第一个客户很精明，是银座的吉武。吉武明白，银座高端寿司师傅之间竞争残酷，几乎不可能靠鱼制胜。但他可以借米扬名。

"有时，我要花一整年时间跟一个寿司师傅打磨舍利，"舩久说，"因为他们有太多米的知识不懂了。"但吉武正博会听讲，认真挑选，后期调试。"他现在拿下三颗米其林星星了！"

他的下一个客户是杉田寿司（目前东京最难订位的餐厅之一）。这一次，舩久更进一步，不仅要调整米的种类，还要为特定的应季鱼匹配特定的研磨度和抛光度。肥润浓郁的鱼要配鲜味足的米；而对于比较清瘦精致的鱼，研磨度提升3%会达到完美和谐的境地。

但米饭极客表示，最需要教育的是消费者。他的眼睛显出了一种英勇却悲怆的热忱。我突然间莫名想起了安藤百福，也许他在后院小屋里陷入低谷时也是同样的目光。舩久绝非"极客"，我意识到。他是一名陷入重围的狂热"十字军"战士——比柳原先生，比宏子更暴烈，但也更乐观的战士。他是一名悲壮的米饭武士，明知九死一生，也要高扬着英雄的正道大旗杀入。

我们到了楼下狭小的浅木色店内。米箱上方悬挂着头戴斗笠、身处稻谷田园之间的农夫——每一箱米都像种植他们的稻农一样独特。

"有客人来了，我先问他们买米要做什么，然后给出相应的建议，"舩久说道，"饭团？白饭？还是儿童便当？冷吃还是热吃？"

他转移到饭团区，为一名老年顾客制作饭团，包的是日本"国民"馅料——金枪鱼蛋黄酱。但战斗形势不利，他用一张闪闪发亮的海苔卷起饭团，大为光火。厨房的智慧失落了；人们吃米基本是在外面，评判白饭、饭团或盖浇饭质量的标准不是来自记忆中奶奶做的饭。不——而是来自连锁便利店和连锁餐厅。

"这个！"他朗声道，高举着形状粗犷的豪华饭团，顾客则拿着200日元耐心等待着。"冷饭有它自己的品格！我花了好几个月才找到完美的饭团米，在新潟县的一家小型家庭农场里——又花了九年时间劝说稻农跟我合作……"

至于便利店饭团？舩久简直都要吐唾沫了。巴里和我觉得那么美味的饭团，用的米似乎是某种低劣的工业下脚料。

"饭团是日本最古老的食物！"舩久大声说道，他举着自己的饭团，仿佛它是一件圣杯兼武器，"我们的武士带着饭团上战场！

我们的母亲给我们带饭团到学校中午吃，每个饭团都是独一无二的，因为上面有她的指痕。饭团是日本最家常、最私密的小食！"

原来饭团才是真正的国民食物吗？我突然间想到。

"那些便利店版？"米战士面色通红，"机器压得那么实，里面没有空气，没有人的指痕，零鲜味！"

在我们准备告辞之际，他给发言做了结尾。他说，在江户时代，人们会把坏米吐掉。现在呢？"现在他们根本不懂鉴别！"

"我对怀石料理也是同样的看法。"宏子说道。

我本人无意朝便利店饭团吐唾沫。于是，宏子跑回家给家人烹制大师级的和食，我则直奔最近的罗森便利店。

当天是星期二，大部分连锁便利店都会在这一天上新。身穿时髦蓝白条纹工作服的罗森店员大声对我表示欢迎。我检阅了神奇的饭团柜。是啊，舩久大概说得没错，但便利店——便利店太精明了。健康糙米配鲜翠青豆。养生健康风的大麦海苔饭团。萌萌的赤饭——粉红色的饭团是和红豆一起蒸熟的。店里有一种"黑拉面饭团"，它复刻自富山县的一种地方美食，米是在拉面鸡汤里煮熟的，汤里还加入了环保竹炭作为着色剂。这种饭团还是劳森与新潟越光米的独享联名款：有季节限定的地方特色馅料，比如缩绵鱼（沙丁鱼幼崽）和烤北海道三文鱼腩。

这些全在一家便利店里。

最早的日本便利店（当时还叫konbiniensu）出现于20世纪60年代末，仿照的是美国加盟便利店模式。这种店向年轻上班族和通勤族出售低档饭团和便当，讲究人羞于吃便利店食品。但现如今，日本全国约有6万家便利店——其中80%被7-11、全家和罗森掌握，三巨头之间竞争激烈——产品周转快如闪电，代表着日本人的味觉前沿（以及刀锋）。我面前的罗森模仿了每一种新出现的职人潮流，每一种土生土长的欲望。

我拿了6种饭团，然后又到一家7-11买抹茶芭菲（精美不亚于银座6号任何一家店的出品），还有安藤创办而日清与米其林拉面店鸣龙联袂推出的火辣方便担担面。到了家里，我发现巴里正舒服地躺在沙发里撕一包精美的罗森四联包三明治——没错，就是有玉子烧（煎蛋），有丝滑什锦鸡蛋沙拉，还有一片号称亮橙色蛋黄切面的半熟煮蛋的爆款。他还买了一样便利店"宿醉灵药"，名叫 Liver Plus，含有动物肝脏提取物、维生素 B_{12} 和姜黄，迷你瓶子上把针对的脏器——是人肝，还是动物肝？——画成了卡哇伊的粉色三角形。在前往居酒屋和酒吧之前，我们虔诚地吞下了药丸。

据说人体成分里水占了60%，这个事实给当年在苏联读书的我留下了深刻印象。在东京度过了四周之后，巴里和我的便利店成分比例还要更惊人，达到了90%。

通过与舩久的交流，一个潜藏的疑虑浮出水面，如今更是成了一个坚定的信念。目前事实上的日本"国菜"，嗝，是由便利店造就的。我有扎实的数据支持。便利店月人流高达惊人的15亿人次。日本每过大约6个小时就有一家新便利店开业；每天有4 700万人进入便利店，人流量相当于日本人口的三分之一以上。

不仅如此，便利店以紧张的24/7模式自傲——一年的大部分时间里都开张。

更有甚者，在追踪消费者需求并做出相应调整，以及在收集市场数据方面——极端有限的货架空间里塞进了大约3 000种产品——便利店做到了锱铢必较。有一天没有别人在的时候，我的全家店员朋友，乌兹别克人阿克拉姆向我展示了他们的"秘密武器"：POS系统（销售终端）。当他扫描一件商品的条码时，终端机就会记录包括"时间、物品、地点、数量"的详细信息。在找零之前，阿克拉姆比如输入顾客的性别和大致年龄。（年龄这一项让他抓狂。"他们的皮肤都那么好，我怎么知道一个日本人是40岁还是70岁？"）这些数据都会实时传输至集团总部，还会传给这个饭团、那个咖喱包的制造商，以便制造商针对具体地点和人群优化产品研发与分发——回应和预测消费者的偏好。甚至天气预报都会纳入考量。

有一天早上，我跟柳原先生共进精致酥脆的天妇罗，当时我分享了自己的便利店国菜论。

便利店……先生佯作惊骇，睁大了双眼，但我注意到他眨了一下眼。有意思，他表示，因为快餐和外卖是前现代江户的主流饮食方式，最终决定国菜的也是江户。19世纪中期，江户的男女比例约为三比二，一半市民是单身，从而造就了一座外卖与街边小吃之城。"商贩推着小车卖握寿司、荞麦面、天妇罗，这些如今享有高端地位的精粹日料——在江户时代都相当于便利店食品！"

他也是隐秘的便利店常客吗？我问他。

"日本人觉得罗森的唐扬炸鸡好吃，"先生的回答令人费解，"非常好吃。"

我心领神会，没有提饭团米的事。

我向瞳家族的一个成员咨询，问他们会不会在便利店里卖超级面。

"没门，"春美通过瞳发短信回复我，"货架的竞争太残酷了。我们不追热点。"

"安妮亚，恐怕你说得完全正确，"宏子哀叹道，"日本国民饮食的便利店化势不可挡。"尽管连锁超市会有各地特产，比如长崎或冲绳特产，但便利店里是全国统一配货。宏子继续说道，便利店既反映又塑造了潮流，还有我们的需求，我们的胃口，真是狡黠。"就拿我的儿媳女婿说吧，"她叹了一口气，"都是受过教育的中产阶级。本来是抗拒便利店的人，现在住在远离超市的乡下，每天午饭都是便利店解决。方便是方便，也有人与人的联结。便利店化……"她喃喃道，"不只是我们的饮食，更有我们的生活方式，我们的社会。"

因为便利店不仅卖吃的，巴里和我在东京并不孤独，也没有像电影《迷失东京》那样疏离，一秒钟都没有。我们几乎每晚都去烟气缭绕的居酒屋或者立吞屋（字面意义是"站着喝酒的酒吧"，我们最喜欢写字楼地下的点），跟巴里的文学界朋友或者我的美食圈同事喝酒。然而，便利店成了我的避难所，明亮洁净之地，情绪与身体的根据地。

20世纪80年代，政府允许便利店出售邮票，便利店开始从食品向服务业延伸。对要与日本邮局官僚斗智斗勇的人们来说，这是天赐之喜。从那以来，便利店已经进化成了生活基础设施。在对品牌忠诚度的无尽追求中，连锁品牌不断追加新功能。全家推出了24小时开放的Fit & Go健身房。7-11通过旗下的7银行推出了新的移动支付应用程序（在以现金为主的烦琐经济体中，这些应用必不可少）。绿色健康生活的引领者罗森可以将机密文件回收利用，制成环保厕纸。在全球老龄化率最高、全国老年病发病率排前列的大阪府，便利店员工会接受救助失智老人的训练。

我一天至少要进三次便利店，不是为了买饭团或玉米热狗，就是为了取款机、卫生间里先进的手部消毒机或者手机充电站。便利店是奇特的悖论，我在想：去意识形态化、去地域化、匿名化、无民族化，几乎只要求连锁知名度和品牌忠诚度——在这个霓虹照耀、超消费主义社会的民族国家里的品牌——却不仅打造出了品牌社区，还形成了真实的线下交互中心。我们所在的街区入夜后黑暗而静谧，青少年依然会在便利店周围抽烟喝啤酒，游荡到深夜；老人会进店缓解孤独。正如学者加文·怀特劳（Gavin Whitelaw）所说，尽管便利店影响了消费资本主义"一往无前地迈向全球同一化"的形象，但事实上不仅代表了后工业时代日本的标准化，也代表了日本社会的个体性与差异性。

我经常去店里纯聊天，用俄语跟阿克拉姆聊，或者用英语跟法尔哈德聊。法尔哈德是一个志向远大、相貌俊朗的巴基斯坦工科留学生，他在离我住的酒店最近的一家7-11里打工。阿克拉姆对便利店有多少质疑，法尔哈德就对便利店有多少惊叹。"便利店是世界文明的未来！"他一遍一遍地说着这句话。此言不虚。事实上，真有一个日本大学者写过便利店文明正势不可挡地崛起。

我从阿克拉姆处得知，就连日语都在便利店化。

是那套日本年轻人根本懒得掌握的复杂等级制敬语（Keigo）吗？它以便利店敬语的形式留存了下来，员工手册里教着一套恭敬至极，但语速极快的"高周转"便利店黑话。"这套话语，"阿克拉姆感叹道，"我有一半句子都不知道是什么意思！我只能死记硬背。"我有一种感觉，他实在等不及回乌兹别克斯坦吃妈妈做的抓饭了。

而巴里和我则一再逗留，再二再三地推迟着离境日期。我们实在不舍得离开耀目橙光巨塔下的奥克伍德小窝。

但是，我们在东京的最后一天还是来了。

我也接纳了我的味蕾在旨味之地一直在渴望的东西。我沿着酒店所在街道走了五分钟，便来到了我的圣堂，红色灯牌大声宣告："玉城比萨工作室"（PST-Pizza Studio Tamaki）。

玉城翼是这家店炙手可热的年轻比萨师。他刚入行的时候，是在附近著名的萨伏依比萨店做"弟子"（学徒）。他有三年时间连面团都不让碰。他最后离店单干，2018年开了PST，赢得了一批狂热粉丝。店里的炉子烧日本特色的樱花木和楢木（即橡树），馅料选材也是一丝不苟。玉城设计出了如今大名鼎鼎的"捏面法"，也就是捏比萨面团来制造气泡。他烤番茄比萨时离火焰近到危险的程度，同时往火里添加杉木片。

通过同行的朋友、比萨专家和专栏作家克雷格，我问玉城是怎么喜欢上比萨的。沉吟片刻后，他坦承是小时候早晨吃的"比萨吐司"：日式牛奶面包表面抹上番茄酱，再撒上番茄、青椒和美国芝士片，放进面包机里加热。"战后的经典暖心餐，"比萨吐司研究大师克雷格说道，"流行于喫茶店，一种旧式日本简餐厅。"

"对我来说，比萨吐司就像米饭一样是和食，"玉城君接着说道，"因为除了日本，哪里都没有。"

比萨吐司是和食……饮食界的莫比乌斯环又扭了一圈。

"那你去过那不勒斯吗？"我问道。

"没兴趣！"他的回答高傲而冷漠。至少不会为了比萨去。玉城君喜欢在东京本地开自己的店，寻找日本传统馅料，与农夫合作产出最可口的罗勒和大蒜。"番茄比萨和玛格丽特比萨，"他说，"是我们御宅族式执迷的完美载体。正是这种御宅族本色，才带来了纯正的日式比萨！"

"和魂洋才（Wakon yosai）。"我又想起了明治时代的格言。

尽管如此，玉城君承认，他愿意有朝一日去看看那不勒斯。"激情四射的女子，不干活的搞笑男，浪漫美丽的风景。"

我的番茄比萨到了。小小的，而且特别轻——与那不勒斯人不一样，日本人不喜欢嚼劲。膨大焦黑发苦的鼓包（是捏出来的吗？）扰乱了日本人（还是那不勒斯人？）的和谐。我不敢告诉玉城君，也许他应该为了比萨去一趟那不勒斯。

我付了相当于22美元的日元，然后前往全家，跟阿克拉姆道别，囤了点梅干饭团、方便面（可惜不是New Touch）和蔓越莓马卡龙棒，准备在第二天飞回纽约的长途旅程路上吃。

塞维利亚

西班牙塔帕斯地带的流动盛宴

我在塞维利亚要品尝的代表性国菜完全不需要我下厨——也不需要我去死气沉沉的西班牙便利店扫货。

不，我们来塞维利亚的计划就是推搡辗转于人挤人的酒吧之间，就着棒啤（cañas，小杯啤酒）、菲诺干雪莉酒、高单宁庄园红酒吃火腿、辣香肠、油炸丸子、再吃火腿、小三明治、小碗炖菜，然后再吃火腿。这就是"塔皮奥"，一路觅食塔帕斯。这些小吃在西班牙国菜叙事，以及西班牙社交氛围浓厚的生活方式中占据核心位置。事实上，它核心到如此地步，以至于西班牙政府一直在游说将塔帕斯列入联合国教科文组织非物质文化遗产，作为"西班牙文化认同最具代表性的元素之一"——对西班牙国家品牌（Marca España）至关重要。

于是，我们来到了西班牙的西南角，在安达卢西亚（Andalusia）腹地考察这种西班牙母亲的饮食要义。据说，安达卢西亚正是塔帕斯的诞生地。在这个过程中，我们还会考察无比重要的地方主

125

义议题。

只不过，我们的第一次塞维利亚塔皮奥就开始响起警报，勾起了一段不祥的回忆，那是我们十年前上一次来到此地。一天下午，为了写一篇杂志的约稿，我们绝望地大灌武器级的烈酒，"好把食物送下去（para bajar la comida）"。此处的"食物"指的是大中午暴饮暴食，一顿顶三顿的量，要送医院的那种。

当我们向现在的房东帕奇讲这件事的时候，他咧嘴笑道："明白了。很塞维利亚的场景。"

帕奇现居塞维利亚，不过是从北边的拉里哈（La Rioja）搬过来的。他之前去了我们要走访的第一站——马诺洛·卡泰卡小吃店（Manolo Cateca），从人群中挤进去，大喊着点了我们的开餐酒。"永远要喝棒啤，"帕奇带来的伙计拉法断言，"把毛孔打开。"

卡泰卡小吃店藏在熙熙攘攘的高端步行街蛇街（Calle Sierpes）外的一条小巷里，简直就是大路货式的西班牙风情，有瓷砖画壁，有深色的雪莉酒桶，地上散落着纸巾。"只不过它有非同凡响的极致雪莉酒单，有300种。"帕奇说着将喝完棒啤的鼻子探入了一杯馥郁的干欧罗索葡萄酒，名字也起得饱满，叫"鲜血与工人"（Sangrey Trabajadero）。

"榛子……带一点海味，"拉法点评道，"配乌鱼子绝了（Estupendo）！"他摇晃着一片颜色暗沉的腌制乌鱼子——"海中火腿"。

接下来是一盘透亮的紫红色纯正伊比利亚火腿，肥润鲜美的坚果味，搭配罕见的"来自树枝"（en rama，指的是未经过滤）阿蒙提拉多雪莉酒。接着是猪里脊腊肠（lomito）、辣香肠、血肠，接着是入口即化的加的斯五花肉（chicharones de Cadiz），就是切片猪五花外面裹了一层辣椒。

意识蒙眬的我注意到，我们已经摄入了一个月分量的猪油。这很好地显示了猪对西班牙饮食，乃至整个西班牙文化的核心意义。

而且我要提醒你，帕奇点的可不是"塔帕斯"的分量。也许是因为我们是通过共同的朋友，马德里餐饮界传奇人物阿尔韦托引见认识的，所以帕奇从卡泰卡带回来的是高价的大份（racione），我们用的是巷子外某个人的摩托车，一路上小心翼翼地保持着平衡。开胃酒时间（hora del aperitivo），店里的人群有九层厚。

"我跟人开玩笑说，这里是我的办公室。"帕奇说道。

帕奇是个八面玲珑、渐入老年的大高个，自称"美食新人"，工作挺逍遥，是一名高档雪莉酒和葡萄酒经销商。拉法五十多岁，给人的感觉是灰色羊毛衫平头版的桑丘·潘沙的弟弟，他自称也是新人。帕奇到外地出差的时候，拉法就成了带领我们游览塞维利亚的维吉尔。原来他的工作是Siempre Así的主要成员之一，这支本地乐队在全国都受到欢迎。

"Siempre Así有点像安达卢西亚版的ABBA乐队。"帕奇一边说，一边在手机上给视频点赞。视频里是他们乐队在巴塞罗那利塞欧剧院的爆满演出。

我们现在来到了塔皮奥第二站，一家名叫"硬币"（La Moneda）的海鲜小吃店，喝了一瓶帕斯特拉纳洋甘菊风味（Manzanilla Pastrana）雪莉酒。"单一园，产自桑卢卡尔附近的获奖白粉质（albariza）土丘。"帕奇解说道。桑卢卡尔-德巴拉梅达

（Sanlúcar de Barrameda）是一座海风吹拂的港口，位于从塞维利亚穿城而过的瓜达尔基维尔河（Guadalquivir River）河口处。哥伦布的第三次航行，还有麦哲伦1519年环球航行的起点就在桑卢卡尔。当然，地理大发现时代早已遁入历史，西班牙的全球大帝国地位也一样。如今，桑卢卡尔最出名的是带咸味的清爽洋甘菊风味雪莉酒，绝配是婴儿手臂那么大的极致甘甜挪威海螯虾。

承蒙硬币小吃店的桑卢卡尔老板们，我们处理了一大份海螯虾。

然后，我们又处理了——不知道怎么做到的——厨房汤（sopa de galeras），一种有点老气的皮皮虾汤，用面包增稠。

再然后，我们甚至找地方——不知道哪里找到的——吞了桑卢卡尔风味的脆边土豆煎蛋饼，饼上点缀着带壳的小虾。

"可恶（Joder）！"拉法突然大叫一声，一只手查时间，一只手拿叉子扎着一块"决定版"风味土豆（papas aliñás），这也是一道超安达卢西亚的塔帕斯，是将黄色的土豆泡在结结实实的一潭橄榄油里面。"他们正在特里亚纳市场（Mercado de Triana）等我们吃午饭呢。"

当时是下午4点，慵懒安达卢西亚的午饭时间。

我们是前一天到的塞维利亚。我当年是在佛朗哥去世后的20世纪80年代来的，如今这座城市大体上还是当年的样子，令我深感欣慰。这种时间停滞，这种强烈的"铃鼓西班牙（España de pandereta）"。这个说法出自20世纪初塞维利亚大诗人安东尼奥·马查多（Antonio Machado）的一句讽刺批判诗："街头乐

队与铃鼓的西班牙，围场与圣物间的西班牙，热爱弗拉斯切诺
（Frascuelo）和圣母玛利亚的西班牙……"（弗拉斯切诺是一名著
名斗牛士）。

我们的爱彼迎民宿在特里亚纳深处，以前是吉卜赛人聚居区，
与塞维利亚旧主城区隔着一道小桥。穿着羊毛衫的老人蹒跚走过
五金店（ferreterias），店里堆满了做海鲜饭的平底锅、电热水壶和
廉价砂锅。服装店里展示着老年束胸、价格令人瞠目、有着老气
花边的逛市集专用披肩（或者是谁买了都可以戴？）和儿童弗拉明
戈舞蹈服。哪怕不是弗拉明戈舞蹈服的衣服也有海量的褶皱、花
边和红玫瑰布饰，适合养老院演出《卡门》。全都是老掉牙的东
西，波尔卡圆点泛滥的西班牙，打出那句著名口号，"别样西班
牙"（españa es differente）的佛朗哥时代后期海报里的西班牙。

西班牙的分子料理革命，费兰·阿德里亚引领的令人头晕目
眩的跨越性变革——我曾在杂志文章和烹饪书《新西班牙餐桌》
（*The New Spanish Table*）中兴奋地进行了记述——基本让塞维
利亚靠边站了。在特里亚纳和其他地方，酒吧依然是拥挤杂乱的
圣物箱，圣母、斗牛士和足球明星的图片在免费橄榄盘上方排得
摩肩接踵。特里亚纳乱糟糟的主干道上站着一个卖螺的小贩，筐
子里有缓缓蠕动的小螺（caracole），还有一种名叫卡布里拉斯
（cabrilla）的大螺——这是我们旁边的老牌人气酒吧，鲁佩托餐
厅的一道深受喜爱的塔帕斯，这家店做鹌鹑（codorniz）也是一
绝。在马德里和巴塞罗那，这种场所要么士绅化了，要么被文身
的新生代接管，他们更新了经典塔帕斯，改掉了带有讽刺意味的
引号和传统食材。但在塞维利亚，菜肴依然"散发着蒜味和宗教

信仰"，这句经常被引用的格言出自20世纪初的作家胡利奥·坎巴（Julio Camba），他是西班牙的布利亚-萨瓦兰（Brillat-Savarin）。我们住在一栋60年代建的预制房里，每一层都飘出蒜味——而且是橄榄油煎蒜。

至于宗教信仰，那是躲不掉的。圣周（Semana Santa）快到了，塞维利亚各大兄弟会（堂区的俗人联谊会）要举行盛大而拥堵的圣周忏悔游行了。城内每家店铺橱窗里都摆着头戴白色尖帽的婴儿模型，可爱极了。尖帽有点像3K党的那种帽子，源于宗教裁判。

拉法问我们，知不知道15世纪宗教裁判的大本营圣豪尔赫城堡（Castillo de San Jorge）离这里只有100米？

"这里"是瓜达尔基维尔河西岸特里亚纳市场内的一张长木桌，是我们首日塔皮奥的第三站（也就是午餐）。我们周围的摊位堆满了洋蓟和鲜亮的大葱；老奶奶拉着拖车费力地走着，车里装着碧绿的蚕豆和雪花石板似的盐鳕鱼。

我们现在是一大群快活人，大吃炖墨鱼（guiso de chocos）和爽口的章鱼沙拉。菜都是热情好客的戴维给的，他在市场里有好几个塔帕斯摊位。

"塔帕斯！西班牙献给世界的伟大礼物！"面相孔武的阿尔韦托先生朗声道，说着拿面包蘸果香浓郁的橄榄油，油是用他自家园子里种的橄榄榨出来的。

"橄榄，最好的塔帕斯还是它！"花花公子似的博尔哈补充了一句，他是旁边一家橄榄摊的老板，也卖大桶里接的苦艾酒。

"不好意思，但火腿才是王者！"伊斯雷尔反驳道，他在对面的一个市场摊位兼小吃店里卖伊比利亚火腿。"火腿，"他拍着桌子坚决地说道，"是西班牙的象征！"

现在，拉法起身为伊斯雷尔的火腿献上了一曲清唱的弗拉明戈式小曲。我觉得，一个人喝了那么多洋甘菊酒、欧罗索酒、未过滤原酒、度数很高的高档卢艾达葡萄酒、大玻璃杯装的白苦艾酒、小杯的金酒和汤力水后大概就是这个样吧。对了，还有帕洛科塔多（palo cortado），一种我们现在都喜欢上的另类雪莉酒。

接着，随着圣周的临近，争论的话题转向了另一个塞维利亚人的执念。伊斯雷尔亲吻了绣在马球衫上的船锚，那是附近水手小堂（Capilla de los Marineros）的标志。

"我们的教堂，属于我们的特里亚纳。"伊斯雷尔用他那口齿不清的安达卢西亚方言沉声说道。"我们的水手、吉卜赛人和陶瓷工人生活区——还有我们的主保圣人，"他掏出手机，在一张图片上种下深情的一吻，"特里亚纳望德圣母（Esperanza de Triana)! 我们的圣母！"

"好啊，我也是特里亚纳人，哼，我钟爱望德圣母，没问题。但马卡雷纳（La Macarena）是不一样的圣母，"他装出要晕倒的样子，"纯洁的美！她让我起鸡皮疙瘩！"他露出了一条强健的臂膀。

"但望德圣母是一个真实的女人（mujer)！"伊斯雷尔反驳道，"是吉卜赛女郎（gitana），深色皮肤，是我们的一员！"他放大了图片里圣母突出的黑色眉毛，还有长得惊人的卷曲眉毛。他展示了他的鸡皮疙瘩。

这就是塞维利亚：两个大块头肌肉男顶起牛，比拼鸡皮疙瘩，争的是哪一个年轻圣母像最棒。

马卡雷纳圣殿（Basilica de la Macarena）是一座黄色条纹装饰的新巴洛克式地标建筑，位于塞维利亚当年最具烟火气的区域，紧贴12世纪摩尔城墙内侧。现在，我们在安达卢西亚散发着柑橘花香的日暮时分走了很远，要去敬拜塞维利亚最具代表性的圣母像——与所在区域同名——也为了消化一些吃撑的塔帕斯。我一路上在想，我早就是一个纯洁的马卡雷纳爱好者了，多年来把圣母海报和冰箱贴往家里搬。

到了圣殿内部，我又一次仰望马卡雷纳望德圣母，带来希望的圣母，吉卜赛人和斗牛士的主保圣人，我又一次拜服了。那是一种奇特的复杂感受，有她的名人光环带来的晕眩，有对她忧伤之美的轻微战栗，还有一点别的东西……某种近乎精神敬畏的东西，在我这个犹太人无神论者的心里。

马卡雷纳圣母像是一座博物馆级的彩色木像，出自一名17世纪的无名巴洛克师傅之手。圣周之前，还没有上红毯游行展示的圣母像看上去尤其震撼。到了圣周，塞维利亚的玛利亚狂热会达到巅峰，游行风光无限，还有最美（más guapa）圣母的网络评选活动。马卡雷纳会搬到外面形如宝座的白银神轿（paso）上，纤细的竿子撑起织金流苏的顶篷（palio），周围环绕着高蜡烛、银烛台和白花环，仿佛是一片魔法森林。

"她看着像个悲痛的20世纪50年代意大利二流明星，"巴里嘟囔道，"在一座童话监狱里。"

我从后面凝视鼎鼎大名的圣母游行斗篷（manto）。绿色天鹅绒如瀑布泻地，上面装饰着凸起的丝金刺绣水果和天使图案，外面整体罩着一层透光的金丝网——斗篷的绰号"虾网"（Camaronero）由此得名。

"就像威廉·莫里斯（William Morris）的壁纸——打了巴洛克激素以后。"巴里说。

确实如此。19世纪的英国艺术与工艺运动影响了这件1900年出自刺绣大师胡安·曼努埃尔·罗德里格斯·奥赫达（Juan Manuel Rodríguez Ojeda）之手的革命性杰作。奥赫达那令人眼花缭乱的浮华——戏装，活动幕篷、普通舞台道具——不仅改造了马卡雷纳，更彻底扭转了原本陈腐的圣周审美，只手将一个正在没落，甚至不受本地人欢迎的节日变成了西班牙最具代表性的景观。

这也是一个传统再造的绝佳例子吗？

我又在那里静静站了一会儿，马卡雷纳圣母胸前垂下的白色蕾丝上有五枚绿色宝石胸针闪烁光芒，令我目不转睛。这些小饰品（mariquilla）是青年巨星，"斗牛士王子"雄鸡何塞利托（Joselito，El Gallo）在1913年从巴黎带回来的礼物。当何塞利托25岁惨死的时候，罗德里格斯·奥赫达给马卡雷纳披上了孀妇的黑衣。这件斗牛士与玛利亚的风波令教会当局名誉受损，圣母从此再也没有服过丧。

风情万种的圣母和斗牛士、狂欢节和午睡、雪莉酒、桑格利亚、瓷砖露台、蔬菜冷汤（gazpacho）、摩尔宫殿、白墙村庄、波尔卡圆点、红玫瑰头饰、吉卜赛人，还有那绕梁三日的弗拉明戈长啸……这些马查多笔下"铃鼓西班牙"的传统浪漫形象——它们全都来自同一个地区：安达卢西亚。它是西班牙最大的地区，也是最贫穷的地区之一。巴斯克和加泰罗尼亚条件更好，有米其林星级餐厅，有现代资产阶级的生活方式，有大都会塔帕斯，而我之所以没有去那里，而来到塞维利亚，部分原因就在于前面讲的那些传统形象及其吸引力。

我想了解的是，一个地区怎么就成了整个国家的代表了呢？塔帕斯店是如何传承发扬的，用一名学者的话说，成了"一个占据晨昏带"的地域的生动体现，"在其中既代表了西班牙的精髓，也代表了东方的他者？"

安达卢西亚还体现了一个政治悖论。作为传说中安达卢斯（Al-Andalus）——由穆斯林统治的中世纪伊比利亚，711年遭到阿拉伯人和柏柏尔人入侵——的精神后裔，安达卢西亚如今是现代自由主义西班牙"共存"（convivencia）奠基神话的核心。共存，指的是基督徒、穆斯林和犹太人和谐共处，而且据说富有创造力的状态。同时，作为基督徒再征服安达卢斯的落幕之地——1492年夺取格拉纳达（Granada）——安达卢西亚又是再征服运动的核心象征，那是保王党、右翼天主教徒、法西斯主义者长枪党人和佛朗哥分子的奠基神话。近年来又有了呼声党（Vox），这个极右翼恐伊斯兰教政党正在崛起，令人警惕。

佛朗哥与安达卢西亚的关系呢？不妨说，关系是复杂的。大元帅痛恨它的无政府主义精神，骚扰当地吉卜赛人，迫害加西亚·洛尔卡（García Lorca）和著名地方主义理论家布拉斯·因方特（Blas Infante）等知名安达卢西亚知识分子。但正如历史学家何塞·路易斯·贝内加斯（José Luis Venegas）在优秀著作《崇高的南方》（*The Sublime South*）中所说："佛朗哥政权压制了自由主义的地域与民族认同观念，而提倡安达卢西亚是西班牙最集中代表的旧论调。"据贝内加斯回忆，尤其是在内战后的"饥饿年代"（años del hambre），"安达卢西亚腔调的西班牙语是落后民俗主题歌舞电影里使用的方言，影片里有土匪，有斗牛士，还有舞娘（bailaora），也就是穿着波尔卡圆点裙子、异域风情的吉卜赛舞者"。贝内加斯一针见血地指出，自我异域化具有"巨大的宣传价值"。

20世纪中叶，银根紧缩、落后内向的考迪罗政权决定打开国门，吸引新兴的大众旅游市场。这时，这种自我异域化的经济价值就凸显出来了。外国游客想要什么？一名旅游部长哀叹道："弗拉明戈、歌曲、吉卜赛人……塞维利亚、科尔多瓦（Córdoba）、格拉纳达……在旅游方面，我们必须放下身段，成为铃鼓国度。"

佛朗哥著名的"别样西班牙"旅游宣传由此启动：满眼褶裙和圆点的节庆活动席卷而来——这也是20世纪最具传奇性的形象改造工程之一。有人宣称，西班牙的形象巨变是在佛朗哥之后，随着霍安·米罗（Joan Miro）的大都会太阳标志和时尚的1992年巴塞罗那奥运会而到来的。这些人忘记了，早在1955年至1964年之间，西班牙旅游业增长率高达惊人的334%，促进了国内经济乃至政治稳定，并将佛朗哥治下的国际弃儿西班牙变成了背包客的廉价度假天堂。

在1959年后的十年间，"铃鼓"旅游业覆盖了西班牙三分之二的贸易赤字。弗拉明戈舞社在北边加泰罗尼亚的布拉瓦海岸遍地开花（当地根本没有弗拉明戈传统）。安达卢西亚的桑格利亚肆意横流，送无处不在的软糯海鲜饭——这道巴伦西亚特色美食如今被宣传为国民海滩食品——下肚，出现在新推出的游客菜单上面，深受度假客和西班牙本国新兴消费阶级的欢迎。

"当然，安达卢西亚的刻板印象不是佛朗哥发明的，"阿尔韦托·特罗亚诺（Alberto Troyano）宣称，"尽管他做了巧妙的操纵。"

我还没有从塔皮奥初体验的暴食里缓过来，我在"大蘑菇"（Setas）底下的一家酒吧里与年高德劭的文化评论家阿尔韦托讨论着地方认同问题。大蘑菇是建于2011年的庞大华丽都市阳伞项目，为自我异域化的塞维利亚注入了毕尔巴鄂（Bilbao）风格的城市更新。

阿尔韦托关于安达卢西亚刻板印象的著作中有一篇是讲歌剧中表现的"塞维利亚神话"，比如《唐璜》《卡门》和《费加洛的婚礼》。这些剧目的背景设置在塞维利亚，但作者都是外国人。阿尔韦托坚称，正是外国人创造和延续了安达卢西亚的陈旧形象，也就是拜伦、华盛顿·欧文（Washington Irving）、梅里美（Mérimée）、戈蒂埃（Gautier）、英国游记作家理查德·福特（Richard Ford）这些人。

"直到18世纪末，这里甚至都没有任何独立的地方意识！"

安达卢西亚……捏造……外来凝视……我忠实地在本子上写下了这些词语。

"但是，浪漫主义者不是将整个西班牙都当作欧洲的东方'他者'吗？"我提出疑问，"法国人不是说非洲的起点是比利牛斯山吗？"

没错，没错，阿尔韦托表示赞同，又喝了口矿泉水——他当天晚上要去加的斯参加一场喝酒的聚会活动。"但你告诉我，哪一部歌剧的情节发生在北边的巴塞罗那？毕尔巴鄂？还有一件可耻的事，"他接着怒气冲冲地说，"他们甚至在1992年塞维利亚世博会上演出《卡门》，意图是展现后佛朗哥时代的新生现代风范！"

巧合的是，"东方主义"（orientalism）一词首次出现于1838年的法兰西学院字典。"异域风情"（exoticism）出现于1845年，恰好是普罗斯佩·梅里美发表《卡门》的同一年。这篇暴烈的中篇小说讲述了一名吉卜赛女郎杀人的故事，乔治·比才将小说改编成了歌剧。在19世纪中叶的巴黎，扇子和披肩面纱——其实都是西班牙殖民菲律宾的产物——成了新潮服饰。西班牙舞蹈也很热门，以至于巴黎歌剧院的部分表演者谎称自己是西班牙吉卜赛人。

但是，安达卢西亚刻板印象最热情的消费者是谁？

"是安达卢西亚人自己。"阿尔韦托笑道。

"自浪漫主义时代以来，我们一直热爱来自海外的掌声，热爱聚光灯，最后这种外国人对我们的看法演变成了我们自己的外溢身份（identidad desbordada），一个由转义和陈词滥调拼凑成的祭坛。"

自我东方化。

我马上想到了那不勒斯人类学家马里诺，他谈到了他所在城市的自我神化。马里诺在塞维利亚居住过，提起过塞维利亚与那不勒斯的相似之处——两者都是历史悠久的南方贫困地带，享受外国人的凝视。但两座城市之间有一个关键的区别：那不勒斯（其实曾经也是西班牙帝国的一部分）在统一之前从未被认为"属于意大利"，而安达卢西亚一直被视为西班牙性的摇篮。

"加泰罗尼亚人和巴斯克人，"阿尔韦托继续说道，"实现了工业化，形成了刻苦和聪明的自我刻板印象。在他们工厂里干活的是安达卢西亚移民，这就不提了。而在这边……"他不悦地朝一群亚洲女生瞥了一眼，她们身穿弗拉明戈舞蹈服，正在摆姿势自拍。"我们这里没有工业化，我们还是自己扇扇子，戴披风，在全国GDP垫底。我们抓着我们的圣周和圣母、斗牛士、狂欢节和塔帕斯店不放。"

但我在想，拥有这样喜庆的外溢身份有什么错呢？

阿尔韦托阴郁地摇头。"西班牙在佛朗哥时代后推行地方分权，1981年授予安达卢西亚更大的自治权。地方政府原本可以倡导另一套刻板印象——经济状况改善。我们拥有西班牙最丰富、最复杂的历史。除了狂欢节和铃鼓，或者假装我们是乏味'努力'的冒牌加泰罗尼亚人以外，肯定还有别的选项。"

他说出"加泰罗尼亚人"（catalanes）的时候带着安达卢西亚人惯常的讥讽意味。

我点着头，沉思地方意识的扭曲，跟他一起啜饮矿泉水——直到我突然想起找阿尔韦托见面的初衷。

是为了讨论安达卢西亚的酒馆和塔帕斯。

"哎呀，没错，塔帕斯店！"阿尔韦托的脸色亮了起来，"19世纪80年代前后，塔帕斯店成了极具安达卢西亚社会认同的中心：混合了下层人民、弗拉明戈演员、吉卜赛舞女、斗牛士——还有少爷（señorito），纵情声色的纨绔子弟，他们代表了另一个经典的安达卢西亚刻板印象，是弗拉明戈重要的早期金主和观众。酒精抹掉了社会分隔，对吧？你成了店里的'堂区居民'（parroquaino）。"

那塔帕斯呢，吃的呢？

阿尔韦托呆呆地盯着我："吃的什么？"

原来塔帕斯店没有食品经营许可证。大部分都是酒铺，从桶里接雪莉酒卖，最多配一条凤尾鱼或者一颗橄榄。阿尔韦托说，加的斯现在还有这种地方。他的语气几乎梦幻了起来；他热爱那像哈瓦那一样的安达卢西亚海港。在18世纪瓜达尔基维尔河淤塞之后，新世界贸易就完全从塞维利亚转向了加的斯。后者成了西班牙最国际化的城市，《父亲节宪法》（*Le Pepa*；1812年西班牙自由主义宪法的昵称）就是在该地起草的。

"相信我，"阿尔韦托笑道，"我们的民族奠基文本绝对是加的斯洋甘菊酒浇灌出来的。"

塔帕斯（tapa）在西班牙语里是"盖子"的意思，有一条传说与国王阿方索十三世（King Alfonso XIII）有关。他人称"非洲王"（El Africano），因为他在1920年与佛朗哥之前的长枪党独裁者普里莫·德里韦拉（Primo de Rivera）一起入侵摩洛哥。据说阿方索去加的斯的查托酒店（Ventorrillo El Chato）。这家高档餐厅建在一座沙丘上，到今天还在。加的斯的风和芝加哥是一个级别的，于是酒保在国王的酒杯上面盖了一片火腿，以免进沙子（不过也有一些败胃口的版本，说防的是蟑螂或苍蝇）。阿方索很喜欢这个"盖子"，于是又点了一份。西班牙皇家学院词典里"tapas"词条下首次收录食品相关的义项里就有了"盖子说"：

> 置于查托杯（宽口杯）或卡纳杯（细长杯）上方的一片火腿或香肠，见于杂货店或酒馆。

字典出版日期：1936年。

塔帕斯，西班牙的饮食化身，根本没有多久的历史。最早提到这种可食用杯"盖"的记载只能追溯到20世纪初的安达卢西亚。塔帕斯形成社会风气的时间还要更晚。我问过许多年长的塞维利亚人，他们成年时根本不存在塔皮奥——就是现代的酒吧穿梭。因为除了铃鼓和波尔卡圆点以外，贫穷是西班牙常年的典型国家特色，尤其是南方这边。普通人基本不出门。外国浪漫主义者或许会沉迷于致命的吉卜赛女郎，但泰奥菲·戈蒂埃有一句著名的不逊之词，概括了浪漫主义者对当地饮食——没有塔帕斯——的评价，那就是：法国的一条狗都不会让鼻子沾上蔬菜冷汤。

"塔帕斯？绝对不是穷人吃的。"

塞维利亚大学人类学家伊莎贝拉·冈萨雷斯·特莫（Isabel González Turmo）平静地纠正我的看法。

"这个词发源于20世纪初的菜单，"她讲道，"一般是在相当高级的场所。"

我又踏上了塔皮奥之旅，随行者是一本塞维利亚饮食的可靠专著的作者。我们来到了一家名叫"托伦佐之花"（Flor de Toranzo）的平民酒吧，靠在饱经风霜的20世纪40年代白铁皮台面上畅饮小杯装的克鲁兹坎波（Cruzcampo）啤酒。店里有一幅漂亮的橘子树瓷砖壁画，招牌菜是现烤的安特克拉面包卷，表面铺着凤尾鱼，鱼上面是挤出来的炼乳纹路，好吃到变态。

对含蓄的学者伊莎贝拉来说，塔帕斯与安达卢西亚放荡的弗拉明戈酒馆关系不大，而与19世纪末一种进口饮品啤酒的流行关系更大。她解释道，当地最早的啤酒厂和啤酒店老板大多是德国人和英国人；安达卢西亚资产阶级觉得喝进口啤酒，配德国香肠"很时髦"。到了20世纪初，塞维利亚本地啤酒厂克鲁兹坎波（现在是跨国集团了）开始垄断这门生意。

"我们对冰镇啤酒的渴望实在无法抑制，"伊莎贝拉说，"可能是我们这儿天气太热了？"

接着到了20世纪20年代后期，小吃配开胃酒的风潮从马德里刮了过来。塞维利亚最早的"酒吧"（bar）也是在这段时期注册的。"所以是那么来的，"伊莎贝拉说，"我们所说的塔帕斯开始发展了起来。"

我怀着一种新的认识品味着手中的克鲁兹坎波：一个关键的小细节，舶来品是如何推动了最具代表性的西班牙传统。伊莎贝拉继续说道，在佛朗哥的自给自足体制下，西班牙对进口啤酒和萨拉米关上了大门。内战后的岁月物资匮乏，人民贫困，食品低劣，这对餐饮业当然很糟糕——但讽刺的是，塔帕斯迎来了利好，酒吧开始贩卖廉价的小份劣质餐厅菜。有肉少酱多的小碗炖菜——比如洋葱拌血（sangre encebollada），这道鸡血炖菜现在还能在一些菜单上看到——还有切角卖的猪脑蛋饼（tortilla sacromonte）。

我们今天所说的塔皮奥呢？疯狂的酒保社交串场呢？

"那始于20世纪70年代佛朗哥执政后期的经济正常化，"伊莎贝拉说，"但真正流行开来是在后佛朗哥的新浪潮时期，当时出门成了我们新获得的自由的一个标志。"

当然，她补充道，这也符合"我们的地中海生活方式，我们的炎热气候，还有我们对逛街和庆典的热爱"。

"外溢认同（Identidad desbordada）？"我短促地说了一句。

我向伊莎贝拉告别后，琢磨要去哪里继续我的塔皮奥，巴里则跑去进行他口中的"人类学采风"，也就是小商品采购了。他的考察地点是塞维利亚斗牛广场（Maestranza）和附属博物馆周边，那是全球最古老的斗牛场。

托伦佐之花没有后厨，很像20世纪初只供应小份开胃菜的塔帕斯酒吧雏形。在同一条街道上，我可以再次探访恩里克小牛餐厅（Enrique Becerra），这是一家相当正规的餐厅，楼下是酒吧，供应新派传统小份菜，多用后佛朗哥时代流行起来的摩尔甜辣风味。当地厨师开始探究长期被忽视的安达卢斯菜谱。我也可以去附近的天台餐厅（La Azotea）点几块小巧的轻煎金枪鱼。这是一家后分子料理时代的前沿餐吧。也就是说，到了21世纪，哪怕是在恪守传统的塞维利亚，塔帕斯也进化成了真正的万变菜肴。2008年经济危机之后，高端餐厅大批折戟，塔帕斯酒吧则在西班牙兴盛起来。当时，可分享的小份菜已经是全球级现象了——亚洲菜塔帕斯，墨西哥菜塔帕斯——打破了正襟危坐的法餐霸权。

那么，塔皮奥也是一种无政府式的，为三心二意、不做承诺的21世纪量身定做的反正餐吗？西班牙之所以成为前沿餐饮的圣地与模范，是因为解放后的西班牙人愿意且急于尝试新口味——只要是小份的，什么都可以尝一口吗？费兰·阿德里亚在斗牛犬餐厅烹制的不可思议的小份菜，难道本质上不也是一种塔帕斯吗？

我脑袋里塞满了这些问题，最后在乱哄哄的午餐时段到博德加·罗梅罗餐厅（Bodeguita Romero）占了最后一张空椅子。这是一家正经的餐吧，走路不远就到。盘子碰撞声此起彼伏，长着铁肺的服务员大声"公告"（顾客点的塔帕斯），我在心里努力从无所不有的经典菜单中挑选出某种"国"餐。

西班牙不是葡萄牙。同为伊比利亚航运大国的葡萄牙将前殖民地的食品——果阿（Goa）的咖喱饺、非洲的霹雳霹雳辣酱——收入了本国菜系。但在安达卢西亚这边，早在地理大发现时代从塞维利亚起航之前，这座城市早就接受过西哥特人、罗马人和穆斯林的统治，入侵者、殖民者和贸易已经塑造了塞维利亚的饮食。但博德加·罗梅罗餐厅的菜单上有咸鱼（salazone）和醋泡菜（aliños）——都是罗马时代西班牙人爱吃的东西。火腿也一样。罗马人还是蔬菜冷汤和西班牙浓菜汤（salmorejo），后者与蔬菜冷汤相似，不过要加面包增稠。在番茄到来之前，两道汤都是白色的。番茄最早见诸文献是在1608年圣血慈善医院（Hospital de la Sangre）的账簿中，这家医院就在马卡雷纳圣殿附近（现为安达卢西亚大区议会厅）。地中海贵族开始在高级花园里种植番茄，把它当作一种珍奇植物；而在塞维利亚，这种奇特的果子被提供给贫民——跟黄瓜拌着吃，听上去挺现代。

我继续看菜单下面。西班牙人集体最爱的肉丸（Albóndigas）——名称来自阿拉伯语单词al-bunduq（意为"榛子"）。这道菜在13世纪的安达卢斯重量级菜谱《烹饪之书》（Kitab al-Tabikh）里有着显著地位。无处不在的西班牙炸丸子（croquetas），就是贝夏美酱馅料裹上面包糠炸出来的丸子——源于1700年之后法国波旁王室统治西班牙的年代，但在餐饮爱国主义兴盛的19世纪末进行了西班牙化。

我环视四周，发现所有人都点了必吃的塞维利亚塔帕斯，炖肉夹饼（montadito de pringá），也就是肉末加辣椒面炖熟，然后夹成三明治的样子。炖菜（potaje）、杂烩（cocido）和其他以猪肉为主料，加鹰嘴豆和香肠一锅出的菜，全都衍生自"烂锅"（olla podrida）。对西班牙人来说，烂锅是一种具有半神话地位的圣菜。洛佩·德维加（Lope de Vega）、卡尔德隆（Calderón）、塞万提斯等黄金时代巨擘颂扬烂锅，这道菜在前面提到的19世纪末爱国年代又被拔高成了民族象征。

我在思考。那么，塔帕斯就像小小的路牌或者古迹标牌，用美食的语言写就，标记着权力与政治的漫长传奇民族叙事……

"喂，你想点什么？"

服务员不耐烦地大声催我点单，将我从遐思中赶了出来。

我点了本季度的第一份番茄冷汤和一块土豆厚蛋饼，后者深受西班牙人喜爱，被奉为国民暖心食品。1867年巴黎世界博览会上自我东方化的西班牙馆有这道菜——后来在佛朗哥统治时期，它又和海鲜饭、杂烩一起被宣扬为民族菜肴。

我在喧闹的午餐时段小口喝着顺滑的冷汤，对塞维利亚本身有了更多的思考。所谓的"哥伦布交换"带来了农业和食物前所未有的全球化——也带来了一连串的可怕后果，从生态破坏到奴隶制——正是从这里启动，在这座生机勃勃，看似对当下全球化浪潮免疫的闭塞城市。我今天本来可以不来破解塔皮奥的奥秘，而是勇敢面对人潮涌动的下午时段，到游人如织的阿尔摩哈德王朝阿卡萨宫（Alcazar）旁的绿茵小天台上沉思。天台原先属于西印度交易所（Casa de Contratación）。该机构于1503年由伊莎贝拉女王设立，目的是统合西班牙王室对新世界的治理。[1508年，阿美利哥·维斯普西（Amerigo Vespucci）被任命为交易所首席领航员。]由于其战略位置，塞维利亚严密垄断了进出口和通信业务，成了西印度的港口与门户（puerto y perta de Indias）——它是所有横跨大西洋来来往往的粮食和船只，所有贵金属、种子、饮食与文化、疫病与武器的起点和终点。到了1600年，这座瓜达尔基维尔河畔的城市是西班牙帝国事实上的首都，是墨西哥城等新兴殖民地首都的城市与文化原型。

俗话说，没见过塞维利亚的人就没见过奇迹（Quien no ha visto a Sevilla，no ha visto a maravilla）。

后来，瓜达尔基维尔河淤塞了。

在接下来的日子里，我的塔帕斯研究主要就是在特里亚纳市场跟拉法交往，他就住在附近。其实没有多少目的性，但很快乐。重点就在这里。经历了东京的忙乱，我在一座将偷懒上升到一种艺术形式、一种存在模式的城市里偷起了懒。拉法说，塞维利亚以享乐（ociosa）自豪——还有异域风情（exotica）、随性

（espontánea）、闲适（voluptuosa）和感性（sensual）——这座城市在不断自我神化着它的社交精神与懒散。[20世纪初哲学家，西班牙北方人奥尔特加-加赛特（Ortega y Gasset）写道，到这里来的人都会欣赏一场"名为塞维利亚的盛大芭蕾舞演出"——他指的是安达卢西亚"令人惊叹的集体自恋"。]万事不做预想，不做预备。我在开胃菜铺子之中完成了市场采购，巴里来跟我碰头，拉法也在，靠在吧台或者桌子上。有朋友经过就一起玩。我们有时喝了两杯科帕（copa）就走了。也有可能本来想10点来钟晃悠一会，结果扩展成了"一伙人"（en pandilla）一路吃塔帕斯，直到午夜2点才散伙，我们蹒跚着脚步从市中心往回走，走过特里亚纳桥，越过沉睡的瓜达尔基维尔河。我在塔帕斯酒吧度过了随性闲适的社交生活，感受到了其中的快乐——著名的塞维利亚"小乐子"（gracia）——而其中总是带有一丝悔恨：悔恨我生错了地方。在那不勒斯，卡莫拉黑手党似乎荼毒了这样的社区氛围。在纽约，你跟好朋友见面都要提前预约。在东京，贫困老人要到荧光下的7-11便利店里找人交流。而在这里，走出家门，进一家酒吧就能轻易找到一种归属感——那就是社区。这感觉像是一种极大的，在当今世界近乎绝迹的特权。

特里亚纳市场的社区"磁铁"是口若悬河的火腿商伊斯雷尔的摊位，有几把凳子，还有高品质的红酒。壮汉伊斯雷尔每天在摊上干八小时，一丝不苟地将火腿切成优雅的火腿片（loncha），同时做出热爱每一分钟的样子，哪怕他的肾不堪重负，隐隐作痛。我一边大嚼他做的火腿夹饼，一边看着吊在橡子上的橡子增肥黑蹄火腿（pata negra），样子就像撑满的圣诞节袜子。这时，我脑中不断闪回阿莫多瓦（Almodóvar）那部阴暗而刻意的早期杰作，《我为什么命该如此？》（*What Have I Done to Deserve This?*）。在影片中，吸毒的卡门·毛拉用火腿骨头砸死了丈夫。这或许没什么奇怪的，考虑到西班牙有4650万人口，猪有5000万头。讲得阳光一点，正如拉法和伊斯雷尔异口同声所说，火腿是西班牙重要的公约数美食，一种共同的文化图腾，哪怕价格贵。"火腿是原初的塔帕斯！"伊斯雷尔坚称，"没有了火腿，全国一般酒吧都会马上关门！"

但他也认为，现在西班牙火腿品牌的吹嘘都是废话。只要用的是吃橡子的伊比利亚纯种猪，做出来的火腿全都口味上佳。意思是，我可以直接在他的摊位做研究——用不着为收到西班牙最负盛名的火腿品牌5J（Cinco Jotas）邀请而特别兴奋，这家公司请我参观自然散养的黑蹄猪，之后品尝200美元1磅的腌肉。

"先生，不好意思，容我想想。"我说的是谎话。

在一个天朗气清的早晨，巴里和我兴奋地驶入韦尔瓦省（Huelva Province）的阿拉塞纳山（Sierra de Aracena），这片高地离我们有一个小时的车程。我等不及看到山里的德埃萨（dehesa）了，那是西班牙西南部的一种类似非洲稀树草原的生态系统，大量橡树的橡子为伊比利亚火腿提供了超凡的甘甜，美妙的坚果香。

我上一次去当地的主要城镇阿拉塞纳是很多年前了，当时觉得只不过是安达卢西亚的一座尘土飞扬的普通白墙小镇，由一座阴森的13世纪哥特-穆德哈尔式城堡支配着。现在，我与房东玛丽亚在一座由女修道院改造的时尚新旅店见面，以火腿为中心的旅游业带来的影响令我瞠目结舌：房屋修葺一新，地方特产美食店很可爱。玛丽亚是一名训练有素的生物学家，有时客串5J公司的公关人员。她呈现出西班牙年轻自由派的极具吸引力的形象：热情友善，聪颖，有环保意识，完全不会自我东方化。她是从塞维利亚搬过来的，现在过上了自给自足的绿色生活，住宅是太阳能的，橄榄油是自己榨的，所有食品也都是自己种的。与此同时，她与多名世界级大厨都是可以直呼其名的关系。她最近在奥斯卡官方晚宴与沃尔夫冈·普克（Wolfgang Puck）有过交流。她告诉我们，5J猪肉制品在晚宴上深受好莱坞明星喜爱。

我们开车沿着德埃萨的边缘走，平缓的地中海山麓草甸中点缀着卷叶橡树。"不过吧，其实有点荒谬了，"玛丽亚大笑道，"西班牙人对火腿的严苛程度。我们去一场婚礼，然后花一个礼拜的时间研究，不研究婚纱，研究火腿！"

我们停下车，顺着石子路去观摩黑蹄弓背的伊比利亚猪。据说，它们是古时候普通家猪与地中海野猪杂交的成果。早在罗马统治西班牙时期，盐腌猪腿就是名产，受到老普林尼（Pliny the Elder）的赞扬，甚至出现在奥古斯都执政时期的一些罗马硬币上面。从那以来，伊比利亚猪就一直是西班牙文化认同的关键组成部分。甚至在穆斯林统治的安达卢斯，养猪也延续了下来。

"猪很聪明，社交性和好奇心都强。"玛丽亚温柔地说道。有一头爱社交的猪冲了过来，发出邪性的哼哼声，对着我的靴子喘气。"很干净，它们都没有味道的。去吧，去摸摸它。"我想起了英国作家理查德·福特对西班牙猪的描述，"就像恶魔附体的罗马军团一样"，然后就过去了。"噫，它们让我汗毛竖立，"巴里嘟囔道，"颜色那么灰，又不长毛，就跟会走的犀牛皮香肠似的。"

这些健壮的猪每天要走好多里地，燃脂觅食，所以肉才那么红。在春天和夏天，它们在德埃萨四处觅食，找到什么吃什么。10月到次年3月是橡果季（montanera），也就是橡果掉落的时候。那时地上铺满了橡子，猪用鼻子闻出最肥美的橡果——常绿橡树（holm oak）是最好的——因此它们的体重会增加40%，大部分都是富含油酸，有益心脏的脂肪，因此伊比利亚猪有"四足橄榄树"之称。

突然间，有一头猪脱离猪群，冲进了山里。"牧猪人管这种猪叫跑猪（Escapistas），"玛丽亚说，"跑掉去跟野猪玩耍，不过会回来的。"一头不合群、不锻炼、超重的猪？——是猪群的叛徒。

西班牙每年生产近5 000万条火腿，其中只有不到10%使用伊比利亚猪；其余都属于"塞拉诺"（serrano，意思是"山猪"），口感依然类似于最优质的意大利火腿。直到不久前，西班牙政府都允许杂种猪和圈养谷饲猪评为"伊比利亚"级，但现在法律更严格了。不过，5J一贯只用伊比利亚纯种猪，玛丽亚解释了原因，因为"纯种火腿"的独特丝滑口感全在基因里。脂肪渗入细胞，产生细腻的深层大理石纹理，所以尽管肉看上去是肉红色，但在舌头上——"哦，它在舌头上就像黄油或者植物油一样！"此外，如果要通过纯正伊比利亚级认证，猪在达到可宰杀体重（约160千克）之前的90天里必须只以橡果为食，接着用二氧化碳致昏，最后杀掉。

在西班牙，你经常会听到有人评论这些吃橡子的猪："它们已经度过了世界上最美妙的生活！"在斗牛场上被剑捅死的斗牛也得到了同样的评论。

现在，我们周围的德埃萨拥有一种温柔的明澈，与西班牙惯常的干枯地貌大不相同。在临近中午的日光下，长着木瘤的橡树散发出柔光；空气中弥漫着野生百里香和迷迭香的味道。对西班牙人来说，提起德埃萨会想起在翠绿山坡野餐的田园情趣，还有嬉戏的小猪。但西班牙就是西班牙，只要你去探察，就会发现再征服的阴暗潜流从未远去。"德埃萨"一词源于拉丁文中表示"防御"的单词，始于再征服运动的年代，天主教君主夺取牧场后赐给基督徒地主，以便御敌保疆。

"伊比利亚火腿的发展与……基督教战胜伊斯兰教存在关联，"一名学者认为，"这一事实让火腿成了西班牙天主教的一个强大符号。"

我再次思索阿莫多瓦电影里的腿骨杀人。这边的人提起杀猪从来不用"屠宰"，而是用"献祭"（sacrificar）。难道是基督徒德埃萨圣地里的一场宗教仪式吗？

1879年，韦尔瓦省小镇哈武戈（Jabugo）企业家拉斐尔·桑切斯·罗梅罗（Rafael Sanchez Romero）在当地创办了5J。20世纪80年代初以来，5J的所有者成了国际雪莉酒巨头欧斯朋（Osborne）。如今，哈武戈镇的大广场名叫"火腿广场"，2 000多名镇民大多就职于火腿行业。我们与玛丽亚漫步参观了5J企业园区的两处巨大的雪白庭园。屠宰、抹盐、腌制过去都是在这里进行的。但由于气候变化，室外风干的不确定性变得太大，于是现在腌制转移到了市内。不过，"科技"本质上仍然是开关窗户，往泥地上喷水调节湿度。尽管如此，玛丽亚笑着说，公司总裁就"火腿腌制的最佳空气动力学方案"问题咨询过法拉利工程师。

戴上安全帽和白大褂，我们进入了腌制室。根据法拉利专家的建议，我们头顶上挂着形似小提琴、外涂黄脂的西班牙国民精神象征，风干期长达五年。屋里闻着是一股浓郁的西班牙风味：昏暗，刺鼻，大男子气，肥膘，还有一点粗犷。我想起了塞万提斯，想起了圆肚皮的桑丘·潘沙在吹嘘自己七根手指宽的"老基督徒肥肚"。

"5J每年生产多少条火腿？"我问道。

"嗯，这要看……"玛丽亚含混地答道，"好吧，这其实是机密。我们是一家小公司——要是中国人想把我们的火腿全包了怎么办？他们食欲旺盛！"

这年头，对于中国对西班牙代表性猪肉的新生口腹之欲，哈武戈似乎颇为警惕。

食用打卷的高品质火腿有一种温和的沉醉效果，就像一枚缓释的内啡肽炸弹，细腻滑润的油脂裹上了你的口腔——一点点，一步步。纯粹的享受，再配上我们正在优美的5J品鉴室里啜饮的欧斯朋30年珍品帕洛科塔多雪莉酒，那就更美了。顶级切割师塞夫奉上了泛着光的火方（lasca）和长片（loncha），肉色就像埃尔·格列柯（El Greco）画中枢机主教的红袍。5J共有60名驻厂切割师，所有包装火腿都是他们切出来的。在他们中间，身穿羊毛衫、性格爽朗的美髯公塞夫会被选送出席费利佩国王加冕仪式等场合。我注意到，他的切割手法顺滑灵动，不像伊斯雷尔那样不连贯。

那么，为什么火腿是西班牙的完美民族象征呢？

"因为作为一个国家来讲，我们重视每一条火腿背后的文化和手艺，"塞夫马上答道，"悬挂好几年，还有打开、关闭那些可恶的腌制室窗户。"但还有别的因素。他停下了手里不锈钢锏刀的活。"看，我来自这里，哈武戈，"他最后说道，"50年前，没有人觉得火腿是'健康可持续奢侈品'。没有人管什么欧米伽6啊，7啊，8啊——这个玛丽亚能聊好几个钟头。猪肉？就是家里吃的东西，一清二楚。我爸妈是养猪的。11月份，我们把猪'献祭'了，一年就吃这些了。那就是为了生存。"

我心里想着，从生存必需品到高档奢侈品，同时又把一片泛着光的火腿塞进了嘴里。这是当下的世界潮流。

"火腿，"玛丽亚总结道，"太有我们的特色了（muy nuestro），我们的盛宴。"

当然了，这个回答就是把我常提的问题当作了预设。

一种食物是怎样与身份认同联系起来的？

西班牙宗教裁判——它最初的大本营就在特里亚纳市场附近——太懂这个了。

1248年塞维利亚城破，基督徒对安达卢斯长达数个世纪的再征服几乎就要圆满了。只有格拉纳达在负隅顽抗。终于，又过了两个半世纪，"天主教双王"卡斯蒂尔女王伊莎贝拉和阿拉贡国王斐迪南于1492年进入阿尔罕布拉宫（Alhambra），那是格拉纳达奈斯尔王朝的优美宫殿。战败的苏丹布阿卜杜勒（Boabdil）献出了城门锁钥，说道："这是通往天堂的钥匙。"接着他就骑马踏上了流亡，中间停下来，泪眼婆娑地最后回望了一眼。他严厉的母亲呵斥道："儿啊，你干得好，不能像男人一样守城，却像女人一样为城哭泣。"

从华盛顿·欧文到萨曼·鲁西迪（Salman Rushdie）的外国人将"摩尔人最后的叹息"浪漫化，这是安达卢西亚的另一大东方主义神话。

在宿命的 1492 年的晚些时候，哥伦布将会离开塞维利亚，接着从桑卢卡尔出发，踏上一场将会永远改变世界食物生态，并带来大量财富与浩劫的旅程。同时，西班牙犹太人被要求改信基督教，否则驱逐出境，限期四个月。

在此之前，西班牙犹太人尽管日子经常不好过，但还是受到宽容的。一个世纪前，塞维利亚发生了多次血腥的犹太人大屠杀，当时那里是全世界犹太人最多的城市。后来到了 1481 年，伊莎贝拉从教宗思道四世（Pope Sixtus IV）处申请特批，任命宗教裁判官负责调查改宗基督教者的信仰真假之后，塞维利亚举行了首次信仰审判（auto-da-fé），审判所在的广场就在我们最喜欢的塔帕斯酒吧附近。数十户地位崇高的改宗犹太人家族被处以火刑。接下来的五年间有 700 人左右被杀，入狱者不算。震惊的教廷宣称，自己没有意识到伊莎贝拉的意图如此残酷。

在追求西班牙"统一纯正信仰"的驱动下，天主教王室接下来向穆斯林下达了最后通牒，内容与之前对犹太人一样，由此背弃了《格拉纳达条约》中保障穆斯林宗教权利的承诺。到了 16 世纪中期，西班牙仅存的少数群体只有改宗犹太人（conversos）和改宗穆斯林（moriscos）了。他们全都受到宗教裁判所的严密监视。

但是，在一个有着7个世纪社会与宗教多元历史的混合社会中，要如何推行单一的共同身份呢？现在，谁是西班牙人和"真正"的基督徒？改宗的真假要如何精确衡量？

但是，现在是谁人的西班牙？谁人的安达卢西亚？

随着佛朗哥的逝去，他的天主教民族主义叙事的奠基叙事，即基督教再征服让位于更有前途的共存神话。"共存"的字面意思是"共同生活"，是被佛朗哥流放的自由派文化史研究者阿梅里科·卡斯特罗（Américo Castro）在1938年提出的。在1948年海外出版的一部巨著中，卡斯特罗赞颂了安达卢斯基督徒、阿拉伯人、柏柏尔人和犹太人之间的创造性文化交往。从那以来，学者们就展开了热烈争论：安达卢斯到底是真正的和谐天堂，还是说，这种"共同生活"更多是一种不安定且不断变动的平衡艺术，是由政治和经济必要性建构出来的。但更重要的是，在探寻后佛朗哥时代新形象的过程中，西班牙将共存论改造成了一个追求民主、宽容、文化多元未来的象征模型——同时方便地掩盖了西班牙内战激烈对立的回忆（这个问题至今悬而未决）。后独裁时代的安达卢西亚尤其热情地拥抱了共存论。正如历史学家何塞·贝内加斯在《崇高的南方》中所写："安达卢斯的跨文化超验神话……成了身份标识和商标：既是地方政治自治的关键要素，也是旅游卖点。"

那当下呢？

"可恶的再征服回来了。"我们的爱彼迎房东亚历杭德罗嘟囔了一句。他是一个轻声细语的左翼记者。

火腿考察后的第二天，亚历杭德罗在他自住的特里亚纳大公寓办了一场天台午餐会。瓜达尔基维尔河对岸的吉拉尔达钟楼（La Giralda）原本是摩尔人的砖造建筑杰作，后来改成了地标性的天主教钟楼。钟楼直冲蓝天，在白色与芥末黄相间的斗牛广场远端。亚历杭德罗的记者客人们焦虑地谈论着，话题是新法西斯主义政党呼声党的惊人崛起。大男子主义，恐伊斯兰教的党魁圣地亚哥·阿瓦斯卡尔（Santiago Abascal）上传了一个视频，他本人在视频里以凯旋的姿态骑马穿越安达卢西亚，背景里放的是《指环王》电影配乐。"再征服在安达卢西亚大地上开始了。"视频字幕里写道。

"可恶的再征服。"亚历杭德罗又说了一遍。

"可恶的加泰罗尼亚人。"桌子那头有一个人嘟囔道。这么一群自由派里本不应该听到这种话——只不过，这里也和西班牙其他地方一样谴责混乱的加泰罗尼亚分离主义活动，认为他们促进了阿瓦斯卡尔的"西班牙人第一"论调，给他提供了有毒的政治把柄。

"但是，西班牙到底是什么时候成了一个民族？"我欢快地插嘴道，"你懂的，现代意义上的民族。"

外国人了解的西班牙历史一般是从地理大发现和天主教双王跳到了塞万提斯的黄金时代，然后直接就是佛朗哥，中间可能会语焉不详地插叙半岛战争、特拉法尔加海战和戈雅。但是，西班牙人是如何看待本国历史的？

"一个民族？劳驾。你指的是什么？"亚历杭德罗用两根手指夹着一片火腿说道。

"你懂的，19世纪的某个变革性的民族建构事件。"我试着做解释。

餐桌上陷入了诡异的沉默。每个人都在嚼着火腿，或者蒙切哥绵羊奶酪，或者烧椒，或者一张巨大的加利西亚风格土豆蛋饼，蛋饼是一个名叫雷耶斯的女人带来的，上面铺满了各地美食。

"《父亲节宪法》？"一名记者提议道，他指的是1812年的自由主义宪法。他听上去不是很笃定。

又是一桌人的咀嚼和挠头。我也挠起了自己的头。是惊诧的挠头。我一直在请世界各地的人评论本国的国族奠基时刻，简直像在跑步机上似的——在日本问明治维新，在意大利问统一运动，还有法国大革命。回答常常是出人意料的，东拉西扯的，愤世嫉俗的。

但这种沉默？

"民族……民族——在佛朗哥以后，这个词就被玷污了。"雷耶斯开始解释。她是一名有思想的金发电台记者，从大元帅的出生地费罗尔（Ferrol）搬过来的。在她成长的环境里，佛朗哥就是神。"我在18岁以前都没听说过西班牙是独裁国家。"她坦承道。

"也许我们在19世纪的情况特别糟糕？"一个名叫博尼（博尼法西奥的简称）的中年作家提出，"其他国家建构了民族，而我们国家搞砸了。"

博尼说得对，尽管西班牙从强大全球帝国衰落的过程至少在那之前两个世纪就开始了。悲哀的19世纪始于1808年拿破仑入侵和半岛战争的浩劫。半岛战争在西班牙改称独立战争，事实上算是激发了某种类似民族情绪的东西。西班牙的19世纪以灾难收尾，也就是1898年在持续10天的美西战争中割让了古巴、波多黎各和菲律宾，极大挫伤了民族自尊心。中间发生的事情有：失去了其他全部的美洲殖民地、国王多次退位、两次摄政、多次军事政变（pronunciamiento）、两次内战——《父亲节宪法》之后又有好几部宪法。到了被诅咒的19世纪结束时，英国首相萨尔兹伯里勋爵（Lord Salisbury）下了一句著名评语，说西班牙是一个濒死的国家。一些历史学家主张，当时的西班牙确实有自由主义政权，也有一定的民族情绪，但过于破碎和无组织，无力建立大众民族化所需的基础设施、管理机关和标准化教育（法兰西第三共和国在这些方面就非常成功）。西班牙在发明传统上都很差劲，连公认的国旗和国徽都没有。与此同时，极端保守的天主教会几乎成了另一套国家政权。

"地方民族主义代之而起，"亚历杭德罗一边说，一边用勺子挖水果馅饼上面的深色焦糖壳，"巴斯克……加泰罗尼亚……"

"事实上，也许作为一个国家的西班牙确实始于天主教双王。"一个长相酷似阿莫多瓦的黑发女孩说道，她名叫皮拉尔。

她说得不无道理。在15世纪天主教双王伊莎贝拉和斐迪南统合卡斯蒂尔和阿拉贡之后，西班牙难以置信地保持了本国的边界、历史认同和坚定的天主教信仰，时间长达将近500年。

尽管如此，全桌人都激动了起来："停，皮拉尔，停！你说得跟呼声党一样！！"

"呼声党就是在承诺要让可恶的伊莎贝拉天主教卷土重来。"亚历杭德罗怒气冲冲地说道。我一下子想到，宗教裁判所地牢的原址离他家餐桌只有区区几百码的距离。

　　尽管西班牙的政治民族建构不合格，但用一名学者的话说，西班牙文化人士努力"写就民族"，通过民族主义文学、历史主义公共艺术、修正主义历史书写来创造一个想象的共同体。而维护独特的西班牙餐桌文化也是创造想象共同体的一部分。这似乎也到时候了，鉴于19世纪西班牙的大部分菜谱都是从法语翻译过来的，高档餐厅上的是三流砂锅炖牛肉（noisettes chasseur）和炸鱼薯条（goujons de sole frites）。伟大的20世纪历史学家曼努埃尔·马丁内斯·略皮斯（Manuel Martínez Llopis）感慨道：西班牙饮食文化几乎完全败给了荒谬的法国化（el ridículo afrancesamiento）。

　　19世纪70年代，两个生于安达卢西亚，住在马德里的文人首次谈到了这种状况。一个真名叫何塞·卡斯特罗-塞拉诺（Castro y Serrano；笔名：御厨），另一个真名叫马里亚诺·帕尔多·德菲格罗亚［Mariano Pardo de Figueroa；笔名：谎话博士（Dr. Thebussem）］。两人进行了一番激烈的书信往来，后来结集出版为《现代餐桌》（*La Mesa Moderna*）一书。他们在信中承认，西班牙没有国菜——目前没有——但因为每一座西班牙城市都有自己的"宫廷特色菜"，所以他们提出有必要建立一套本土"豪华美食"名录。他们还建议，西班牙御膳菜单应该弃用满是错误的法文，改用"塞万提斯的语言"，而且国王的餐桌上应当像过去一样上烂锅——"滋养了拉曼查骑士堂吉诃德的菜肴"。阿方索十二国王非常喜爱塞万提斯，欣然允诺。

　　不过，西班牙最有趣的餐饮民族主义者恰好也是西班牙最著名的现实主义小说家之一，埃米莉亚·帕尔多·巴桑（Emilia Pardo Bazán）。她是女伯爵，学者，女权活动家。她在热情如火的演讲中号召妇女将家务活动全面民族化，从育儿到家装，但重点是烹饪。她写了两本菜谱，《古代西班牙菜》（*La Cocina Española Antigua*，1913）和《现代西班牙菜》（*La Cocina Española Moderna*，1914），属于她的"妇女文库"书系。女伯爵在书中说明了她的重要"西班牙菜"名录，从蔬菜冷汤到炸货再到一锅炖（烂锅）。巴桑赞扬西班牙菜风味"强烈而单纯"，没有"酱汁调料之歧义"。（我好赞同女伯爵的看法啊。）埃米莉亚采用一种聊天式的口语化文风，宣称西班牙海鲜汤比"黏稠"的法国海鲜汤"更优越，更符合逻辑"；赞扬西班牙版油炸丸子多汁，而法国原版则"太大"，"不优雅"。对她来说，饮食是西班牙民族遗产的珍贵组成部分。"我国民族菜肴"，女伯爵提出，"值得关注的程度或历史意义，并不低于奖章、兵器或者坟墓"（这些男性化的标志）——事实上，她是在倡导妇女通过烹饪参与民族塑造。

尽管生于加利西亚的巴桑提到了西班牙各地菜系"鲜活多样"，但她的愿景归根到底是卡斯蒂尔民族主义（容我补充一句，偶尔还有仇外色彩）。第一个真正深入探讨地方菜的美食家是迪奥尼西奥·佩雷斯［Dionisio Pérez；笔名：谎言后生（Post-Thebussem）］。1929年——那是地方菜指南在欧洲遍地开花的重要年份——佩雷斯出版了代表性著作《西班牙美食指南》（*Guia del Buen Comer Español*）。这本热情洋溢的美食游记综览"辉煌灿烂的西班牙各地美食"。事实上，他最优质的旅程得到了国家资助。出资方是佛朗哥之前的独裁者普里莫·德里韦拉（绰号"铁医"）

新设立的西班牙旅游委员会，目的是促进国内外旅游，推广本土食材。

历史学家拉腊·安德森（Lara Anderson）写道，委员会"认为提供关于西班牙菜的详细信息相当重要"，"原因无疑是向外国游客介绍西班牙菜的书报刊物差得惊人"。

差不多从那以后，每一本学术著作和每一本烹饪书都将西班牙菜定义为"各地传统的拼凑，口味差别之大……相当于加利西亚风笛曲和弗拉明戈哀歌的区别"——这句话出自我本人介绍各地塔帕斯差异的杂志文章。

但是，当我再次与食物人类学家伊莎贝拉·冈萨雷斯·特莫在我们最喜欢的点——托伦佐之花见面的时候，她的话差点惊掉了我的脆饼凤尾鱼。

"其实，西班牙地方菜是佛朗哥发明的。"

学者啊，他们真是喜欢翻案啊。但这似乎太违背直觉了，在许多方面都是。

然而，伊莎贝拉之所以得出这个争议性的结论，是通过她为撰写《烹饪200年》（*200 Años de Cocina*）一书进行的详尽研究，书中梳理了1776年至1975年这两个世纪间的西班牙饮食发展史。她考察了手写家传菜谱里的大约4 000道菜，结果惊讶地发现，她原本以为各地会千差万别，其实却有一份共同的核心传统。这一传统来自18世纪广为流传的印刷菜谱，也来自伊比利亚半岛各地之间的迁移——人口、食材、菜肴、风尚的流动。

"除了部分蘑菇和鱼类的名称有一些地方上的差别，"她用略带严厉的口气说道，"全国各地美食大同小异，有意思不？就拿加泰罗尼亚鲜肉肉肠（butifarra）举例吧。要你说的话，是加泰罗尼亚香肠吧？但是，安妮亚，我敢发誓，安达卢西亚手抄本里经常有这道菜，我当时震惊了。同样令我惊讶的是，我们安达卢西亚的蔬菜冷汤在加泰罗尼亚菜谱里也是常客。"

我想到了卡真风味法式香肠（Cajun andouille）出现在西雅图的菜谱里，或者非洲稀树草原的家庭菜谱里有新英格兰杂烩羹汤。

"再说蔬菜冷汤吧，"伊莎贝拉说，"起初就连安达卢西亚手抄本里都很少提到它，直到19世纪末，这道牧民和农业工人吃的菜跳上了资产阶级的餐桌，点缀上蔬菜丁，和现在常见的做法一样。第一份加番茄的菜谱呢？是在一本马德里菜谱里！"

伊莎贝拉并不是说，从加利西亚到安达卢西亚，人们做的菜都是一个样。但她发现，同一个村庄或城镇内部的差别会更大，决定因素是阶级和能够获取到的食材。我们现在习以为常的地方形容词——阿斯图里亚、格拉纳达、加利西亚——并没有出现在老的家传菜谱里，因为从历史上看，这种食品命名方式在全欧洲都是比较晚近的现象。

"西班牙的地方菜标识，"她宣称，"是被佛朗哥制度化和规范化的。"

我现在完全蒙了。"但是，佛朗哥不是推动西班牙统一，无情打压地方差异吗？"

"政治上是这样。"伊莎贝拉赞同道。

但烹饪和手工艺、民间故事一样是"次要事务"（asunto menor），交给了西班牙法西斯运动长枪党的妇女部。妇女部的创始人之一是独裁者德里韦拉之女——皮拉尔·普里莫·德里韦拉，负责塑造一名历史学家口中的"纯正天主教女性精神"。该部于1950年出版了菜谱《烹饪手册》（*Manual de Cocina*），是一本内容广泛的长枪党版《厨艺之乐》（*Joy of Cooking*），销量超过100万册，至今仍然受到部分老年人钟爱。

但为了撰写妇女部的下一本书，三年后出版的《地方菜》（*Cocinas Regionales*），妇女工作组被派往全国各地，任务是筛选和命名地方菜做法。原本各地共通的菜就这样分出了安达卢西亚菜、巴伦西亚菜、里奥哈菜等等。手工艺、服装和舞蹈也是一样。妇女部是宣传和弘扬经过净化的、政治上可以接受的文化多样性——统一旗帜下的多样性——的主管机构。

"有意思，"我小声说道，就着最后一口肥润的凤尾鱼品味着修正史学，"女性化推动西班牙地方主义。"

"对，差不多是这样，"伊莎贝拉表示同意，"事实上，在1978年西班牙宪法设立17个自治区的时候，佛朗哥的菜系图为独立地方身份提供了一套方便的蓝图，用来推广美食传统。""因为，除了语言以外，"她思索道，"难道饮食不就是最有效的沙文主义武器了吗——不管是民族主义的沙文主义，还是地方主义的沙文主义？"

"所以，你是说——你是说安达卢西亚菜——"

"是的，它是一个建构。"又是那个可怕的词。"巴斯克菜，加泰罗尼亚菜也一样。但这里有一个区别：加泰罗尼亚人和巴斯克人给他们的名厨、菜谱和美食大会撒了很多欧元。但安达卢西亚呢？我们不仅穷，而且八个省内部互相竞争，省政府为哪一家出钱搞哪一本菜谱，办哪一场美食节争夺。"

"烹饪推动碎片化，"伊莎贝拉叹息道，"所有地方主义。事实上，食物是流动的，活泼的，调整变化的。转瞬即逝。就像泡沫一样……它会渗透，就像油一样。"

我走出托伦佐之花，来到安达卢西亚的骄阳下。喝开胃酒的人开始聚集在狭窄的加马索路（Calle Gamazo）的各家酒吧，这里是一条塔帕斯中央大道。伊莎贝拉最后说的话是我听学者讲过的最有智慧的话语之一。然而，我们的谈话让我有了一种奇怪的失落感。我的整体旅程走到这个时候，学者的批判听着开始有点千篇一律了："民族（地方？）菜"的概念是一个建构；企业与政府自上而下的形象塑造和宣传营销；经典国菜具有特殊的选择性，往往会无视穷人的吃食，认为那配不上"大菜"的名号。在我的所有旅行经历中，我都感到有两条不会相交的平行线。一条线是学者，他们将酒吧称作"族群地域竞技场"，将各地都吃的菜叫做"共通性"，解构和拆穿神话，试图证明就连自来水也是某种"社会建构"。另一条线是真实的人，他们一起吃喝，一起交往，一起庆祝，将神话和发明的传统内化、持续化——没错，还有具身化，以至于这些东西根深蒂固，自然而然——成了无可辩驳的真理。

我琢磨着这个问题，走上了蛇街，要与巴里会面，地点在皇家监狱旧址旁的塞万提斯雕像。现代小说之父曾在塞维利亚的这所监狱里服刑，据说他就是在狱中酝酿出了《堂吉诃德》。巴里现在发来一条短信。"我来晚了。圣周开始以后，我们爱去的中区酒吧就去不了了，是吧？"

  那当然啊。我马上转身，匆忙赶回加马索路，让巴里到莫雷诺商店（Casa Moreno）见面，目的是再次品尝店里外溢的安达卢西亚身份，同时也能离酒吧吧台近一点。

  要进莫雷诺商店，就得先经过一条20世纪40年代风情的阿里巴巴美食洞，每一寸地上都塞满了五颜六色的瓶瓶罐罐，箱子袋子，头顶上挂着钟乳石似的辣香肠和火腿。它是塞维利亚最后几家"海外铺子"（ultramarino）之一，也就是原本专营殖民地物产——哥伦比亚咖啡、委内瑞拉巧克力——的小杂货铺。铺子最里面半掩着一家窄小逼仄的酒吧，那里简直是陶里诺葡萄酒（taurino）和天主教圣像的祭坛。我点了一杯菲诺，再次欣赏傲立于金光闪闪的耶稣受难像和绝美垂泪圣母像之上的大角牛头，它们正对着一个摇摇晃晃的酒柜，柜子里装着埃米利奥挑选的稀有雪莉酒和葡萄酒。埃米利奥就是吧台边上的酒保，他是塞维利亚最受喜爱的酒吧老板之一。温热的夹饼从一台破旧的面包机里弹了出来。酒吧两侧满是明信片和家庭照片，花花绿绿的饼干罐和一捆一捆的旧彩票，这些东西上方是一排斗牛士画像，穿插着更加美丽的哀恸圣母——还有白色贴纸，上面手写着埃米利奥本人创作的著名格言："乐者无敌。""仇恨毁掉一切温柔。"埃米利奥是一名知名足球记者的儿子，他也想自己写东西，但最后把创造力倾注到了这些吧台妙语上——还有招待他的"堂区居民"，也就是老主顾。他常说，社区酒吧就是城市的厨房、客厅和告解室。好的酒吧老板身兼神父与心理学家两职。

  我身边的老主顾在讨论当红斗牛士莫兰特·德拉普埃布拉（Morante de la Puebla），他捧着大号火腿三明治的自拍照挂在我们头顶上。埃米利奥评论道，莫兰特最近出了一件国际丑闻，用手帕擦拭濒死公牛的面部。这个动作——还是嘲讽？——传疯了。

"去他的动物权利活动家！"一个墨镜拨到染过色的头发里的大块头先生吼道。他原来是一名公牛养殖员（ganadero）。

"我每次看那个视频都会哭，太美了。"一个身穿粗花呢外套的瘦弱老奶奶坦言，她正与老闺蜜分享一杯开胃酒。接着，两个老妇人转向了另一个经久不衰的热门话题，随着圣周的临近，当地的足球德比将于次日下午开踢。马卡雷纳圣母啊，她管塞维利亚，还是管贝蒂斯？意思是，当地有两家相互竞争的足球俱乐部，分别是塞维利亚足球俱乐部和皇家贝蒂斯足球俱乐部（贝蒂斯是塞维利亚在罗马时代的古称），圣母会保佑哪一家球队呢？

"这问题可深了。"智者埃米利奥表示赞同。他是狂热的塞维利亚队球迷，而且信的是另一个圣母——星辰圣母（Estrella）。

"马卡雷纳的披风当然是绿色的，是贝蒂斯队的颜色。"养牛人插嘴道。

"没错，"贝蒂斯球迷奶奶附和道，"我孙子睡觉都穿绿内裤。"

"但是，马卡雷纳的首饰一直都是塞维利亚队的红色啊。"埃米利奥坚称。

"对啊！"塞维利亚球迷奶奶咯咯笑着补充道，她家里都不允许有绿色。"我几十年连沙拉都没吃过。"她吹嘘道——是真事，不是打比方——说着又点了一杯洋甘菊酒。

我嚼着埃米利奥放在蜡纸上从柜台传过来的炖猪肉夹饼，想起了阿莫多瓦电影里西班牙的不可思议日常；想起了历史学家阿尔韦托的观点，他说酒馆是安达卢西亚的共存相处空间，是街道与家庭、公共与私人的奇特交汇点，是地方神话的重要组成部分；想起了如今具有代表性的塔帕斯酒吧承担起的职能，那就是展现和保存本地人外溢的身份。

这里淋漓尽致地接纳和展示着所有"西班牙特色"的刻板印象。

第二天，我们的伙伴，塞维利亚队狂热球迷拉法帮我们搞到了一票难求的塞维利亚德比门票。这是西班牙热度最高的足球比赛之一，比赛地点在塞维利亚足球俱乐部的主场。马卡雷纳圣母没有显灵，没有。但是，遮住了一部分看台的球迷自制大横幅上有一幅重金属风的圣母巨像，她身穿代表塞维利亚队的红衣，衣服上写着"LA PASIÓN"[1]。

凭借着激情的力量，塞维利亚队以3∶2赢得了比赛。

我和全市人民热切期盼的日子终于到来了。

圣周一（Lunes Santo），我度过的第一个圣周的圣周一。

在这一周的时间里，61家兄弟会将抬着累断腰的神轿巡游全城，其中很多都是有几百年历史的巴洛克珍宝。

现在，自封的圣周专家拉法开始带领我们参加。"今天九大兄弟会都行动起来了。"他说着带我们通过隐秘小路，绕过了市中心的警戒线，同时还跟警察队伍里的乐迷打招呼。我们不知怎么就拐进了人挤人的公爵广场，这里是最重要的游行交会路口。他匆匆拨了一个电话。桑坦德银行里出来一个穿制服的人，从人群中

1　这是一个双关语，既有"耶稣受难"的意思，也有"激情"的意思。

挤过来，把我们带上二楼，那里有一群人在观景。

我意识到我要和什么人一起见证耶稣受难了——放债人。

黄昏降临了。房间里满是身穿时髦短裙的女子，还有条纹衬衫罩学院风毛衣的绅士。尽管我们从午饭前的餐前酒时段就在特里亚纳市场吃吃喝喝，但我还是直奔银行家们的塔帕斯自助台，准备评判一番。台上有英格列斯百货大楼（El Corte Inglés）里一家专门烘焙店做的金枪鱼馅、特级珍藏伊比利亚火腿和辣香肠、炖肉丸、油炸丸子、掉渣的陈年蒙切哥奶酪象牙白三角馅饼、蓬松至极的方块土豆蛋饼。它们看上去多么悠久啊，这些民族小吃。伊比利亚半岛经典美食，一口份的盛宴，不论你去西班牙的任何地方都会如影随形。

我又去了甜品桌，桌上摆满了圣周点心托里哈（torrija）。托里哈是一种天主教内涵丰富的西班牙法式吐司，化旧面包为光彩照人的甜品，象征着基督的死亡与重生。我在这里与一名著名自由派散文作家攀谈起来。我大声向他求问，安达卢西亚是怎么调和了30年的社会主义执政史与狂热浮夸的宗教信仰？作家哈哈大笑，耸了耸肩，表示他也不知道啊。他是70年代初从卡斯蒂尔南下塞维利亚的，当时还是佛朗哥执政。他看见秘密散发左翼传单的狂热社会主义者同样热衷于圣周、斗牛士和圣母，于是扪心自问："我到底来了个什么样的地方？"

我努力不把洋甘菊酒洒到金融界东道主们的身上，就和巴里一起挤上了观景阳台——目瞪口呆地望着人海，一列拿撒勒装扮的人正在缓步行进。这些参加游行的兄弟会成员戴着代表悔罪的不祥尖帽，手中的细长蜡烛闪烁着光芒。他们身后是一支吹号敲鼓的行进乐队，淹没在鲜花里的金色神轿上有一个真人大小的耶稣受难十字架，他们一寸一寸地往前挪——走过了飒拉（Zara），又走过汉堡王。

但这只是开场，因为在奉献给基督的一周盛大活动中，基督总体上的角色相当于一名杰出的第二小提琴手。更响亮的号声和鼓声涌来了，我倒抽一口凉气。圣母的华盖神轿穿过香云出现在视线中——满眼都是纯白色和乳白色，仿佛来自一家通灵的婚纱店。"安康圣母（Virgen de la Salud），是一个小圣母，但今晚看上去特别漂亮。"拉法在我们身后点评道。神轿接着停了下来，好让抬轿的人（costalero）休息一下。只听旁边三声巨响，神轿再次离地。伴着动人心魄的激昂颂乐和人群爆发出的欢呼声，圣母摇摇晃晃地往前走了。

我们周围的银行家们都在一边大嚼火腿，一边展示着自己的鸡皮疙瘩。

"这就是活色生香的巴洛克，"拉法的艺术家朋友曼努激动地说道，"有配乐，有观众！"

突然间，安康圣母的乐队奏响了抒情的调子，仿佛好莱坞电影里的接吻桥段。我们身边的一对小情侣翩翩起舞了。

但拉法躁动了起来。"圣母最好是在街上看，"他喊道，"咱们下去吧！"

于是，我们要在塞得紧紧的人行道上勉力前行，努力跟上拉法，到最后真是紧跟在他身后——活生生的巴洛克——从游行的拿撒勒队伍中穿过街道——救命啊！——还有乐手们。我撞掉了一个号手的活页乐谱，吓了我一大跳，接着——

突然间，我们来到了一个局促的小广场，拥挤到我几乎无法呼吸。我们身前是拯救兄弟会的翠露圣母（Rocío Virgin of the Hermandad de la Redención），她正在慢慢地、摇摇晃晃地倒退着进入本堂。她是微微前倾的站姿，温柔的哀恸手势仿佛凝固了一般，身前脚边的蜡烛熊熊燃烧——她几乎淹没在了华丽的冠冕和巨大的刺绣披风，淡红色的玫瑰，还有华盖上闪光的银条和精美的垂坠之中，垂坠有节奏地剧烈摆动着，几乎可以说是放荡。橘子树的香味和薰香混合在一起。萨埃塔独唱（saeta，字面意思是"指针"）——（据说）是自发的弗拉明戈宗教歌曲——划破夜空。一种情感的震颤在人群中传导——我们上方萦绕着凄美的歌声，大家安静下来，融为一体。眼泪顺着我这个无神论犹太人的脸颊流了下来。我要是能动弹的话，肯定会昏厥过去。

在塞维利亚的圣周日程中，从周四夜里持续到周五中午的游行——跨夜游行（La Madrugá）——堪比世界杯决赛。

除了地位崇高的大能基督像（Gran Poder）以外，塞维利亚的两大穿城圣母像——马卡雷纳圣母和特里亚纳望德圣母——也在盛大游行。我们根本没有近观任何一座圣母像的机会。于是，我们又向拉法求救了。他姐姐（或妹妹）家在游行路线边上，我们上周五上午就去瞻仰了马卡雷纳圣母进入本堂。

至于圣周四下午，我厚着脸皮，不请自来到了特里亚纳的拉法家里——看见他妈妈正在准备第二天吃的丰盛烂锅。

烂锅是我塔帕斯调研之旅至关重要的最后一幕。如果说火腿是西班牙昂贵的国民奢侈品，是大席子，那么各色烂锅炖菜就是国民家常菜，朴实却饱含着历史记忆，不论在各地是叫potaje，叫cocido，叫puchero，还是叫pote。当然了，这些好几种肉放在一锅里炖的菜是法式火锅的伊比利亚表亲，但相比于法国亲戚更有象征意味，也更有生气。尤其是塞维利亚这边，每一家酒吧都上炖肉夹饼，这是当地的代表性塔帕斯，把烂锅肉的下脚料剁碎，塞进压扁的小面包里，相当于塞维利亚版的小汉堡。

拉法的母亲梅赛德斯女士肯定有过丰姿绰约的年纪。现在，她头戴时髦大墨镜，身披亚麻长袍，在拉法家的老式白瓷砖厨房里显得丰腴而充实。但我可没有被愚弄。爱做饭，戏剧化的意大利奶奶，大声亲吻，大声叹息，那是意大利品牌的要义。那西班牙奶奶呢？几乎截然相反。感情淡漠，实事求是到近乎男子气，爱看斗牛，喜欢上午后半段到社区酒吧里潇洒。几十年来，我在西班牙旅行的时候一直在思考一个问题：为什么西班牙人不崇拜妈妈或者奶奶做的饭菜？或许是每个人都想要排斥和忘记佛朗哥时代的沉痛过去，那时食物匮乏，父权制贬低女性，同时又用独裁的方式将母性民族化。话又说回来，安达卢西亚这边长期崇拜的圣母也是苦难路类型的：年轻、迷人、单身，服饰繁复不堪。一点都没有母亲样。

梅赛德斯女士展开了装着烂锅食材的牛皮纸袋，效率高得近乎野蛮。"别捣乱。"她呵斥了拉法一声，拉法正在宣讲炖菜和烂锅确实简单，但也"非常复杂"。不，梅赛德斯女士不打算搞任何表演。

烂锅既是一道菜，也是一种代表性的西班牙土锅。美食作家阿莉西亚·里奥斯（Alicia Ríos）认为，烂锅形似子宫，会在无意识之中激发妇女"养育和烹饪的冲动"。然而，拉法的母亲钟情于高压锅——这种方便厨具在20世纪50年代由佛朗哥政权的妇女部推广开来。她往快速版炖锅里扔进了安达卢西亚薄皮鹰嘴豆、伊比利亚级辣香肠——"没有腌得太过"——几块正宗伊比利亚猪排、几根血肠，还有一块色深肥厚的西班牙培根（papada）。接着，她快速拧好锅盖，就拿着一大杯姜汁汤力水去了客厅，观看电视斗牛节目。

厨房里的快速版烂锅嘶嘶作响，电视上播放着斗牛舞，这时拉法给巴里看了他与足球明星的合影。我则坐在拉法家东方风情的天台上，啃着火腿，严肃地思考着这道所有西班牙炖菜的半神话祖先——烂锅。

卡洛林·纳多（Carolyn Nadeau）写过一本很精彩的书，介绍了塞万提斯著作中的美食。书中写道：烂锅——风行于16世纪和17世纪哈布斯堡王朝统治西班牙时期，也就是"黄金时代"——"从风格取向和丰盛程度来看"，烂锅都代表了"贵族的饮食品味"。但与此同时，"从国王到司铎，从教区长到农夫，人人都喜欢这道菜"，丰俭由人。这又是一个罕见现象，一种跨越阶级的"全民饮食表达"，而当时欧洲各国尚未民族化的美食主要针对精英人群。

但为什么是"烂"（podrida）锅呢？因为食材小火慢炖了好几个钟头都酥烂了吗？但这个词也可能源于poderida，也就是"有力"的意思，指的是这道菜能带给人神奇的活力。

我又想到了塞万提斯，人到了西班牙就会经常想起他——尤其是梅赛德斯女士说巴里瘦脸山羊胡，活脱一个堂吉诃德之后（我们在西班牙经常听人这样说）。16世纪末，塞万提斯在安达卢西亚做一名低薪的收税官，从塞维利亚进进出出。塞维利亚人喜欢吹嘘说，《堂吉诃德》是在装满了恶棍的塞维利亚皇家监狱里构思成型的。1597年塞万提斯曾被错判税务欺诈，在那所监狱里服过刑。他的喜剧巨著《堂吉诃德》在全世界的译本数量仅次于《圣经》，也是全世界最执迷于美食的小说之一，而烂锅在书中有着突出的地位。在著名的婚礼情节中，桑丘·潘沙狂吃了六份"葡萄酒桶大小"的烂锅。书中列举的美食大量摘自1599年御厨迪亚哥·格拉纳多（Diego Granado）的菜谱。格拉纳多的巨著《厨艺之书》（*Libro del Arte de Cozina*）被西班牙征服者运到了新世界。烂锅这道菜在美洲殖民地衍生出了大量菜品，包括古巴的阿加克（ajiaco）、哥伦比亚的桑高乔（sancocho）、秘鲁的洛克罗（locro）等等。

现在，梅赛德斯女士在客厅里看着斗牛士笨拙杀牛的动作，喊出一声声"杀！"，宗教裁判所又进入了我的脑海。《堂吉诃德》中含有大量隐晦暗示，还会拿食品代表的身份开狡黠的玩笑，于是一些塞万提斯研究者提出，西班牙最具代表性的文学作品的主角——也许还有作者自己？——其实可能是一个改信基督教的犹太人。塞万提斯骑士冒险的虚构"原作者"是一个用阿拉伯文书写的阿拉伯历史学家，名叫西德·阿麦特·贝嫩赫里（Cide Hamete Benengeli），翻译过来的意思是"茄子大人"——这种蔬菜不仅给穆斯林，也给犹太人泼脏水，偶然也会出现在宗教裁判所的庭审记录里。小说的整体叙述者（塞万提斯？）发现了茄子先生的手稿，然后在托莱多（Toledo）——在宗教裁判所建立之前，这座城市是一座犹太与摩尔文化共存的中心——招揽了一个摩里斯科年轻人，也就是改信基督教的摩尔人，负责翻译手稿。这位摩里斯科人读到堂吉诃德钟爱的贵妇杜尔西内娅拥有"拉曼查女子里最会腌猪肉的手"时，他为什么会狂笑呢？原因也许是，杜尔西内娅生活在陋村托沃索（Toboso），那里以摩尔人众多闻名。历史学家玛丽亚·梅诺卡尔认为，杜尔西内娅做猪肉的本领是在嘲讽宗教裁判官担忧的"模仿基督徒饮食的假信徒"。塞万提斯最大的笑话是什么？在他写《堂吉诃德》的年代，阿拉伯手稿早就被查禁并公开焚毁了。托莱多街道上没有摩里斯科译者在晃悠。

我把脑袋探进客厅，向梅赛德斯女士请教烂锅。正当电视里一片叫好声之际，她将目光从斗牛士的红布移开了。

"它不是源于一道犹太炖菜吗？"她提议道，说完就回去看红布和叫好了。回到阳台上，我在想，她指的是"阿达菲纳"（adafina）。这道放鹰嘴豆、洋葱、羊肉和鸡蛋的塞法迪犹太人（Sephardic）炖菜也在宗教裁判所的报告里大量出现。不过，烂锅也可能源于穆斯林：一道名叫"辛哈吉"（Sinhājī）的菜，一部13世纪安达卢斯的菜谱里有记载。

烂锅就像一座底子是清真寺和犹太会堂的巴洛克大教堂。又像是《堂吉诃德》本身这样的元虚构重写本，"原著"是阿拉伯文，由一位改信基督教的摩尔人翻译成卡斯蒂尔语，又由一个基督徒叙述者（真信还是假信？）"注疏编辑"。

哈布斯堡王朝结束后，法国化的波旁王朝统治了西班牙，烂锅变得默默无闻——直到19世纪末才重获地位，当时支离破碎的西班牙正试图重新整合本国认同。这道菜成了为民族建构事业奋斗的骑士——塞万提斯也一样。帕尔多·巴桑女伯爵宣称，如果说"高级西班牙菜肴的话存在的话"，"那就是在《堂吉诃德》中多次被光荣提及的这道菜"。

用来美化法国火锅和西班牙烂锅/杂烩/炖菜的词语几乎如出一辙：多元一体，味觉帝国，民族一锅出。但历史语境相差太大了。火锅代表了现代世俗普世主义法国的资产阶级饮食，"平等博爱"融在了一锅汤里，法兰西文化帝国将现代餐饮输出到了全世界。而西班牙知识分子是把烂锅当作一种怀旧的历史文物来宣扬的，它唤起了西班牙旧日的帝国伟力——塞万提斯等人的黄金时代，巴洛克时代与圣周盛况的第一次高潮。

那《堂吉诃德》本身呢？在一个西班牙蒙受身份认同危机的年代，这部小说在1905年迎来万众瞩目的出版300周年，报刊界掀起了堂吉诃德热潮："一个民族颂扬自身种族、文字与民族精神最伟大荣耀的最光辉盛大的庆典。"这也是一个被发明的传统吗？

终于，梅赛德斯女士的烂锅/杂烩做好了。

法式火锅放笛卡儿式的清汤，是那种平淡的舒服。西班牙烂锅的口味完全不一样。拉法把大部分菜都留给明天马卡雷纳圣母的大日子，今天舀出了几小碗，鹰嘴豆煮得糯糯的，放了鲜红辣椒粉的肉汤有一股浓郁的烟熏猪肉味，那种风味简直可以用刀子切开。梅赛德斯夫人干脆利落地演示了夹饼的做法。她在一个盘子里把各种肉大力压碎，用勺子把肉碎塞进长条面包切成的小块里——如此往复。味觉炸开了。

我突然间想到，这是一个极其罕见的场合。在我游历西班牙的30年间，受邀参加家庭聚餐的次数屈指可数。我开始是辗转酒吧"吃东西"，最后变成了坐下来吃正经饭，这真是讽刺又可喜。只不过这里没铺白桌布，没有那种桌子。我们坐在电视机前的沙发上吃堂吉诃德式的杂烩三明治。拉法弹起了吉他，讲解弗拉明戈里面喧戏调（bulerías）和欢愉调（alegrías）的区别。他10岁的女儿索拉正在试戴披肩和耳环，试穿圆点连衣裙，为几乎紧跟着圣周，长达一周的跳舞宴饮狂欢节（Feria）做准备。电视上，又有一头公牛发出垂死的喘息。"我特别喜欢动物，"梅赛德斯女士宣称，"见到小猫和鸟儿一定会救的那种人。我可宠我的狗了。但我搞不懂那些想要禁止斗牛的动物权利法西斯分子！斗牛的日子再美好不过了，像英雄一样死去。我们吃的鸡不是他们杀的吗——干吗这么虚伪？"

公牛终于跪下了英勇的膝盖，侧倒在沙地上的血泊中，一动不动。梅赛德斯女士和电视里的观众一起为精妙的宰杀行动鼓掌。我扭开了头，盯着地板。

现在是跨夜游行：圣周五，上午后半部分。

我们设法蠕动穿过狂热的热群，进入了拉法的姐姐（或妹妹）罗西奥家里，观看马卡雷纳圣母绕过街角回归本堂。圣周现在达到了高潮，罗西奥家所在的窄窄的帕拉斯街（Calle Parras）俨然在开一场连绵不断的室内街区派对；每家每户都在庆祝，人行道外面停满了车。

"马卡雷纳圣母所在的这个街区最懂她。"拉法坚定地说道。他眼眶湿润却激动不已。

"对我们这边的人来说，这个节就像第二个圣诞节。"罗西奥插嘴道。

我们周围的桌上摆着放了大量蜂蜜的阿拉伯风味炸薯条，还有节庆必备的托里哈，也就是浸泡过麝香葡萄酒的半法式吐司。除了烂锅以外，拉法的母亲还做了两大锅菜，一锅是菠菜炖鹰嘴豆，一锅是番茄炖鳕鱼干。我们一会儿吃炖肉三明治，一会儿探头看拥挤的大门外有什么新情况。巴里认出了墙上马诺莱特（Manolete）的签名照，恍然发现，这个惨死于牛角之下的传奇斗牛士是罗西奥岳父的教父。

"我们又在思考'活的巴洛克'，"拉法的艺术家朋友曼努端着啤酒思索道，"我是说，来看看马卡雷纳圣母吧！或许我们的颂扬可以追溯到某种更古老的异教传统？追溯到古罗马，当时那里的人们家里设祭坛，有家神保佑家族。"

"但她也是我们中的一员，本地女孩！"有人打断道，"完全是一码事。"

现在，基督正缓缓经过，身边是罗马百夫长们，他们戴着刺绣师罗德里格斯·奥赫达设计的华丽羽饰头盔。接着，我们听到了她的鼓声和号声。她的神轿摇晃着进入视线，一路上人潮涌动，粉色和鲜红的玫瑰花瓣从阳台和屋顶上瓢泼而下，让石板路变成了一个长长的奶油蛋糕。她停了下来，在50码外。世界突然安静了下来——发令的萨埃塔响起来了。

神轿再次伴着号声起身，群众纷纷鼓掌，爆发出"美人！你好美！"的呼声。这时，拉法扯着我的袖子命令我："你现在必须直视她的脸！她的双眼！"

我蹲在一扇窗户旁，身边是一群蹦蹦跳跳的小孩。马卡雷纳圣母施施而来，巨大的绿色披风拖在身后。穿过熔化了一半的蜡烛和堆积的花朵，穿过神轿顶篷起伏不平的绣金垂坠——我们的目光相遇了。我发誓，她也在看我。我喘不过气了。这肯定是幻觉。是啊，宗教难道不就是集体谵妄吗？我内心里的那个苏联女孩微弱地坚持说道。但如果马卡雷纳圣母在此时此地行了神迹，我是不会与质疑者为伍的。

然后，就这样，一切都结束了。精疲力竭的抬轿人蹒跚走进罗西奥家，吃火腿，对瓶吹啤酒。街道清洁工已经到外面了，以略有些无情的西班牙效率吸走玫瑰花瓣。这就是现代安达卢西亚，魔幻与现实共享同一条街道。在玫瑰花瓣被清理之前，我俯身从街道上拾起一捧，吸入渐渐散去的花香。

瓦哈卡

玉米、莫利酱、梅斯卡尔酒

瓦哈卡名产黑莫利酱（mole negro）的制作过程中有一步是烈火冲天——"给籽过火"（la quemada de semillas）。

小个子女人长着一头乌鸦般的黑头发，仪态威严，像火祭女祭司一样站在土烤盘（comal）旁边，那是一种西班牙人到来之前的陶鏊子，有村里井盖那么大。火焰蹿向露天厨房的房梁。我被烟呛得开始咳嗽了。

惊慌中的我开始想，是不是应该叫消防员了。

"我们不是要上一层焦壳，"女人郑重地说，"我们要的是彻底烧成灰（ceniza absoluta）！烧没！"

塞利亚·弗洛里安（Celia Florián）对我露出一个洋洋自得的笑容。她是瓦哈卡德雷华斯市（Oaxaca de Juárez）著名餐厅"十五封信"（Las Quince Letras）的大厨，这座粉彩色调的城市建于殖民时代，如今是墨西哥原住民比例最高的州的首府。她很适应睁大眼睛的记者和他们的手机摄像头。

火焰熄灭后，塞利亚弯腰捡起烧黑的玉米饼和烧成灰的辣椒籽，放进一个有沧桑感的白铁皮桶里，里面放着其他碳化程度没那么高的食材，接着把东西递给听话的丈夫菲德尔，拿去擀碎。

"过火"是黑莫利酱制作过程中激动人心的一个步骤。我几十年前第一次在这里尝到了这种融合西班牙与美洲风味，富有表演效果的食品，从那以后就着了迷。这个麻烦费事的步骤叫炙烤（tatemada），就是在土盘上小火慢烤大约三四十种食材。塞利亚说，这需要"耐心，无穷的耐心"。她没开玩笑。我在她的烤盘周围盘桓了好几个钟头，她则烘烤出了黑莫利酱必不可少的跨文化味觉层次世界——有梅索美洲（Mesoamerican）的可可豆、玉米饼和辣椒，有西班牙殖民者的小麦面包，还有伊斯兰教安达卢斯的杏仁、葡萄干和芝麻。

我那天清晨到的时候，准备熏烤用的各种辣椒已经摆好，俨然一幅民族风情的静物画。这是我第一次回访瓦哈卡，这座墨西哥南部高原山谷怀抱的城市。这是钟形的"老黑辣"（chilhuacles negro）——"优雅内敛的辣中带着酸橙味"——瓦哈卡州湿润的卡尼亚达（Cañada）地区有个别原住民农夫在种，它容易得病又娇贵，已经到了绝种的边缘。这是有熏肉味的米克斯帕西拉椒（pasillas Mixes），自称"说大山语言的人"（"Ayuukja'ay"）的米克斯人在地形崎岖的北山（Sierra Norte）高原种植这种辣椒。除此之外，塞利亚还放了普通的奇波雷辣椒（chipotle）和安丘辣椒（ancho），先熏烤本就皱黑的外皮，然后把辣椒籽抖出来烧。

烤可可豆荚和肉桂条让露天厨房里充满了瓦哈卡早餐的巧克力芬芳。接着，林林总总的香料上了烤盘：姜、牛至、牛油果和香叶——外加胡椒粒、肉豆蔻和丁香，这三种在历史上是马尼拉大帆船运到墨西哥殖民地的，那些西班牙人的大船开启了全世界最早的全球化贸易。接下来是一大盘水果干和坚果，为塞利亚的莫利酱更添风韵。此外还有（油炸过的）长条莫雷特面包（mollete），外壳里加了（用余烬烤过的）芭蕉。可能本来还有烤到焦黑的番茄和洋葱，但我完全记不住了。

塞利亚的脸上散发着香料的光辉，用一个棕榈叶做的小笤帚（escobeta）慢慢摆弄烤盘上的各种食材。我拿手扇着烟——同时感到惊奇，这样一道至今依然对我成谜的菜怎么要这么繁复费工，这是我在瓦哈卡一直都有的感觉。

莫利酱到底是什么呢？这正是我想要了解的事情，而不仅仅是宽泛的字面意思——一种原料丰富，香味浓郁，混有少数肉块（经典配料是火鸡肉）的酱料——这听着总是像马后炮。为什么莫利酱成了一种社区仪式？墨西哥有许多种莫利酱，从草绿色到沥青色，再到红木色，它们之间有什么关联？俗话说，"像莫雷酱一样的墨西哥"，相当于"像苹果派一样的美国"。但莫雷酱作为"墨西哥性的象征"的特殊地位——有学者评论道，莫雷酱"常常被解读为民族性格的文化渊源的一个代理物"——是如何反映了墨西哥复杂的种族身份政治？在这个属于全球化和去殖民化，以及瓦哈卡日渐闻名的文化多元的时代，莫雷酱如今代表着什么？

塞利亚的父亲属于萨波特克人（Zapotec），瓦哈卡的主要原住民族群。她的母亲是梅斯蒂索人（mestiza），也就是混血种族，墨西哥的官方身份认同。塞利亚成长于一个距离瓦哈卡市约15英里的村庄，村里的女孩子白天在厨房里干了一天活，然后就去玩洋娃娃。她8岁第一次做阿托勒（atole，一种前西班牙时代的玉米饮料），10岁第一次做托提拉（tortilla，前西班牙时代的玉米饼）。她告诉我，那张饼让她感觉自己长大了，有意义了，像一个真正村里的女人了。差不多30年前，她开了当地的唯一一家餐厅"十五封信"，离建于17世纪的圣道明·德·古兹曼（Santo Domingo de Guzmán）修道院只隔了几个街区。那是一座阴森的融合巴洛克式建筑，既有金叶子，也有被斩首的圣徒。我第一次来瓦哈卡也是在20世纪90年代初。瓦哈卡当时给我的感觉是一座尘土飞扬、偏远魔幻的省城，一处传说中的遗迹，游人来主要是冲着原住民集市，还有阿尔班山（Monte Albán）的恢宏遗址，那里曾经是萨波特克人2 500年前修建的伟大都城。正如安达卢西亚或那不勒斯一样，瓦哈卡拥有一种悠久的例外论神话——"瓦哈卡之魂"（Oaxaqueñismo），其核心是瓦哈卡州丰富的多样性。但与其他欧洲的代表性地域不同，瓦哈卡直到不久前都处于墨西哥官方民族叙事的边缘，而官方叙事属于墨西哥城及其经过美化的阿兹特克历史。

"我们现在是世界美食的新中心！"塞利亚站在色彩斑斓的厨房阳台上笑着说，拿了一个卷蚂蚱的蓝色玉米饼给我——"这个季节对身体好。"蚂蚱又咸又脆，但并不特别难吃。"亲爱的安妮亚，人人都像你一样，想要了解莫利酱的奥秘。"她说。确实如此。她所在的那条街和整片有意识美化过的市中心到处是餐厅，走到哪里都有嬉皮士风格的梅斯卡尔酒吧。仿佛听到召唤一样，三个个子极高的年轻北欧大厨从街上溜达了进来，冬日的阳光晒红了他们的皮肤。他们表示想请教塞利亚的莫利酱。

这里还有另一项可喜的发展。我上一次来瓦哈卡是几年前，当时我介绍了本地的男性大厨和他们炼金术般的牛油果叶味蒸汽——这是受到了西班牙时髦新烹饪的影响。现在，传统厨娘引来了关注，其中有一些是原住民。塞利亚对此特别高兴。她告诉我和那三个丹麦人，殖民征服之后，本地西班牙女性稀缺，于是殖民者就娶原住民为妻，或者至少会雇当地女子做厨师。几百年来，墨西哥妇女都是传统烹饪默默无闻的传承者。现在，她们的厨艺终于受到了重视。

"那我在瓦哈卡就吃这个菜了！"我大声对塞利亚说，"莫利酱，玉米面［玉米饼、玉米粽子］，女厨子做的！"

"莫利酱，"我开始阐发，"代表了墨西哥文化的复杂交融——"

"——还有玉米粉，"塞利亚补全了我的话，"我们原住民的根（nuestras raíces indígenas）！"

为了庆祝我的项目，塞利亚拿出了几瓶高档的"皇家矿工"（Real Minero）梅斯卡尔酒。酿酒者是我们共同的朋友——格拉谢拉，一个狠角色，也是一个狂热的女性主义者。

"致我们亲爱的瓦哈卡。"她举杯说道。

"Stigibeu？"我想说传统的萨波特克祝酒词来着。

"Skal。"丹麦人咧嘴笑了，眼睛锁定在大中午的梅斯卡尔酒上，喜气洋洋。

他们果真是为了那个来瓦哈卡的吗？

瓦哈卡州坐落于东马德雷山脉（Sierra Madre Oriental）和南

马德雷山脉（Sierra Madre del Sur）两大山脉的交汇处。人口400余万，文化遗产与生物多样性极其丰富，有一名重量级考古学家说瓦哈卡"简直是人类生存方式的实验室"。古植物学家在当地的吉拉纳奎兹洞穴（Guilá Naquitz）发现了1万年前的南瓜种子，还有已知最早的玉米驯化实例，公元前4300年左右的小玉米棒子，由此宣扬瓦哈卡很可能是梅索美洲植物驯化的发源地。墨西哥目前有64个地方品种（landrace，即特殊的栽培品种），其中35种原产于瓦哈卡，当地还有20多个原生辣椒和豆角物种——这些都是在叫做"米尔帕"（milpa）的原住民小块农田上一起收获的，靠雨水浇灌生长，超级可持续。

同时，语言学家也在讲，一个比葡萄牙大不了多少的州，怎么语言数量比整个欧洲还要多？瓦哈卡常常被宣传/营销成墨西哥的"多样性摇篮"，当地生活着16个族群——萨波特克人、米斯特克人（Mixtecs）、佐克人（Zoques）、查蒂诺人（Chatinos）、特里克人（Triques）等——讲的语言各不相同。单单萨波特克语就号称有60种已知方言，因此，我努力不要搞砸的祝酒词"stigibeu"换到瓦哈卡城周边的中央谷地高原，或者特万特佩克地峡（Tehuantepec Isthmus）的热带低地，说法可能就完全不一样。

这是阳光的公关视角。

除此之外，政治学家会研究瓦哈卡激烈的抗议运动，社会学家会研究严重经济不平等、北美自由贸易协定（NAFTA）和气候变化的影响。移民汇款是瓦哈卡仅次于旅游业的第二大收入来源。全州570个市镇中有356个（以原住民为主）属于国家划分的"特贫"类别。

因此，你在这里吃的每一样东西都会与社会议题产生共鸣：原住民权利、环境正义、性别平等。

午后的阳光穿过高处朴素的窗户，炙烤着我，把我从莫利酱和梅斯卡尔酒造成的昏睡中唤醒了过来。我们租的房子位于瓦拉特拉科区（Barrio de Jalatlaco）——在当年阿兹特克帝国称霸年代的通用语纳瓦特尔语（Nahuatl）里是"沙滩"的意思。这里紧靠着旧市中心的东边，最初是萨波特克人聚落，后来成为西班牙殖民据点，再后来是制革匠生活的工人区。今天的墨西哥媒体宣传这里是"全世界最酷的街区"（el barrio más chido del mundo）。确实，凹凸不平的石板路边有第三波浪潮咖啡厅和有机食品小店，而旁边就是家庭经营小摊，摇摇晃晃的桌子上摆着厚玉米糕（memela）。每天早晨，害羞的萨波特克妇女背着筐，筐里装着40磅重的手工玉米饼，挨家挨户卖，从打量着摆满靛蓝和倒挂金钟的房屋立面的打卡游客身旁蹒跚走过。

我们租的房子与色彩迷乱的民俗建筑形成了鲜明对比。这是一座新潮的复式住宅，灵感源于丹麦布料艺术家特赖因·埃利茨高（Trine Ellitsgaard）的性冷淡北欧极简主义风格，她是弗朗切斯科·托莱多（Francisco Toledo）的遗孀。托莱多是墨西哥最著名的艺术家，几个月前刚刚辞世，全城依然在沉痛悼念。我们到的时候是黑夜时分，环视周围，不禁惊愕。那感觉就像在一个空荡荡的美术馆里搭帐篷——而且是一整月？

但在日光下，室内庭园中塔庙（ziggurat）式的楼梯显露了出来，两边的墙一边是耀眼的金色，另一边是活泼的樱色。这是在

185

突兀而丰满地致敬墨西哥现代主义建筑大师路易斯·巴拉甘（Luis Barragán）的色彩搭配。在沙漠的碧蓝天空下，开满粉色九重葛的屋顶天台在等着我们，眼前有棕榈树，有教堂的穹顶，远方是大山投下的影子。

天台上的矮桌是弗朗切斯科·托莱多设计的，我们要在那里喝早餐咖啡。他在城里人称"大师"（El Maestro），谦逊而富有魅力，穿一件农民的褂子，头发和胡子乱蓬蓬的。他来自一个扎根在特万特佩克地峡丛林地带的萨波特克人家庭，经常出席巴黎、纽约和洛杉矶的艺术活动，而且不仅仅像毕加索一样多才多艺，更是一名有着无穷精力的社会活动家和慈善家。你在瓦哈卡很难错过大师参与创作和资助的设施：现代美术馆，视觉艺术学院。2002年，他领导发起了一场针对麦当劳的著名抗议行动。当时，麦当劳计划将始于16世纪的广场的几间拱廊辟为餐厅。大师威胁要光着身子站在餐厅门前。

"玉米粽子，要！麦当劳，不要！"他的支持者们一边呐喊，一边分发瓦哈卡的玉米粽子和玉米饮料。金拱门让步了。

上完我的第一堂火焰莫利酱辅导课之后，塞利亚就出城参加一次长时间的瓦哈卡宣传行了。于是，我去找了另一个名叫奥尔嘉·卡布雷拉·奥罗佩萨（Olga Cabrera Oropeza）的厨娘。奥尔嘉活泼可爱，长着一张小天使似的心形脸庞，妆容方面是混搭风，结合了火辣电影明星的眼线和当地美女时下流行的传统手工刺绣罩衫（huipiles）。我们马上成了朋友。

瓦哈卡素有"七莫利之地"的名声。我告诉她，我的"大项目"中有一部分就是把七种全都学到手。

她止不住地大笑起来。

"才七种？我的安妮亚宝贝啊。才七种？天哪！"

她开始列举经典的七种莫利酱，包括黑酱、红酱、黄酱和绿酱。但这还只是中央谷地的呢！要说全州？起码有200种莫利酱。"你光认识一遍就得一辈子呢，安妮亚！"

比方就说黑酱吧。在老黑椒的原产地，北边的奎卡特兰（Cuicatlán），黑莫利酱不放可可豆，也不炙烤——而是用动物饼干增稠。在奎卡特兰的特拉希亚科（Tlaxiaco），黑酱会配酸甜水果味的碎肉汤（picadillo），还有羊内脏和羊睾丸拼盘。

奥尔嘉本人出身米斯特卡（Mixteca）名厨世家。那里地形崎岖，位于瓦哈卡州西北部，有一部分在格雷罗州（Guerrero）和普埃布拉州（Puebla）境内。她老家有一些莫利酱实在太特别了，以至于她大约20年前搬到瓦哈卡市，开设一家展示米斯特卡风味的快餐店（comedor）的时候，这边的城里人习惯了甜得过头的浓郁殖民地风味，把她家的面包糠炸鸡和肉丸一扫而空，对蒜香辣椒酱（chileajo）和南瓜子酱（pipiane）却碰都不碰。奥尔嘉心都碎了。是她的米斯特卡风味太直接，太火辣了吗？她心想。

奥尔嘉像妈妈一样悉心教我莫利酱，我真的受了触动。每隔几天，我都会在像夏天一样热的冬季里徜徉于殖民地时期留下的市中心路网，走过闹哄哄的特基拉酒吧和明亮新潮的梅斯卡尔酒吧，走过番荔枝和杨桃都快装不下的华丽果汁摊，走过灰泥墙皮斑驳的房屋，门口挂着彩色珠帘，老奶奶在门后追着长篇电视连续剧。奥尔嘉会在她目前工作的餐厅"太阳阶梯"（Tierra del Sol）的上层露台厨房里等我。这里是学习莫利酱的绝佳场所。眼前淡紫色的南马德雷山脉一览无余，下方就是瓦哈卡著名景点民族植物园（Jardín Etnobotánico）的壮观入口，那里之前是道明会修道院的园圃。与这里的许多其他场馆一样，民族植物园最初也是弗朗切斯科·托莱多构想的一个社会文化项目，他鼓动当地的艺术节同仁伸出援手，不要让它沦落到会展中心和停车场的命运。大师和同仁们设想建立一座植物园兼景观装置艺术，讲述瓦哈卡丰富的本土植物宝库。

奥尔嘉的招牌莫利酱叫做瓜耶莫利酱（guaximole），本身就极具民族植物风情。酱取自本土瓜耶树（guaje，也有拼作guaxe或huaje的）的豆荚，混入米斯特卡出产的细长孔斯泰尼奥斯辣椒（chile costeños）糊，然后加入猪肋排小火慢炖（这不是本地做法）。确实直接又火辣。

瓜耶树勾起了奥尔嘉的思乡与爱国情怀——"太我们了，太可爱了"（tan nuestro，tan lindo）。她出生在小城瓦华潘-德莱昂（Huajuapan de León），在纳瓦特尔语里的意思差不多是"河边的瓜耶树"［但奇怪的是，它在米斯特克语里叫努迪姆（Nudeem），意思是"勇者之地"］。当西班牙人16世纪来到这片地区时，他们发现这里叫"瓦西亚卡克"（Huāxyacac）——在纳瓦特尔语里的意思是"生长瓜耶树的地方"——于是将其近似读成了瓦哈卡。奥尔嘉告诉我，加利福尼亚的米斯特克移民会在院子里种植瓜耶树，以此作为身份的象征。巧合的是，米斯特克人也是美国外来劳工的一个主要来源。

在瓦华潘，奥尔嘉的母亲是一名著名烘焙师。我们从黏糊糊、塞得紧紧的长瓜耶豆荚里取豆子的时候——奥尔嘉是用发夹灵巧地挑，我则是把指甲都抠裂了——奥尔嘉深情地讲起自己小的时候，闻着妈妈做的普逵卷和肉桂卷的芳香起床……配着冰激凌、热巧克力吃下甜甜的面包卷。

我告诉她，我对墨西哥人对小麦和玉米、面包和玉米饼的态度差异感到着迷。这大体上反映了殖民者和被殖民者的态度。即使到了玉米正在褪去"土著食品"的污名的20世纪中期，国内改革家依然在提倡小麦面包和糕点，将其视为通往现代、文明和营养改良的路径。在瓦哈卡，我不断注意到市场里的面包店高雅优美，玉米饼小贩则羞涩地躲在阴暗的走廊里。但奥尔嘉不这样看，不认为这是一个种族问题，或者殖民者与被殖民者的问题。在她看来，既吃面包，也吃玉米饼似乎是她的梅斯蒂索身份的一大特权。

当然，这个身份是复杂的，而且在瓦哈卡更是比其他任何地方都复杂。奥尔嘉是顺滑的青铜色皮肤，细腻的原住民面相；她经常用带子把头发扎成传统的长辫子。

她的自我认同难道不是米斯特克人吗？我问她。

"我不能。"她开始解释道。直到不久前，墨西哥人口普查都是按照"文化"来划分种族的。识别为原住民需要会讲墨西哥的至少一门原住民语言。"但在我老家，"奥尔嘉叹息道，"好几代人以前就不会说米斯特克语了……社会压力，歧视。不管怎么说吧，我们都是混种人。"她说："我们长得是梅斯蒂索的样子，穿的是梅斯蒂索的衣服，自我认同也是梅斯蒂索人。我们就是这样。我们的莫利酱呢？"

她用长柄勺盛出瓜耶莫利酱。辣椒为它带来了红颜色，瓜耶豆带来了嫩润的口味，西班牙羊排带来了天主教风情的油香醇厚。

"纯正的梅斯蒂索味。"她微笑着说。

在旅途中，我有一个问题想了很多，那就是某些菜品是如何被用来表达本国美化的身份包容性——促进民族团结的书面菜谱。还有莫利酱，它是墨西哥的伟大象征，因为它代表了梅斯蒂索，代表了欧洲白人殖民者与美洲原住民的文化双融。我已经听过这个说法上千遍了。根据最近一次的人口普查，墨西哥有二分之一到三分之二的公民自称身份是梅斯蒂索人。梅斯蒂索有各种不同的表述，是一种民族整合的官方叙事，是一种理想化的墨西哥城精粹，还有关键的一点，是一个受到拥戴和内化的"活出来的过程"。

"梅斯蒂索"（mestizo）源自晚期拉丁语中的"混合"（mixticĭus），16世纪30年代末开始出现在当地教堂的档案中。大约20年前，西班牙征服者埃尔南·科尔特斯（Hernán Cortés）登陆墨西哥湾海岸，然后在原住民盟友的协助下，推翻了蒙特祖玛二世（Moctezuma II）统治的强大墨西哥（阿兹特克）帝国。墨西哥学童学到的是，他们的梅斯蒂索种族源于科尔特斯与他的原住民媵妾/译者/辅助者马林钦（Malintzin，西班牙语写作La Malinche，拉马林切）。这个人物的争议极大，也极具吸引力，催生出了一整个分支学科，而她也被描绘成了多种多样的形象：有梅斯蒂索人的象征母亲和女性主义符号；有本族的叛徒和妓女；还有奥克塔维奥·帕斯（Octavio Paz）的看法，认为她是一个被动的强奸受害者，又将她的受害者状态传给了整个民族。

但从历史上讲，早期殖民社会实行种族隔离制度，在法律上区分了西班牙人的国家与土著人的国家，梅斯蒂索人当时是受到排斥的非法边缘人群。1821年，墨西哥从西班牙独立，但并未发生彻底的去殖民化。食品历史研究者杰弗里·皮希勒（Jeffery Pichler）提醒我们，尽管墨西哥的克里奥尔（Creole，本地出生的人）城市精英或许会自称阿兹特克贵族的后代，但他们继续用欧洲话语来界定民族文化，并将"印第安"和"棕色皮肤"的梅斯蒂索农村人贬低为民族"问题"。直到天翻地覆的1910年革命之后的几十年间，高度碎片化的墨西哥需要用共同的爱国公民愿景来加以统合，国家才开足马力宣扬梅斯蒂索主义，将其提升为官方的国家建设项目。

这就是在一个执迷于种姓的殖民社会中，混血梅斯蒂索人是如何成了一名学者口中的"民族的代表性英雄"。现代墨西哥人类学之父曼努埃尔·加米奥（Manuel Gamio）宣称，梅斯蒂索主义是一种"先进而幸福的种族融合，构成了民族主义的首要和最坚实基础"。出生于瓦哈卡的哲学家，革命后出任教育部长的何塞·巴斯孔塞洛斯（José Vasconcelos）——他是迭戈·里维拉（Diego Rivera）的支持者和资助者——在1925年写了一本内容荒诞不稽但影响力巨大的小册子《宇宙种族》（*La Raza Cósmica*），书中将梅斯蒂索主义拔高到了彻底改头换面的程度。在巴斯孔塞洛斯的后种族主义乌托邦中（他在回击欧美的态度），美洲将诞生人类的第五个种族，青铜色皮肤的超人种族，引领着"全体人类大团结的精神和物质基础……结合了所有过往种族的成果，改良了过去发生的一切"。（墨西哥甚至现在每年10月12日都庆祝种族节。）

191

但到了20世纪末，这种高奏凯歌的叙事开始出现裂痕。大思想家吉列莫·邦菲尔·巴塔利亚（Guillermo Bonfil Batalla）在《深层墨西哥》（*México Profundo*，1987）一书中点评了深层的梅索美洲墨西哥。作者认为，革命后的"梅斯蒂索"概念沿用了主流的欧洲模式，要求一个民族必须具有同一个文化，同一种语言，同一段历史。对墨西哥来说，这就需要一种具有高度选择性的历史——比方说，要抬高和美化阿兹特克的历史，而忽视其他众多前哥伦布时代民族的成就与贡献。

在邦菲尔·巴塔利亚看来，梅斯蒂索主义最终意味着墨西哥的"去印第安化"。近年来的批评者表示赞同，认为所谓无视肤色的包容民族官方叙事一贯贬低各原住民族群——而且完全抹杀了非裔墨西哥人。人类学家罗纳德·斯塔茨曼（Ronald Stutzman）将梅斯蒂索主义称作"包容一切的排斥意识形态"，其中充斥着殖民时代的种族阶层划分。在最严厉的批评者眼中，梅斯蒂索主义是白人霸权主义的共谋。

我读得越多，就越是在想，梅斯蒂索主义是不是即将取消了。我还在想，为梅斯蒂索身份感到自豪的8 000万左右墨西哥人，比如奥尔嘉，他们会怎样接受这样的世事变迁。

但说回食物：在西班牙人到来之前，果真有一道叫做"莫雷酱"的基础菜肴吗？

我走遍了瓦哈卡各地的餐厅，路上一直在思考这个问题。我从沿海风味的黄莫雷酱尝起，里面放了让嘴巴着火的孔斯泰尼奥斯辣椒，用玉米粉增稠，主料是（容我打个嗝）黑色的鬣蜥（吃

起来是鸡肉味）。然后是柔和坚果味的杏仁酱，还有放葡萄干、酸
豆和橄榄的甜挞（照抄了中世纪安达卢斯的做法）。接着又去偏远
南山高原，吃到了一种富有仪式感的烟熏辣椒莫利酱，这个品种
有悠长的苦味和烧灼感，因为这种酱传统上是妇女为葬礼制作的，
当时棺材还停放在家里呢。

在具有禁欲美的出租屋里特赖因设计的性冷淡沙发上，我一
边大吃枇杷（níspero，口味类似热带版的杏子），一边深入探究
莫利酱的问题。我查阅了大量相关学术成果，发现有一大类菜的
词源来自纳瓦特尔语里的"molli"或"mulli"。[1]笼统地说，这
个词的意思是酱、混合物、炖菜，甚至可以泛指食物。[牛油果
酱（Guacamole）呢？在纳瓦特尔语里叫Ahuaca-mulli。]这些
林林总总的做法之间只有松散的联系——可能是都放辣椒，或者
都使用某一种烹饪方式。当代历史学家何塞·蒙特亚古多（José
Monteagudo）提出，"mulli"的故事始于5 000多年前，当时出
现了最早的擀面台，"它的出现标志着从流动生活到定居生活的
转变"。

我们对前接触时代莫利酱的了解主要来自一份重要文献。贝尔
纳迪诺·德萨阿贡（Bernardino de Sahagún）是一名西班牙方济各
会传教士、修士兼早期田野人类学家。在1529年至1579年间，他
编纂了一部长达2 000页的阿兹特克生活大百科全书，名为《佛罗
伦萨手抄本》（*Florentine Codex*）。修士告诉我们，"他们食用许多
种辣椒炖菜"（Comían muchas maneras de cazuela de chiles）。据

---

1 意为酱料，或炖煮。

说，有一份献给蒙特祖玛的菜叫做托托林-帕茨卡尔莫洛（totolin patzcalmollo）。这是一道禽类炖菜，里面放了红辣椒、番茄和碾碎的南瓜子——相当于今天的南瓜子酱。读着修士的描述，我突然产生了一种冲动，要去品尝前西班牙时代的一道传统炖菜（mulli）——没熟的李子炖小白鱼。或者黄辣椒炖苋菜——作者向我们保证，"口味甚佳"。

尽管莫雷酱有这样的历史，但它成为墨西哥性象征的经典化过程只能追溯到革命后的"梅斯蒂索民族"运动。不仅如此，它的民族主义起源神话依然带有——又来了——强烈的欧洲—殖民主义—天主教色彩。普埃布拉莫利（mole poblano）被捧上了神坛，这种加巧克力的巴洛克色彩极强的菜据说发明于普埃布拉。普埃布拉是今天的墨西哥第四大城市，1531年建立时是一座计划为欧洲人服务的欧式聚落。

普埃布拉莫利传说最早出现于20世纪20年代中期的墨西哥报纸。故事的主角是一名17世纪末的修女索尔·安德烈娅·德拉亚森松（Sor Andrea de la Asunción），她是普埃布拉富庶的利马圣罗撒修道院（Convent of Santa Rosa de Lima）的院长。（今天，这所修道院里有一家令人惊叹的民俗博物馆，内有一间豪华的圆顶瓷砖厨房。）这个好姊妹很想制作一种"哇塞"的酱配她用榛子喂大的梅索美洲种火鸡（guajolote），让来访的新西班牙总督惊艳一把。她尝试了各种各样的辣椒，然后是香料和坚果——上天降下启示，将她引到了基督的新娘们存放巧克力块的罐子旁。索尔·安德烈娅把食材混合在一起，跪在擀面台旁开始磨。这时，另一个姊妹喊道："院长大人，你磨得真好！"（Qué bien mole, su reverencia!）

索尔·安德烈娅纠正了姊妹的语法错误：是muele，不是mole。但她说了也没用：这个错的西班牙语词［词根moler（意思是"磨"）的错误变形］替代了纳瓦特尔语的原名mulli。（这个语言杂糅的巧合是何其讽刺，又是多么纯粹的墨西哥风格啊。）

自然，文献里没有这位索尔·安德烈娅。之后两个世纪里的莫利酱配方里也从未提及神启巧克力。［墨西哥最早的莫利酱配方之一恰好出自17世纪末的一名修女，即著名诗人和女性主义者索尔·胡安娜·伊内斯·德拉克鲁兹（Sor Juana Inés de la Cruz）。这是一道加入香料的炖菜，食材有猪肉、辣香肠和鸡肉，有一些辣椒做点缀。比起我们现在说的莫利酱，它其实更接近西班牙烂锅。］但话说回来，正如墨西哥食物史研究名宿杰弗里·皮希勒坚持认为的那样，将殖民时代的莫利酱美化为"梅斯蒂索"美食的做法服务于现代早期墨西哥的新型民族主义情绪。普埃布拉莫利为"土著主义"（indigenismo）愿景提供了一个完美的饮食隐喻。土著主义是一种意识形态，有选择地弘扬前哥伦布时代历史的某些侧面，但目的是教化和白人化现存的原住民族群，使其融入梅斯蒂索社会。"普埃布拉莫利的光洁表面，"皮希勒写道，"模糊了墨西哥多种族混居的冲突史。"

我提醒自己，传说里少了一些东西：从未提到墨西哥殖民地修女——她们往往是富裕白人家庭的女儿——拥有的非洲奴隶；也从未提到原住民帮工，她们直到18世纪中叶之前都不允许成为修女，尽管她们构成了墨西哥女修道院服务人员的大多数。

但是，随着国家种族观念的嬗变演化，莫利酱的故事也在变。到了20世纪后期，普埃布拉和瓦哈卡之间爆发了对墨西哥美食

195

门面地位的争夺。皮希勒提出，从更宽泛的意义上看，两州都是"墨西哥欧洲与原住民遗产的代理人"。墨西哥统治精英利用原住民的自决诉求，作为放弃革命福利项目，接受全球化市场政策的借口，而展现土著社区民俗风采的瓦哈卡菜证明更适合国家的新自由主义转向，用处也更大。农民摇身一变成了个人企业家，自身文化传统的主人——但在经济上还是坐冷板凳。于是，普埃布拉莫利发现，自己的民族符号地位被瓦哈卡"七莫利"代表的原住民多样性抢了风头。墨西哥文化最多样的瓦哈卡州也成了国内外食客的朝圣地，他们要来寻找一种据说更纯正的前西班牙时代料理和代代相传的农业耕作，还有皮希勒所说的"原住民妇女的异国情趣化劳动"。

不同于精细繁复的莫利酱，墨西哥的另一个美食符号只需要三种原料：面粉、水，还有关键的石灰（cal）。莫利酱是节日菜，是社区庆典的宴席菜。玉米饼则是日常必需品，像自来水一样基础，尽管玉米饼比自来水还更容易获取，因为瓦哈卡有大量偏远地区没通自来水。

墨西哥人均年玉米饼消费量超过150磅，这年头大部分都是用国民级大品牌"马塞卡"牌（Maseca）脱水方便玉米粉制作的机压玉米饼，吃着跟硬纸板似的。凭借20世纪90年代初卡洛斯·萨利纳斯·德戈塔里总统（Carlos Salinas de Gortari）新自由主义执政时期赤裸裸的政治偏袒，马塞卡的母公司格鲁玛（Gruma）几乎垄断了墨西哥的玉米饼市场。如今，格鲁玛是一个产值数十亿美元的跨国巨头，产品行销一百多个国家，推动国际对玉米卷饼、玉米脆饼和塔可饼的认可。

但瓦哈卡人唾弃马塞卡玉米饼。在这边，村妇用新鲜玉米面明火手工烤制玉米饼，城市专员技术人员则从以此为生的乡下女人手里买玉米饼——1千克售价大约20比索，相当于1美元。

在瓦哈卡吃玉米饼、玉米粽子或者鏊子上烤的玉米比萨（tlayuda）时，难得会没有人发表这样的爱国言论："我们是玉米民族"（Somos gente de maíz）或者"没有玉米，就没有国家"（Sin maíz no hay país）或者"有玉米就是幸福"（Con maíz soy feliz）。

玉米=国家=幸福。

显然，我需要进一步认识墨西哥的代表性作物，了解它的栽培和加工方式。因此，在又一个明媚的上午，巴里和我前往圣安娜塞加切（Santa Ana Zegache）拜访玉米种植户。那是中央谷地的一个区，出城往南开一个小时到达。

随行的是一个新朋友，胡利奥·塞萨尔（Julio César，昵称JC）。JC是个大高个，青铜色脸庞，绑头戴牛仔帽，高傲之气配得上他的帝王之名。[2] 他来自萨帕塔解放军（Zapatista）所在的恰帕斯州（Chiapas），本人也有一段马克思主义者的过往，现在是研究原住民饮食的人类学家，偶尔当导游。他还是一家餐厅的老板，卖非常不马克思主义的美国安格斯牛皮给瓦哈卡资产阶级食客。我随口提的问题引来了他的长篇大论。

在途中的某个地方，我们在一片看似平平无奇的玉米田旁边停

2　他的名字源自古罗马统治者尤利乌斯·恺撒。

了下来。当时距离收获还有六个月，丝滑的粉色穗子在高海拔的日光下轻轻摇曳，连绵的山麓将田地围合起来。JC指出了攀援在玉米秆上的嫩豆蔓，靠近地面还有开花的南瓜藤。其实，这块路边的田就是米尔帕，也就是我渴望目睹的当地典型的间作农田。

"米尔帕，"JC开始了讲解，"表现了我们梅索美洲先民的农耕智慧——交杂共生，一切都以一种富有美感和逻辑的方式关连在一起。"豆子为土壤提供氮元素，玉米提供了豆架，贴地生长的南瓜藤锁住水分，抑制杂草，再加上辣椒抵御害虫。这些作物的根相互缠绕，彼此滋养，强化土壤，避免流失。豆子、南瓜、玉米三者搭配提供了优秀而全面的营养。不仅如此，米尔帕中还生长着大量苋菜（quelite），这种可食用野生绿叶植物长期不受重视，被视为本地杂草，但现在终于出名了。JC拔起一根形似杂草，富含抗氧化物质的开花苋菜（quintonil）。他指着长着娇嫩圆形叶片的葩葩洛（papalo），那是当地的一种天然泻药，味道像是汁液超足的香菜。

"米尔帕是一个生态文化建构！"他一边拨开玉米叶子，一边宣称。"一处圣地，农业工人要向它祈祷，重演有几千年历史的仪式！"

我在玉米田里突然感到了潮湿的热带气息。我在虫鸣中沿着田的边缘走着，思考一块路边的玉米田怎么竟然能容纳这么多的生态学与营养学智慧。

JC拿着一根细弱的绿秆出来了。

"大刍草。"他说道。我倒吸了一口凉气。

所以，它就长那个样子。Zea mays mexicana，英语里写作

teosinte。这种野菜一样的植物就是当前世界第一大粮食作物，玉米的祖先。

我仔细看了看这株植物。长秆，铅笔粗细，像萨波特克女婴的头发一样卷曲。几乎不可能将它与我们了解的那种胖胖的、包裹在皮里的、汁液丰富的玉米棒子联系起来——更不要说玉米加工而成的乙醇或者洗衣液了。

JC把秆子拿回去，嗑了起来。"甜的（Dulce）。"他说。

大约9 000年前，玉米在墨西哥中部的巴尔萨斯河谷（Balsas River）被驯化，距离我们所在的米尔帕有大约400英里（约合640千米）。在20世纪的很长一段时间里，玉米的确切生物起源都是一个争论激烈的话题，而原因不仅局限于学术界：确认玉米的遗传繁殖群能够提高现代玉米的生产率。一部分科学家提出，玉米是从大刍草演化而来，通过基因变异和人工选育，最终形成了原始玉米。另一部分科学家认为，现代玉米的祖先必定是某种古老的野生玉米，它可能已经灭绝，也可能尚未发现。后来到了90年代，通过时空遗传分析和考古发现，大刍草假说获得了确证。

但还有一个烦人的问题。梅索美洲先民为什么愿意费力驯化一种个头小，营养贫乏的秆子呢？也许大刍草受到重视不是作为谷物，而是作为甜味剂——像JC在米尔帕里那样生吃，或者发酵成酒？又或者，也许9 000年前的大刍草和现在的大刍草不一样呢？

不论答案如何，用JC的话说，草秆到玉米棒的变迁都是"人的创造"（creación humana）。玉米在野外无法生长。玉米皮阻止了自然的种子传播。数千年前，我们正要去拜访的农民的祖先们肯定注意到了大刍草的基因变异，并将品相最好的种子储存起来，培育优良性状。JC扬扬得意地说道，我们米尔帕的农民依然在这样做。

（用杂交或转基因种子种出来的）商业玉米是一个跨国农业产业巨无霸，年产量超过10亿吨，占人类摄入营养总量的20%以上。在墨西哥这边，本土玉米——指的是本地种植的地方特色品种——是手工玉米饼的原料，这种口感像吐司一样的饼子令我在瓦哈卡着迷。在墨西哥中部和南部——JC又开始滔滔不绝了；我们回到了车里，在一条磕磕绊绊的小路上行驶着，周围的土壤是铁红色的——大约250万名小农在这些雨水浇灌的米尔帕上种植精心演化培育出来的地方特色玉米，大多是自己食用。多年来，墨西哥历届政府一直想要消灭这种自给性农业，因为它不能有效纳入国民市场经济。与此同时，商业玉米——用于制作JC嗤之以鼻的"垃圾超市玉米饼"——种植于产量高、机械化、施加化肥、人工灌溉的农场，这些农场主要位于地形平坦的北方各州，使用孟山都一类厂商出售的交叉授粉"改良"杂交种子。

在阳光炙烤的圣安娜塞加切——"塞加切"在萨波特克语里的意思是"七丘"——广场上，孩子们正在追着一个破旧的塑料足球玩耍。山羊在慵懒的土路上闲晃，从仙人掌和朱粉色的花朵旁经过。当地人口大约3 000人，依靠小型自给农业，还有北上前往墨西哥城、加利福尼亚、俄勒冈打工的塞加切人的汇款勉强度日。

热情洋溢的年轻市长埃尔默·加斯帕尔·格拉（Elmer Gaspar Guerra）在设施朴素、光照充足的市政府里迎接我们，手里拿着一大包蘸着黄莫利酱的炸馅饼。埃尔默在政界少年得志，22岁便首次当选，现在看起来还像个胖乎乎的大二学生，满脑子都是改善本地贫困状况的计划。他的许多项目都与美食有关，利用瓦哈卡新具有的墨西哥菜摇篮地位。

"美食有力量改变我们这里人的生活。"他说着带我们简单看了一眼附近崭新的市场，萨波特克妇女正在里面给玉米汁和巧克力饮料充气。

小小的塞加切甚至登上了《纽约时报》的一篇文章，题为"欧美顶级大厨追捧瓦哈卡原生玉米"。埃尔默正在组织一个妇女合作社，制作彩色玉米粉——红的、紫的、黑的——在瓦哈卡各大饭店名声很响。

"瓦哈卡城和墨西哥城（CDMX）来的雅痞们来到这边，"他打趣道，"假装是自己发掘了本地玉米制作的玉米饼。传承鲜活玉米文化的人是我们这些穷苦农民！因为如果我们不传承的话，社区就死了。马塞卡进不来这边！"他喊道，向那头企业巨兽举起了紧紧攥住的拳头。接着，他带我们去找了我们来这里要看的农民，然后就匆匆离开，去办市里的某件紧急事务了。

纳蒂（全名"纳蒂维达德"）和卡耶塔诺是一对种玉米的萨波特克人中年夫妇。他们的小房子位于塞加切郊区，有基本的生活区，若干工棚，还有一处脏乱的室外厨房，周围是松散的竹子栅栏。纳蒂身穿随处可见的萨波特克式围裙（mandil），正在和健谈的老年人邻居埃莱娜一起制作过节吃的粽子。鸡在周围啄玉米粒吃，一棵疙疙瘩瘩的树旁摆着几个快烂了的大南瓜。

好客的卡耶塔诺带我们看了他家的土地客厅。家庭祭坛占据了醒目位置，摆着上色的先人遗像、鲜亮的油布，还有黑长头发栩栩如生的胡基拉圣母（Juquila Virgin）小雕像。圣诞节的马槽到2月份还放着。

与客厅相通的卧室空荡荡的，朴素的床边堆着玉米穗。房子里到处都是玉米——草席上晒着玉米穗（mazorca），蓝塑料桶里装着打下来的玉米粒，包粽子和喂鸡用的捆起来的玉米皮，生火用的干玉米棒子，还有干玉米叶（zacate），跟动物粪便混合后给米尔帕施肥。

哪怕在瓦哈卡城里，我也从未见过如此壮观，如此巴洛克的玉米：亮橙色、红酒色、紫黑色，还有些玉米穗是杂的。形状不规则的巨大玉米粒闪闪发光，就像彩色琥珀或者抛光的珍珠一样。

"塞加切的玉米别有风味。"（El maíz de Zegache tiene otro sabor.）卡耶塔诺呓语般说道，手中轻抚着玉米穗，仿佛那是小鸡崽。他列举了当地的特色品种："黄玉米、黑玉米、杂色玉米、龙舌兰虫珠玉米（bolita belatove）。"——最后一个是稀有品种，近年来濒临灭绝，做出的玉米粉是紫色的，带有坚果香味。

卡耶塔诺短小精干，穿T恤衫和牛仔裤，戴一顶牛仔高草帽，花白山羊胡经过了修剪，咧嘴笑会露出牙齿间的缝隙，目光里既有狡黠，又有喜庆。当JC拿出人类学家的做派询问他和纳蒂平常吃什么的时候，他那口爱吃零食造成的墨西哥式蛀牙便充分显现了出来。

早餐喝玉米汁和咖啡。中午在田里吃，吃一个散养鸡蛋配玉米脆饼、豆子和仙人掌；晚上和中午吃的一样。过节的时候吃粽子和莫利酱，莫利酱有黄莫利酱、绿莫利酱，还有用乔巴（chompa）

南瓜做的南瓜子莫利酱。当然还有苋菜：羊苋菜（verdolaga，字面意思是"羊吃的生菜"）、开花苋菜、紫苋菜（alache）——全都是水煮，不放油。

"美妙的米尔帕膳食，"JC称赞道，"有几千年的历史，营养完全。"

（我突然在想，他会不会，或者说我俩会不会都将"土著原生态"的概念浪漫化了？）

"纯粹，天然，纯正，全有机。"卡耶塔诺紧跟着说道，显然对自由派饮食的那一套全球化语言很熟练。

卡耶塔诺是十年前从阿马多·莱瓦（Amado Leyva）那里学会"有机"这一套东西的。莱瓦是一名瓦哈卡农业技术专家，玉米培育专家和生物多样性的热情传播者，受到国外媒体的盛赞。对纳蒂和卡耶塔诺来说，他是可爱的恩人。他向他们提供了生物分解装置，可以将生物排泄物转化为肥料，还教他们卖掉多余的种子。

阿马多还把他们介绍给了大厨。"有一次，30个国家的厨师过来学习我们的玉米！"纳蒂骄傲地说。

他们的一个重要大厨主顾是墨西哥城的某位名厨，当代墨西哥菜的明星先知，以后现代莫利酱和玉米菜肴闻名。我现在了解到，这个名厨开给卡耶塔诺和纳蒂的收购价是1千克玉米15比索（合80美分）——而（我在心里想）到了他开在墨西哥城的新派精品玉米饼店，转手就能卖上80比索。

纳蒂应邀参加了盛大宣传的玉米饼店开业典礼，展示玉米饼和奇皮林豆（chepil）粽子。她的报酬是每天500比索。合22美元。

他们觉得大厨在店里一顿饭卖顾客多少钱？

卡耶塔诺像孩子一样大笑起来："那种钱我想都想象不到！"

卡耶塔诺和纳蒂的米尔帕在几英里外，面积7.5英亩（约合45亩），风调雨顺的好年景下能收获4吨多玉米——感谢生物分解装置，这个产量很高了——每季现金收入约4万比索（不到2 000美元）。话说回来，得看天。同时，普通家庭的米尔帕只有2.5英亩（约合15亩），产量不到1吨。按照瓦哈卡人均每年消耗200千克玉米来算，这个收成勉强够六口之家生存，没有余粮可供出售。卡耶塔诺哀伤地说，因此人们正在弃耕，其实是现在雨季那么难以预料。JC澄清道，农业人口外流从20世纪中叶就已经开始了。北美自由贸易协定签订后出现大面积外流，现在的外流驱动力是气候变化。

同时，偶尔做玉米饼卖的老年邻居埃莱娜给我上了一堂玉米饼乡土经济学课。她劳累一天能做200张饼，然后到城里卖，一张2比索，合不到10美分。除去玉米钱、煮玉米用的石灰钱、擀面钱、柴火钱、去集市的小巴车费，她一天的净利润是140比索，差不多是7美元——还不到东京一碗拉面，那不勒斯一张比萨的价格。

她们希望女儿们过这种生活吗？我问这两个女性。

两人都是猛摇头。

至于卡耶塔诺，他自称是一个"快乐的农夫"。他喜欢早晨6点钟到田里，赤脚走路，在附近的河里洗澡，中午在河边听着鸟儿啾鸣，享用玉米脆饼、豆子和仙人掌。（他是在浪漫化他的生活吗？）

"快乐的农夫？"纳蒂阴沉而严厉地说，"是我五点不到就起床，从井里打水，给他做倒霉的早饭，大中午给他去送饭！"

等到秋天玉米收获，两人一天只用筐就能轻松摘下500千克，有时会雇人。剥皮和脱粒要花几天时间。

为了让我们有亲身体验，卡耶塔诺让我们试用了脱粒箍（olotera），这是一种家庭自制的脱粒装置，将削短的干玉米棒子插进一个金属箍内压实，长得像一个粗糙的铃鼓，然后拿着两根玉米穗上下摩擦。"想吃美味玉米饼，"卡耶塔诺宣称，"就得纯手工（todo a mano）！"

他们就是这样给4吨玉米脱粒的。

现在，纳蒂和埃莱娜已经做好了一大堆绿莫利酱粽子。只见她们手腕一翻，手指一抖，一勺勺莫利酱和鸡肉就装进了玉米面饼上，然后有一张叫做"圣保罗叶"（hoja San Pablo）的大叶子翻到玉米皮里。

"粽子（tamale）……"JC郑重地说，"源自纳瓦特尔语单词tamalli，意思是'包裹'。历史甚至可能比玉米饼还要早。"他品尝了一大勺绿莫利酱馅——番茄、塞拉诺辣椒、土荆芥（epazote），还有带着淡淡酒香的圣保罗叶，全都是纳蒂在大擀面台磨出来的——宣称它"非常前西班牙"。"如果你去掉洋葱、大蒜和孜然，"他补充道，"再把鸡肉换成，比方说鬣蜥的话。"

我们午餐吃的是这些极其费工的萨波特克风格中央谷地玉米粽子，绿莫利酱馅有一种直爽的强烈草本风味——与用料丰盛的梅斯蒂索殖民风格莫利酱截然不同，引发了一种完全不同的墨西哥

205

饮食叙事。同时，蒸熟的玉米粽子不像梅斯蒂索粽子那样放猪油，也不放起蓬松效果的小苏打，口感扎实厚重。巴里和我感到惊喜，可吃着也费劲，遂自作主张，猛灌了放在沾满尘土的花纹油布桌面上的1加仑装可乐（约合3.8升）。

米尔帕厨房里的可口可乐？

"好东西！"卡耶塔诺大声说道，脸上几乎露出狂喜，"比梅斯卡尔酒好喝！"

我记得读到过可乐对墨西哥原住民生活的殖民。不知这种软饮料是如何渗透到连饮用水和牛奶都没有的社区——并融入了当地的仪式、节庆和教堂活动。

在离开塞加切之前，我们怀着敬意摆放了城内的巴洛克明珠——建于17世纪的教堂。几十年前，已故本地著名壁画师，活动家鲁道夫·莫拉莱斯（Rodolfo Morales）对教堂作了重建。养眼的立面宛如一种巨大的三维桌布，上面摆着杏仁蛋白软糖颜色的石膏花、海贝壳、五颜六色的圣人石膏像，热闹极了。身穿节庆围裙，头裹长围巾的妇女拥出教堂，怀里抱着真人大小的婴儿娃娃。娃娃身披光亮的绸缎，织锦天鹅绒，头戴王冠，还有金色光环。他们是婴儿耶稣（Niños Jesús）。

"圣烛日，"胡利奥·塞萨尔解释道，"圣母带圣婴去圣殿的日子。"

巴里注意到，有一个女人怀里的圣婴穿牛仔布工装裤，脖子上戴着大大的闪光十字架，还背了个包。

"移民圣婴。"她害羞地告诉我们。她丈夫和哥哥20年前去了洛杉矶，再也没回来。

在玉米的故事中，贝蒂·富塞尔（Betty Fussell）在corn和maize[3]之间做了一个很有启发性的区分。两个词各有不同的深刻"象征载荷"。资本主义北美基于corn的经济力量，建立起了工业王国与全球帝国。而在基督降生前1 000年，最古老的梅索美洲文明——奥尔梅克文明（Olmecs）就基于maize的象征力量建立了一个完整的宇宙——语言、立法、神话，还有世界观。富塞尔写道："如果说一种文化将主食贬低为商品的话，另一种文化则将它奉为圣物。"

大宗商品对宇宙演化。

阿兹特克人（墨西哥）、玛雅人和萨波特克人都崇拜玉米，将其视为肉体和精神存在的原质。在从塞加切回城的车上，JC引述了最著名的梅索美洲玉米起源传说。故事出自基切玛雅人（K'iche' Maya）的创世史诗《波波尔乌》（*Popol Vuh*）：众神首先创造了动物（动物不能赞颂造物主，没有用处），后来又先后尝试用泥巴（一团可悲的黏土）和木头（干燥，没有血，也没有灵魂）造人。最后，众神用玉米造出了四个男人和四个女人。

"黄玉米和白玉米造出了他们的肉体……"每一名墨西哥学童都知道这段话，"玉米面团造出了他们的四肢。"

显然，对卡耶塔诺和纳蒂这样的农民来说，玉米是一种生活方

---

3 maize和corn，二者都表示玉米的意思。

式，一种堂吉诃德式的宇宙演化。但令人惊诧的是，尽管当下有
"没有玉米，就没有国家"这样的玉米爱国主义思潮，但用批判理
论家加芙列拉·门德斯·科塔（Gabriela Méndez Cota）在《瓦解
玉米》（*Disrupting Maize*）一书中的话说，从西班牙人登陆一直
到20世纪，玉米一直"承担着失败的恶名"。现在，我上午就在特
赖因设计的庭院里努力拆解她的后结构主义思想，鸟儿安逸地唱
着歌，在我们晾的衣服上留下鸟粪，九重葛花瓣落在塔庙阶梯上，
淌出道道粉河。"失败的恶名"……我对这个词念念不忘。在一个
直到不久前还将白人与小麦等同于文明和进步的社会里，玉米代
表着土著、落后和欠发展。

门德斯·科塔提出，第一批伊比利亚殖民者夺取了最优质的
农耕用地，把边角地留给原住民。后来，西班牙小麦农场的强制
劳役不仅构成了"殖民者篡夺梅索美洲原住民土地的基础"，而且
在一系列外来传染病的因素叠加下，导致原住民人口大幅减少——
根据最严重的估算，减少比例高达80%。

小麦是西班牙殖民事业的核心要素，原因不仅仅是小麦面包在
天主教弥撒仪式中代表着基督的身体。但殖民者之所以不避繁难，
为自己供应小麦、葡萄酒、橄榄油、红肉、干果和香料一类的伊
比利亚主食，驱动力不仅仅是宗教或经济因素，甚至不仅仅是
思乡。

丽贝卡·厄尔（Rebecca Earle）在《征服者的身体》（*The Body
of the Conquistador*）一书中表示："食物在欧洲人划分'西班牙
人'和'印第安人'的结构中扮演着关键角色。"在那个年代，生
理确定种族的观念尚未出现。在盖伦-希波克拉底体液理论的指导

下，殖民者认为肉体身份是可以被外力——尤其是饮食——塑造的。厄尔提出了一个挑动性的观点，认为种族在一定程度上是一个消化问题。西班牙殖民者在老家通过食物来清除假意皈依者，如今"饮食决定身份"这句话承载了紧迫的身体意义。如果新的食物能够产生新的血液和体液，那么新世界的饮食难道不会让一个强健、高傲、蓄须的西班牙变成怯懦、黏液质、深色皮肤、不长胡子的印第安人吗？反过来也一样。全面记录前征服时代印第安人生活的萨阿贡修士曾用纳瓦特尔语做了一次布道，恳求原住民吃"卡斯蒂尔人的食物……如果你吃了他们的食物，你们就会变成他们一样"。

玉米不可避免地构成了移民饮食的主体，但往往并不轻松。同时，原住民认为小麦面包的味道"像灾荒食品……像干了的玉米秆"。

还有一个争论热烈的议题。玉米饼适合用作圣餐吗？一部分传教士说可以。另一些教会人士则将一切玉米制品贬低为魔鬼的面包，不能用作仪式变体。

殖民地社会会变，饮食理论也会变。但玉米的恶名保留了下来。1876年至1911年，墨西哥由瓦哈卡出身的总统波菲里奥·迪亚斯（Porfirio Díaz）执政。在他的独裁统治时期，营养种族主义发生了社会达尔文主义转向。唐·波菲里奥——他有部分米斯特克血统，但据说自诩"拉丁人"，还会往脸上擦粉显白——推行文化欧化政策，而且教条地接受了工业垄断资本主义和外国投资。他的寡头宴会有时会上莫利酱，但大多是一个巴黎大厨烹制的牛肉卷（paupiettes de veau）和黑巧克力香草冰激凌（glace

dame blanche，字面意思是"白色贵妇冰激凌"）。同时，"科学
家"（他的技术官僚智囊团的绰号）推行法国的"科学政治"和赫
伯特·斯宾赛（Herbert Spencer）的种族主义意识形态，将达尔文
主义测量学应用于社会，宣称欧洲白人显然是进化优胜者。波菲
里奥一党抬出了墨西哥精英永远视为珍宝的信条：土著农民阻碍
民族进步。一些人认为，解决办法是引入欧洲移民，将墨西哥白
人化。另一些人则主张，"印第安种族这一社会问题"可以通过教
化、教育——以及适当的营养——加以解决。

"让他们多吃牛肉，少吃辣椒。"最著名的波菲里奥派意见领
袖胡斯托·西拉（Justo Sierra）如是训诫道。

玉米当然也要少吃。

有一天晚上，我和巴里从广场散步回家，我在路上告诉他：
"最凶恶的反玉米论人士是波菲里奥时期的参议员弗朗切斯科·布
尔内斯（Francisco Bulnes）。"广场上有情侣在马林巴乐队的伴奏
下跳着老式的慢步舞，乐队每周都会来波菲里奥·迪亚斯本人捐
赠的褶边舞台演出。此外，广场上自从2006年就有教师扎帐篷抗
议——这场有争议的长期运动让人不禁想起瓦哈卡动荡的政治冲
突。我吃着路边摊卖的玉米比萨，继续说道，布尔内斯称玉米是
"懒惰，邪恶，智力低下"的原住民的"永远的奶嘴"。在一篇臭
名昭著的文章中，参议员将人类划分成食小麦者、食稻米者和食
玉米者，并得出结论说只有食小麦者才是"真正进步"的人。毕
竟，当初难道不是一小批受小麦滋养的西班牙强盗推翻了吃玉米
的阿兹特克帝国和印加帝国吗？

经历了五个世纪的负面抨击，玉米饼竟然还能保留下来，我

210

越来越觉得这是一个奇迹。甚至以"土地与自由"为口号的墨西哥革命都没有带来今天这样对玉米的民族主义追捧，尽管革命带来了土地再分配、农场补贴和玉米饼价格管制。例如，尽管土著主义理论大师曼努埃尔·加米奥颂扬墨西哥饮食的阿兹特克之根，但他依然坚持认为，玉米饮食"伤害了"墨西哥人。他提倡吃大豆（想象一下换成大豆做的玉米饼吧）。

即使到了玉米开始去污名化的时候，改革家也在继续提倡小麦和动物蛋白。到了1950年，超过一半的墨西哥人每天吃面包。"吃面包，尤其是工厂面包，"历史学家桑德拉·阿吉拉尔（Sandra Aguilar）写道，"成了一种文化转变行为，人由此不再是农民或者原住民的一分子，而成了梅斯蒂索人。"墨西哥人随之开始肥胖并患上相关疾病，而随着《北美自由贸易协定》的签署，肥胖率更是激增。

20世纪中期，一份墨西哥报纸感觉可以鼓吹"结束玉米与小麦之争了"。食物研究者杰弗里·皮希勒引述了这种和解的"简单公式"，公式出自一个墨西哥顶级营养学家："只吃玉米的人是印第安人，只吃小麦的人是西班牙人，而墨西哥人是幸运的，两者都吃。"

我想到，这正是我从奥尔嘉那里一直听到的说法。

有一天，奥尔嘉宣布到时候了。我该学做玉米饼了。

"我们是玉米民族。"她说道，确证了她衷心信奉的陈腐经文。尽管奥尔嘉爱吃面包，但她简直是一个玉米女士。她从不摘下玉米棒形状的金耳环，瓦次普（Whats App）软件的签名也是一个可爱的玉米表情。

我已经知道，烙玉米饼的漫长早晨需要前一天碱化。将水和石灰——氢氧化钙，重量是玉米的1%——在一个大塑料桶中混合，然后将玉米放入石灰水加热一小时，放凉过夜。大约早晨5点钟就必须把微黏的玉米浆送去擀——带水擀——成面团，这就是玉米饼、玉米粽子、玉米脆饼、玉米比萨、玉米煎饼的原材料。

光彩照人的玉米黄色围裙显出奥尔嘉的苗条身段，她在太阳阶梯餐厅一楼空气清新的开放式早餐厨房向我展示了上擀面台前的工序。

"过程看似基础，"她说着从石灰水里拿出一大块泡涨的米斯特克白玉米。"但要当心！"她眯着眼睛，神神秘秘地打量着，"石灰放多了，玉米饼就太扎嘴、太黄……放少了，就太硬……碱化要用好几年才能真正掌握。"

梅索美洲人为什么、如何，以及具体在何时发现了熬浆，这依然是一个大谜团。唯一的线索来自今天危地马拉境内发现的3 500年前奥尔梅克人的煮锅，锅里有碳化石灰的痕迹。是一个玉米厨师无意间将灰烬或者贝壳掉进了锅里吗？是人们用热石灰石来加热液体吗？是人们觉得吃了加石灰的玉米身体更健康了，不生某些病了吗？一个远古文化是如何发现了某种东西的营养价值——就碱化而言，转化效果是如此显著？未经处理的成熟玉米是废物，它的营养在分子层面被封锁在了每一粒玉米的硬壳之内。但是，加石灰让玉米的烟酸（即维生素 B_3）、六种氨基酸和钙元素变得容易被人体吸收，而软化的种皮也更容易磨成面团。更神奇的还在后面：玉米加上豆角，蛋白质就完全了。

"碱化后的玉米远胜于未加工的玉米，"人类学家苏菲·科（Sophie Coe）主张，"以至于认为碱化技术发明导致梅索美洲文明兴起的观点颇有诱惑力。"

然而，我在奥尔嘉那通风的餐厅厨房里思考，尽管碱化技术的力量如此神奇，但它还是将梅索美洲妇女变成了终身劳苦的夏娃，从出生就被诅咒要侍奉和保存炉火——像奴隶一样制作全家每日食用的玉米饼。我瞥了一眼奥尔嘉的大擀面台，它有一股略带邪气的祭台意味。历史学家阿诺德·鲍尔（Arnold Bauer）提出，5 000年前的图像中都有弯腰擀面的古埃及和特奥蒂瓦坎（Teotihuacan）妇女形象。欧洲最后用磨盘取代了这种原始的工具。那墨西哥呢？令人震惊的是，这种石器时代的擀面台沿用了下来。但原因是什么呢？

一个原因是，西班牙人入侵前的美洲没有轮子。更重要的是，即使殖民者带来了磨盘，也处理不了泡过碱水的黏玉米浆。然而，墨西哥并非没有其他的工程发展，比如复杂的银加工工艺。直到1859年，墨西哥才有了第一项磨浆机专利，而且直到很久以后，蒸汽动力、柴油动力和电动磨才全面普及，尤其是在乡村地区。这是因为制作玉米饼是低优先度的女性劳动吗？

"天赐的发明！"（Bendita invención!）这是1902年墨西哥报纸《灯塔报》（El Faro）对磨浆机发出的惊呼，"它将会解放我国的女性。"同时，乡下的男子心存疑虑，谴责它是"女人反抗男人权威的革命"。

磨浆机发明传播之后，玉米饼机出现了，最后是恐怖的工业化方便食品，马塞卡。

"但是，瓦哈卡妇女从来没有抛弃擀面台！"奥尔嘉大声说，"它是我们身份的一部分。"

因此，在太阳阶梯餐厅忙乱不堪的早餐时段，她还在耐心教我至关重要的"复碾"（segunda pasada），也就是将磨出来的面团放到擀面台上二次碾压，最终达到顺滑的程度。

你有没有跪在擀面台前过？你知不知道拿着极重的圆柱形石杖（mano）来回擀会对肩膀造成什么影响？你有没有试过旋腕，一边往前推石擀杖，同时用手掌使劲压面？我重复这套流程干了20分钟就从手腕疼到手指——我会不会马上得腕管综合征？——从肩膀疼到膝盖。

接下来该奥尔嘉烙饼了。富有艺术气息的乡野风灶台上方是天蓝色的瓷砖，在这里烙饼看上去很舒服，我感觉自己受到了背叛。

我是小麦人。我已经学会了把拉瓦什饼（lavash）贴在馕坑壁上；我可以将酥皮拉得像纸一样薄。玉米饼把我打败了。

一个小时过去了，又累又出汗。温柔的奥尔嘉小声说着鼓励的话，享用着玉米比萨、玉米三角饼、龙舌兰虫莎莎酱拌鸡蛋，还有泡沫丰富的巧克力汁的早餐顾客投来了目光。我本就满面红光，羞得更红了。

我一直在折腾基本流程：取出玉米面团；身体靠在蓝色压面机上，使劲把杆往下压，把面团压平；把形状不规则的饼坯夹在两块塑料板之间，做三次手工整形，翻转过来；摘掉塑料板；一只手迅速将饼坯盖在压面机上，另一只手托着我的"饼坯"（边上破了，丑丑的），避免出褶皱，然后温柔地——要是甩得太狠了，就会形成起泡——放到土烤盘上，一定要直上直下。（没问题！）等待大约45秒，翻面，不要让自己被700华氏度（约合370摄氏度）的烤盘表面烫伤（如何避免？）。对专业玉米饼师傅来说，最难的是翻面。翻早了，里面不熟；翻晚了，饼又太干。当然了，面团需要不断洒水，否则饼子发不起来。

而当饼子发起来的时候，那一刻多么美妙啊。实话说，那就是一个小小的奇迹。饼内的蒸汽在热力作用下膨胀，于是，玉米饼吐纳，起伏，涨大，仿佛一种精致的原始生命形态。我的一个饼子真的做到了，我惊奇地注视着它。奥尔嘉松了一口气，把它抓起来，熟练地划开，往里面灌了一整个生鸡蛋，然后抛回烤盘上——冠军早餐。接着，她向我展示了当地最基本，也最受欢迎的小吃，咸卷饼（taquito de sal）。就是玉米饼撒上盐，紧紧卷成筒形，有一股土地的、原始的味道，就像……

我停了下来，酸痛出汗。

将一张用本地传统品种玉米制作的手工玉米饼理想化是多么容易啊。那么有匠人精神，那么扎根于前西班牙时代的身份，是对殖民主义与工业化农业的回击，它已经以原始形态存续了几千年——可能性那么低，怎么做到的？

是啊，这张玉米饼难道不是家庭生活与自豪感的基石，是原住民墨西哥性的本质吗？

但然后，我的天啊……对许许多多女人来说，这是日复一日，永无尽头的辛苦劳作……

　　我发现自己执着于玉米饼和原住民女性劳动的议题——这个问题如此重要，但当前墨西哥国内外消费主义对传统玉米的吹捧又常常无视它。

　　玉米饼是赋能还是奴役？

　　奥尔嘉一上来被问傻了，她思考了一会，然后宣称，是啊，是奴役——尽管玉米饼对家庭和文化具有特别的力量，但它带给女人的是奴役。毕竟，她本人是一个解放出来的现代厨师，重视搅拌机终究多过擀面台。（"搅拌机帮助莫利酱生存了下来！"）她欢迎一切帮助本地女性"快乐做玉米"（feliz con maíz）的创新或捷径。

　　颇有影响力的研究专著《瓦哈卡女性、劳动与健康》（*Mujer, Trabajo y Salud en Oaxaca*）的作者，社会学家格洛丽亚·萨弗拉博士（Dr. Gloria Zafra）也认为是奴役，而且不仅如此，还是长期健康风险。操作擀面台会损伤肩膀和膝盖，吸入烤盘柴烟则会伤肺。但萨弗拉反问道，我们的原住民女性没有机会，未受教育，她们能做什么呢？我们想一想瓦哈卡的职业玉米饼小贩，这些"活的玉米饼机"忍受着高强度劳动，低报酬，一天有三四个小时挤在合乘公交车上。然而，她们往往做的是家族生意，表亲、姑婶、姐妹都凑了份子。最后算下来，相比于以雇员的身份遭受奴役，被虐待，被歧视，拿到的报酬也差不了多少，这种模式更自由，而且没错，也更赋能。

令我惊讶的是，欧弗罗西娜·克鲁兹·门多萨（Eufrosina Cruz Mendoza）在回答我的"赋能还是奴役"问题时，竟然似乎也有踌躇。她的观点是我专门垂询的。

欧弗罗西娜——人们就这样叫她——是墨西哥能量最大的原住民政治家和女性权利活动家之一。人们称她为超级行家。她抽出一个小时与我见面，我感到极其幸运。我们见面的地点是瓦哈卡一家新开业的设计酒店里的爵士风梅斯卡尔酒吧天台。她美艳而雄健，令人不敢亵玩，只争朝夕而不失风度，一条红酒色的围巾优雅地披在短小的黑裙之上。我必须克制自己，不去想象她成长于一个要走7个小时陡峭盘山路才能到这里的村庄——她小时候只会说萨波特克语，睡在泥地上，父亲教她女人只有两个用处，做玉米饼跟生孩子。

"我以为那种生活就是我的命运了，"她浅酌了一口梅斯卡尔酒，开口讲道，"这种地方每个原住民女性的命运。在墨西哥既是原住民，又是女人，还穷——这就是三倍的完蛋。"

那种生活。天不亮就去打水……等磨坊开面……在擀面台前面跪好几个小时……在烤盘上烙玉米饼……煮明天要用的玉米浆。"我四十岁了，"她说，"我儿子迭戈六岁。在我老家，我这个年纪的女人全都是奶奶了，12岁就结婚。"

11岁的时候，欧弗罗西娜听说爸爸准备把她嫁出去，于是逃离了这种命运。她搬到一座大一点的镇子跟亲戚住，学习西班牙语，在街上卖水果和口香糖维持生计。27岁，在瓦哈卡城拿到本科学位的她返乡从政——"女人脸上的忧愁与不公，她们被玉米浆泡硬，被烤盘灼伤的手"让她念念不忘。

20世纪90年代，瓦哈卡成为墨西哥第一个授权原住民社区通过"传统与风俗"（usos y costumbres）选举领导人的州，选民和候选人都用通过参加公共服务活动"赚取"参政权。在瓦哈卡的570个社区中，418个都用这种方式选举领导人。而且大部分市镇都不允许女性参与。

"传统与风俗，"欧弗罗西娜讥讽道，"我看是传统与虐待女性！"

2007年，她竞选本市市长，而且似乎要赢。这时，现任市长宣称"女人受造就是为了辅助男人"，做饭养娃，不能发号施令。投给她的票被撕毁。她的支持者遭到骚扰，被诽谤是白痴、酒鬼和同性恋。"我不是个爱哭的人，"欧弗罗西娜说，"但那些话让我掉眼泪了。萨波特克语的侮辱很伤人。"她向瓦哈卡州议会提出申诉，结果收到了死亡威胁。但她的遭遇登上了全国新闻，时任墨西哥总统费利佩·卡尔德隆（Felipe Calderón）听说了她的经历。她骤然成名，发现自己当选为瓦哈卡州议会有史以来的第一个原住民女性议员，后来又进入了墨西哥众议院。她迄今为止的主要成就是什么？联邦宪法修正案承认原住民女性的投票权——联合国后来向全球推广这种做法。

我们见面的时候，欧弗罗西娜是瓦哈卡州政府原住民与非裔墨西哥人秘书处（SEPIA）的秘书长。她刚上台的举措之一就是改名。她的部门原来叫"原住民事务办公室"。"事务？"她哼了一声说，"原住民事务——这个词太官僚，太消极了。"她摆了摆手。"甚至用意良好的自由派依然将原住民视为可爱而无助的玩偶……弱势群体（los vulnerables），一个'全国性难题'。瓦哈卡中央谷地，当地的市集和手工艺，它们都被视作某种露天的活博物馆。但我们是人，不是'事务'，也不是等着别人伸手的民俗文物。我们只是被剥夺了机会！"

她把上身靠了过来。"你把这个记下来，安妮亚。'原住民女性'（La mujer indígena）可以强大，凶悍，而且勇敢（empoderada，chingona，y valiente）！"

这就引出了我的下一个问题：一边是努力争取到的原住民文化与政治自主权，一边是女性视角，两者要如何调和？

答案不是违抗传统意义上的法律，欧弗罗西娜不耐烦地回答道。变化必须通过社区对话、教育、透明公开来实现。"我们的市镇有很多优点，"她说，"华丽的庆典，圣诞节粽子，一起分享，一起耕种，一起吃饭。这些也是我的价值观，我会为了捍卫它们而奋斗。"

那玉米饼问题呢？我逼问道。

"你看，"她答道，"我不下厨。我不碰玉米浆。"

就我在瓦哈卡待的这段时间来看——妇女全都从烹饪中汲取力量——这些话可谓独树一帜。

"但在我们村，"欧弗罗西娜继续说道，"我会下厨！为了表示我对社区生活的尊重。但违反人权是我的底线。原住民权利与人权并非水火不容。我们也在不断进步。"现在的女市长多得多了，州地方议会也为女性保留了席位。

"但你问我，安妮亚，"她进一步思索着说，"玉米饼是不是奴役……"

她的答案是，不是。玉米从过去到现在都是原住民乡村的膳食基础，是原住民的生计与文化。人们看不上机制玉米饼，觉得马塞卡是脏东西。

"需要改变的是偏见，"欧弗罗西娜坚定地强调，"认为做玉米饼完全是女人的活。我们在尝试教育村民全家一起干。男主人可以给烤盘捡柴火——他怎么就不能干？"她给我看了手机上的照片，图中是她给女性村民小组送去了家用磨浆机，这是她发起的"玉米女性"（Mujeres de Maíz）项目，那样女人就不用凌晨去等着男人打开村里的磨坊，男人想几点开就几点开，这是另一种形式的虐待。"通过这些小磨机，姐妹情谊建立了起来。"

起身离开时，她说她还在思考我的玉米饼之问。她本人做出了不碰玉米饼的人生选择。但如果一个女人选择过那种生活，她也需要受到尊重。"归根结底，"她露出冷静的微笑，调整着自己的围巾，"玉米饼就是力量。女人可以告诉她男人，如果你不尊重我，我就饿死你，我罢工。玉米浆就是我们的力量。就像他们说的，没有玉米，就没有国家！"

说完，她便匆匆走了。

梅索美洲玉米文化有史以来受到的最严重打击，或许当属1994年美国、加拿大和墨西哥签订的《北美自由贸易协定》。墨西哥当时的大部分民众生活困苦，至今依然如此。墨西哥方面的倡导者是经济学家出身的卡洛斯·萨利纳斯总统（Carlos Salinas），在他看来，《北美自由贸易协定》标志着墨西哥经历惨痛的1982年债务危机后接受的新自由主义取得了胜利。萨利纳斯和他的自由市场宣传家抛弃了革命的福利国家承诺，转向制造业、私有化和大型农业企业。

乡村受害尤其大。按照大部分估算，墨西哥在《北美自由贸易协定》签订后的前七年里就砍掉了90%的农业扶持资金。更糟的是，政府几乎立即降低了玉米的保护性关税，令农民惊骇不已。与此同时，美国农业企业开始以低于生产成本的价格向这边倾销工业玉米（大多数是饲料用玉米），美国政府也在继续大力补贴本国玉米生产商。在《北美自由贸易协定》签署后的头十年，墨西哥国内玉米价格暴跌了近70%。农业劳动力收入骤减。（甚至到今天也只有《北美自由贸易协定》之前的三分之一。）消费者的玉米饼价格猛增了将近300%。绝望的农民卖出土地或者抛荒，开启了大规模人口外流，规模目前估计在200万至500万人之间。

来自《北美自由贸易协定》的伤害与羞辱的最后一根稻草，就是所谓的2001年玉米丑闻——矛盾的是，这场丑闻也是当今民族主义弘扬玉米的催化剂。当年，两个加利福尼亚大学伯克利分校的科研人员在瓦哈卡做田野调查，发现工业转基因玉米的基因大量流入本地土生玉米。

这意味着，《北美自由贸易协定》已经让低价美国玉米涌入墨西哥市场，如今又要污染墨西哥的基因池了？

伯克利研究人员的发现发表于《自然》杂志，引发了国际声讨，也招来了孟山都等企业资助的猛烈回击。环境合作理事会（Commission for Environmental Cooperation，简称CEC）后续进行了详尽的研究，证明基因流动确实存在——并补充道，基因流动"对地方品种的冲击已经涉及了历史议题和怨言，对墨西哥乡民造成了影响"。

这都是往轻了说。

"我们认为，我们正面临一场灭顶之灾——有可能是灭绝事件！"瓦哈卡著名玉米科研专家弗拉维奥·阿拉贡·奎瓦斯（Flavio Aragón Cuevas）强调道，同时带我参观了位于瓦哈卡城以北的国家林业、农业与畜牧业研究所种子库。这里保存着大约200个当地玉米品种。"我们的诺亚方舟。"他打趣道。

玉米丑闻将恐慌情绪传遍了已经被《北美自由贸易协定》荼毒过的农业社区。"玉米对墨西哥至关重要。"阿拉贡重复了一遍经文。几千年来选育出来的独特地方品种正受到转基因玉米的威胁。转基因玉米可以轻易交叉授粉，以至于要完全取代地方品种。

"事关何处？"阿拉贡阴沉地发问，"我们的基因财富，我们的生物多样性——我们的饮食、文化和传统！"

幸好，在2001年危机之后，我们并没有发现瓦哈卡玉米受到了长期损害。但是，玉米问题触及了墨西哥的灵魂，墨西哥乡村社区的肌理，还有墨西哥原住民农夫的生计——这些农民被边缘化多年，如今被宣扬为民族根本传统的守护者。

墨西哥城国立民间文化博物馆2003年展览的主题是"没有玉米，就没有国家"，辅以顶级知识分子为这种谷物献上的赞歌。同年，10万名左右抗议者拥入首都，要求重谈《北美自由贸易协定》。农民们赤身裸体，走街串巷，或者组成"拖拉机游行队"。"没有玉米"也是"捍卫玉米网络"（La Red en Defensa del Maíz）

的口号。这是一个影响力巨大的反转基因组织，成立于2002年，成员约有300名，以墨西哥活动家为主，至今依然举足轻重。

之后一直是这样。过去20年间，有500多家组织参与了各类运动。在反新自由主义的萨帕塔起义的背景下，这些草根运动已经将农民、城市大厨与消费者、原住民活动家、非政府组织、高端国际科学家团结了起来。那墨西哥政府的回应呢？主要是惯常的回避和半吊子措施，尽管目前转基因作物正在被淘汰，墨西哥的民粹主义总统洛佩斯·奥夫拉多尔（López Obrador）也已经高调承诺会支持农民。但公众意识和消费者的爱国情绪已经建立了，小农和小规模生产商正在进行自我教育，媒体也已经响应了这项事业。

墨西哥甚至设立了国家玉米日（9月29日）。

离开了玉米专家和他的种子方舟，我去附近的埃特拉小镇（Etla）逛集市。集市上的农民在烈日和狭长的树荫下呆站着，身旁是装着彩色玉米的箱子。我想知道，新兴的玉米爱国主义会如何影响国民对这些农民的态度？他们是否依然被视作一名学者口中的"欠发达状况的怀旧民间残余"？还是说，像塞加切的卡耶塔诺和纳蒂那样的农民，他们种植如同宝石原石一般的玉米，如今已经被视为独立的文化传承人？又或者，他们也只是新自由主义营销机器上的小小齿轮，是原生态旅游的宣传工具？他们的未来前景如何？全球生态消费暴增产生的需求会轻易超出生产能力——梅斯卡尔酒便是如此。如果欧弗罗西娜这类人所倡导的社会与教育计划成功了——那还有什么能够限制农民离开米尔帕，

223

融入梅斯蒂索社会呢？

在俯瞰埃特拉的高山上，弗朗切斯科·托莱多将一家纺织厂改造成了生态艺术中心。我在那里买了几张大师设计的反转基因海报，很震撼。有一张正挂在我在纽约的办公室里，图中是贝尼托·胡亚雷斯（Benito Juárez）——这位19世纪的瓦哈卡萨波特克人当选墨西哥总统，推行自由化，受人敬重——在一堆本地玉米上面睡着了。图中文字语气迫切，"贝尼托，快醒醒！"（"Despierta Benito！"）"对转基因玉米说不！"（"Y di no al maiz transgenico！"）

瓦哈卡上演的任何美食故事都必然会达到最终的高潮，也就是各种摆满了莫利酱的庆典。许多好听的俗语讲述了莫利酱在墨西哥社交生活中根深蒂固的角色。例如："这个莫利酱给什么时候用的？"（para cuándo el mole？）还有：婚礼（boda）什么时候办？

就是再给我一百万年的时间，我做梦也想不到巴里和我会出席这样一场婚宴，在奥尔嘉餐厅天台上举办的一场萨满风萨波特克仪式中交换誓言。

然而，奥尔嘉正在这里兴奋地编写宾客名单和宴席菜单。"你想象一下，安妮亚！"她温情地说道，"你自己做你自己的婚宴莫利酱！"

毕竟，这就是我在瓦哈卡的大餐了。我自己的婚宴莫利酱。

奥尔嘉想出了七种，但没有一种是经典口味或者全国口味。我们要一起制作她的祖传菜肴，比如她奶奶乔尼塔的丁香莫利酱，乔尼塔在瓦华潘开着一家著名餐馆。大菜是婚纱一样白的果香白莫利酱，原料有将近30种，是奥尔嘉本人经过几个月试错发明的。

其中一步是用加了炉灰的水焯冬瓜子，简直像炼金一样。

谁知道呢，没准我还会亲自烙几张玉米饼呢。

　　我的计划外婚礼计划都是拜梅斯卡尔酒所赐。更确切地说，是因为我拜访了一家梅斯卡尔酒厂，酒厂老板豪尔赫·贝拉（Jorge Vera）是奥尔嘉的生意伙伴，我们的新朋友，伦敦留过学的前经济学家，后来转行做酒——非常梅斯蒂索。他的酒厂叫"宴会"牌（Convite），在瓦哈卡城外东南一个小时车程外，高居于约6 000英尺（约合1 800米）海拔的南马德雷山上，厂外就是圣巴尔塔萨盖拉维拉小镇（San Baltazar Guelavila）。这里是萨波特克人的梅斯卡尔酒核心产地，是墨西哥龙舌兰品种最多的地方。

　　尽管酒厂产品价格高，但宴会酒厂的生产设备主要就是一个山坡上的大型平台，大部分是露天的，平台后侧用石头和泥土垒了一个烤坑，上面用土和木头盖着。新鲜切割的龙舌兰心（piñas）堆放在坑边，等待入坑烘烤，就像奇形怪状的白色菠萝。或者说，更像是奇形怪状的芦笋蒂，因为龙舌兰其实属于天门冬科（Asparagaceae，字面意思是芦笋科）。旁边立着用来碾碎烤好的龙舌兰心的传统磨盘（tahona），动力是一头吃力地转圈的驴。不远处的橡木大缸里放着磨碎的龙舌兰（tepache），冒着泡，泛着沫……慢慢地，怪怪地。

　　转了一圈以后，我们品尝了直接从蒸馏装置里取出来的120纯度[4]新酒。作陪者是宴会厂的首席酿酒师之一——图乔·埃尔南德

4　120 proof，美国常用的一种酒精度单位，相当于60度。

斯（Tucho Hernández），还有他的哥哥丹尼尔（Daniel）。埃尔南德斯家是圣巴尔塔萨有名的世家，近几十年来出了好几个萨波特克梅斯卡尔酒名人，最优秀的小型酿酒厂都被保乐利加（Pernod Ricard）和金巴利（Campari）等跨国巨头收购了。外面冬季的山坡上到处是暗淡的灰色与棕色，唯独星星点点的野生龙舌兰贡献出突兀的绿意。

图乔对自己的野生（jabalí）梅斯卡尔酒尤其自豪——难度很大的，因为野生龙舌兰生长在峭壁上，25年才能长成，而且大约100千克才能蒸馏出1升酒。

"但喝了它会搞坏你的脑子，"他告诫道，"让你发脾气。"

"图乔"在萨波特克语里的意思是"野"，这个昵称很相称。他年纪四十岁左右，长得像埃米利亚诺·萨帕塔（Emiliano Zapata）一样凶悍俊朗，宽阔的八字胡显得风度翩翩。图乔似乎与龙舌兰、梅斯卡尔酒和大山有一种萨满式的关系。他告诉我们，他只要看一眼某个地方，就知道那里长什么龙舌兰，酿出来的梅斯卡尔酒是什么味。他时不时会进山好几天，只带一瓶烈酒和蘑菇，"与鸟儿对话"。他有一套特殊的行为方式——图乔的人生路。比方说，他是怎么结婚的。有一天，他跟伙伴们踢球玩，球落到了一个女孩身旁。"我对自己说，就是她了。"他回忆道。这就是爱情。"你愿意嫁给我吗？"他问道——就是这样。"我能想想吗？"女孩答道。"不，你不能。但是好吧，你明天要回复我。"他说。接着，他问了女孩叫什么。

出于某种原因，图乔似乎对巴里感到着迷。"他老了，"他说着将我们对他的审视转移到了其他方向，"但意外地精干……你们结婚多久了？"

他听说我们没结婚，谈了25年"恋爱"。他震惊了。

"我们的财务顾问说，这样从财务角度看很不利。"我告诉他，轻佻地咯咯笑了起来。我解释我们的关系状态时总会这样笑。

图乔皱起了眉头。

"你们该结婚了，"他郑重其事地宣布，"婚姻会教给你们新的责任。"

"图乔可以证婚！"东道主豪尔赫朗声道。他在咧嘴大笑，但明显有点被自己提起的话茬搞晕了。

结果，图乔是一个货真价实的萨波特克萨满，有资格主持宗教仪式。他之前就证过婚。

巴里和我看着彼此。

"为什么不呢？"我们脱口而出。这家酒厂和120纯度野生龙舌兰酒真的把我们搞晕了。

但在婚礼前还要一个预备仪式：问亲（la pedida）。必须有一个相当于巴里父亲的人，向一个相当于我母亲的人正式请求同意。

而问亲前还必须接受一场公开的乡土挑战环节。我们的做法是，爽朗地向所有人宣布我们准备办一场萨波特克式的婚礼。

一张张饱经风霜劳苦的脸上马上露出了下流的光彩。女士们机灵地问我擀面台用得怎么样，男人则色眯眯地问我草席舒服不舒服。

"他？"两个米斯特克老奶奶在奥科特兰（Ocotlán）的周五集市上笑着说，她们指的是巴里。"比那个强，他看着跟美国阔佬似的！"这里指的是我们与帝王同名的高个子朋友胡利奥·塞萨尔。

奥科特兰集市以火鸡活体交易闻名，我来这里是为了买婚礼穿的白色罩衫。

　　巴里的问亲仪式发生在一天傍晚，地点就是我与欧弗罗西娜见面的那家爵士风酒店的梅斯卡尔酒吧。奥尔嘉的朋友，和蔼的酒店总经理玛丽·帕斯（Mari Paz）陪着我，扮演我妈妈。我坐在她旁边，按照要求一言不发，谦逊地盖着红盖头。巴里的代理父亲，怂恿我们办这场婚礼的豪尔赫·维拉出乎意料地大谈巴里作为配偶的好处——当然，也承认有坏处（这个老"儿子"的年纪比"爸爸"大差不多20岁）。玛丽·帕斯用爱护而怀疑的目光看着新人。巴里穿得潇洒却有些奇怪：冒牌的墨西哥农民短上衣，亮紫色的大围巾，还有一定松松垮垮的大黑帽。豪尔赫刚说完，巴里就站起身，尖着嗓子唱起了专门为我改编的马里亚奇经典歌曲，赢得了十名到场见证的朋友们的掌声。接着，他单膝跪地，请求与我携手。在此之前，他先献上了问亲必备的聘礼，有巧克力、香烟、梅斯卡尔酒、蛋黄面包（pan de yema）、一个小擀面台——外加他在瓦哈卡能找到的最敦实的象征男子生育力的蜡烛。按照当地传统，新郎的斤两和品性就是靠这根蜡烛的价格和重量来衡量。我伸出了手。两人接吻。

　　我们为梅斯卡尔酒带来的订婚仪式和接下来的婚礼祝酒庆贺。实话说，我们原本对这个过程的态度就是一场民俗角色扮演游戏，就是玩闹。但是，现在我们举起装着梅斯卡尔酒的蜡烛杯（vasos veladoras），也就是用来放教堂蜡烛的传统广口玻璃杯，我们发现自己情绪万千。我们的订婚真的是在向瓦哈卡社群网络致敬，他们在过去几周里为我们聚集在一起，慷慨而丰富。那是我们最深情，最真挚的敬祝对象。尽管我俩都像是从一场轻歌剧里跑出来的演员。

特奥蒂特兰谷（Teotitlán del Valle）是埃尔皮卡乔峰（El Picacho）下一座繁荣的萨波特克纺织村落。埃尔皮卡乔峰是瓦哈卡附近胡亚雷斯山（Sierra Juárez）中的一座神山。在我们的萨波特克式婚礼举办前几天，我来村里拜访阿比盖尔·门多萨（Abigail Mendoza），来意之一就是请她参见我们的婚礼。

在瓦哈卡，唐娜·阿比盖尔不仅仅是一名厨师，更是萨波特克人的文化瑰宝。戴安娜·肯尼迪（Diana Kennedy）借阅过她的菜谱，安东尼·布尔丹（Anthony Bourdain）前来向她致敬。《时尚》（Vogue）杂志墨西哥版把她放在封面上。在她还是一名年轻厨娘（为节庆和婚礼制作宴席的传统厨师）的时候，她这样的特奥蒂特兰未婚女子不许在市场上买东西，也不许喝梅斯卡尔酒（她现在也不喝）。她感到极其痛苦和受辱，藐视村庄传统，后来又违抗了特拉玛那利（Tlamanalli）餐厅的承建商——这家餐厅是她30年前与五个姐妹一起创办的，得名自萨波特克人的厨神——他们拒接女人的单子。现在，她是村委会成员，还是新特奥蒂特兰社区文化中心主任。

年逾五旬的她身体健壮，一张圆脸满带笑意，红头绳扎起的辫子盘在头上，仿佛一顶乱蓬蓬的王冠。唐娜·阿比盖尔在乱糟糟的、富有魔幻现实主义风格的家里等着我。她和两个同样没有结婚的姐妹，阿德利娜和鲁菲娜住在一起。庞大的中庭是奇花异草的王国，明火上摆着好几个土烤盘和咕嘟冒泡的炖锅——一座属于女人的幸福卡米洛城堡，让我一瞬间重新考虑起自己的结婚计划。但在拱廊上，我在织布机、草篮和陶器之间数出了七个令我望而生畏的存在：擀面台。阿比盖尔说，擀面台都是分开的，有磨辣椒和巧克力的，有磨香料和豆子的，免得串味。

阿比盖尔5岁的时候，爸爸用河里的石头给她做了一个练习用的小擀面台。6岁时，她第一次做出了真正的玉米饼，个头小，形状也不规整。当妈妈把饼子扔去喂鸡的时候，阿比盖尔哭了。9岁时，她不得不退学，因为她要干的活太多了，要织布，要帮忙带弟弟妹妹，课间休息的时候要匆匆忙忙地把玉米浆送去磨坊，带着面团冲回来给妈妈，然后再去上课。

"啊哈！"我插嘴道，抑制不住地问，"所以玉米饼等于奴役了？"

"我心里有一部分认为是的，"阿比盖尔不免停下来思考，然后表示认可，"但如果我们全都去上学上班了，谁来做玉米饼呢？没有了玉米饼，我们所说的家庭就会终结！"

现在，我们围坐在露台的一条长桌旁，头顶是郁郁葱葱的树荫，把本地特有的塞奎萨莫利（mole cegueza）抹在巨大的玉米比萨上面。这是我一直想要尝试的活动。玉米比萨是烤到焦干的圆形玉米饼，表面坑坑洼洼的，像月球似的。

"我们的头号莫利。"（El primer mole de nosotros.）阿比盖尔这样评论塞奎萨。

"是我们前西班牙时代的祖先吃的！"鲁菲娜插嘴道。

事实上，塞奎萨确实有古风。不放伊比利亚传来的洋葱，不放大蒜，不放进口香料。没有甜味。日常吃的塞奎萨以大豆角为主料，节庆版放猪下水和猪颈肉。天主教徒的猪肉取代了原住民的鹿肉或野兔肉。但说到底，我想到塞奎萨是一种玉米莫利酱。它是用玉米糁（quebrado，晒干的玉米粒放在烤盘上烤，然后在擀面台上粗磨而成）增稠的，最接近我要找的前征服时代的"mulli"[5]：不像是酱，而更像是前西班牙时代的一种令人难忘的玉米粥，佐以番茄、红色的巧克力辣椒，以及有浓烈甘草味的鲜圣草（yerba santa）增色。

我告诉三姐妹，我的莫利酱之旅是逆历史时间顺序来的——从第一次跟塞利亚做的黑莫利酱的巴洛克—殖民者梅斯蒂索风味，到这次本地古代先民吃的朴素萨波特克"mulli"。

我进一步说明了我的婚礼，讲了我和奥尔嘉制作的一部分莫利酱，然后发出了邀请。

阿比盖尔发出咯咯的笑声，我一边说，她一边点头。然后她自己开始讲了。她说，在一个萨波特克女人的生活中，莫尔酱代表着某种深厚的东西，具有深切的私人性。莫尔酱是一个女人的日历，记录着生命的周而复始，村庄庆典，欢乐与私密的忧愁。有当地母亲喂给孩子吃的绿莫利酱，口味柔和，不放辣椒。有萨波特克风格的巧克力辣椒和烤饼渣莫利酱，这是特奥蒂特兰特有的品种，是女人为兄弟姐妹的婚礼大宴（fandango）制作的。还有女人父亲死后九天祭祀用的牛肉黄莫利酱。

我听着的时候心里在想，梅斯蒂索民族叙事中都没有提到其中任何一种。

这时，阿比盖尔说她有惊喜要给我。

巧克力玉米汁。

5　见第193页。

看上去，我要办萨波特克式婚礼的消息已经传到特奥蒂特兰了。尽管阿比盖尔三姐妹无法出席，但这是她们的礼物：泡沫浓密的节庆饮品，阿比盖尔给它起了个名字——"萨波特克卡布奇诺"，很有企业家的智慧。

"我没结过婚，"她说话间露出大大的满意笑容，"我很高兴没有男人打扰我们。但如果你真心决定要结婚的话，请你收下我们的'众神的饮料'（bebida de dioses）！"

玉米汁（atole）这个词出自纳瓦特尔语的"水"（atl）和"运动"（ollin）。它是墨西哥农民日常的早餐，半是玉米糊，半是饮料。巧克力则是前西班牙时代的精英饮品，要放在漂亮的容器里，加入辣椒、龙舌兰花蜜或肉桂调味，而且要有泡沫。"巧克力玉米汁结合了奢侈品（巧克力）与日常食品（玉米），"阿比盖尔说道，"对我们这里的人来说，泡沫饮料就像玉米粽子和莫利酱一样重要。"

有些配方是讲述征服与战斗的长篇史诗，另一些则是匆匆而过的俳句。随着阿比盖尔开始列举，我心里想，巧克力玉米汁就是咒语吧。

"巧克力玉米汁有很多步骤（pasos），"她开始讲了，"第一步，也是最困难的一步是发酵白可可（cacao pataxte）。不用棕色巧克力。"

"你找恰帕斯山（Sierra de Chiapas）的女人买白可可，"她吟唱道，"你信任的卖家，她要多少钱就给多少——别抠门——豆荚浸泡两周。然后在石头地上凿一个方形的坑，填满水。然后等待。水平静了以后，加入可可豆。用木头、秸秆、泥土把坑盖上，留一个小洞；每天查看豆子吸了多少水，然后补水；每周把所有可可豆取出冲洗——再埋回去。六个月以后，也可能是八个月，水就发臭生虫子了，可可豆的外皮颜色也变深了。等到臭味和虫子消失了，干燥豆荚——不要阳光直射，但也不要放在树荫下，否则可可豆会腐烂。你会知道白可可什么时候好了，只要你是天选的懂行的女人……我们村里只有五个这样的女人。"

她说到这里停下来，向我展示了已经发酵好的白可可豆荚，脆弱的黑色外壳里面包着白垩色的豆子，豆子很轻。我尝了一口。有一股淡淡的土味，说不上完全好吃。

我无法掩藏自己的惊讶。九个月，就为了这个？简直跟怀孕似的。为什么？

"因为巧克力玉米汁是神圣的魔法，"阿比盖尔回答道，神色突然肃穆起来，"通过为特殊节日和婚礼制作巧克力玉米汁，我们保存了神圣的仪式。现在听我说，不要打断。"

配方继续讲了将近一个小时，涉及烘烤和浸泡豆荚，还有一小批助手用非常干净的手剥豆子——手上不能有油。这些步骤耗时长达一周。终于，可可豆被磨碎，与土盘烤过的小麦、玉米、稻米、肉桂条与棕可可混合，得到的糊糊要送到室外日晒烘干，直到像石头一样坚硬。

"现在到了最后一步，庆典日，"阿比盖尔像演戏一样放声宣布，"你的婚礼日，亲爱的安妮亚！屋子里全是人，你杀了鸡、火鸡和猪，制作了给来宾吃的海绵蛋糕和普通巧克力汁。现在，在混乱拥挤的屋子里，你为你、你的8个擀面台和12名帮手找到了一个特别的角落：6个人磨，6个人打泡（batida），打泡要用从来没接触过肉、糖或蔬菜的专用钵——否则泡沫就毁了！"

此时，阿比盖尔匆匆过去跪在擀面台前，开始用石杖磨像石头一样硬的可可糊，水花四溅。这是她从小练就的几十年的功夫。我注意到，她的小臂像举重运动员一样。

同时，鲁菲娜和阿德利娜在小火煮着基液：用未经碱化处理的特殊白玉米面团（tiziahual）制作的白色玉米汁，质地如同牛奶。

"所以，她们就是磨啊磨，其他女孩就是打呀打。"阿比盖尔说着手上的活越干越快，接近了仪式的高潮。"最后，她们把泡沫舀进葫芦里（jícara），邪眼总是非常可怕的。"

她再次起身，在一个陶钵里亲自捣可可糊，中间隆起的木头磨棒揉擦转圈，仿佛是用双手在跳旋转舞。

我终于看到了，白色泡沫缓缓出现。一开始是易碎的大泡，然后是浓密的泡沫，光洁恍如氧化的珠宝。

古代萨波特克人有一种生命力的概念，叫做"派"（pi），意思是"呼吸""精神"或者"风"。根据考古学家乔伊斯·马库斯（Joyce Marcus）和肯特·弗兰纳里（Kent Flannery）的看法，任何有"派"的东西——发洪水的河流、积雨云、一杯巧克力汁表面的泡沫——"都被视为活物，因此是神圣的，在仪式中要特别崇敬"。

巧克力玉米汁的喝法是用勺子将加糖的泡沫舀到还热着的玉米汁上。世界赞赏墨西哥菜浓烈而辛辣的能量。但巧克力玉米汁，这种经过童话般的繁复劳作制成的生命灵药，恰恰相反。易逝……柔弱。我不得不暗自叹息，我猜这是我作为一个外人永远理解不了的东西。

"你是一个幸运的新娘，"鲁菲娜说，"能有这样的礼物。"

"你的男朋友（novio），"阿比盖尔亲切地加了一句，"能娶到你再幸运不过了。"

伊斯坦布尔

奥斯曼百乐餐

1459年，奥斯曼帝国苏丹"征服者"穆罕默德二世（Mehmed II）实现夺取君士坦丁堡（Constantinople）的梦想六年后，下令在一座古代拜占庭要塞旧址上修建一座俯瞰三海两洲的宫殿。在接下来的四个世纪里，直到被一座新宫殿取代之前，托普卡帕宫（Topkapi，意思是"炮门"）都将是一个庞大帝国的指挥中心。巅峰时期的奥斯曼帝国疆域从阿尔及利亚向东延伸到波斯湾，从克里米亚向西延伸到匈牙利。

20世纪60年代中期，奥斯曼帝国蚕食灭亡四十年后，伊斯坦布尔欧洲一侧海岸有一片相当混乱的区域，其中有一条坡度很大的街道，街道上建起了一座臃肿的六层公寓楼。自2007年以来，巴里和我就在这栋楼的顶楼有了一处只能爬楼上去的落脚处。房间马马虎虎，但能看到分隔欧亚，也连通欧亚的博斯普鲁斯海峡（Bosporus），那风景就是当时死了都值得。我所在的街区叫吉汉吉尔（Cihangir），得名于苏莱曼大帝（Süleyman the Magnificent）

可怜的驼背儿子。吉汉吉尔1539年的割礼庆典持续了52天，掏空了帝国的金库。宴席上有200多道菜，其中有一些——汤、抓饭，还有一些这种简单的菜——是我在自家厨房里已经品鉴过一段时间了的。我与好客到简直有强迫症的朋友盖姆兹，一个由现代舞演员转行的厨师合作，准备做一顿奥斯曼主题的晚餐，正努力确定一份符合历史（但依然鲜活）的完美菜单。

通过形似城堡的崇敬门（Gate of Salutation）进入托普卡帕宫的第二庭院，游客便会看到占据了庭院整个南翼的御膳房（Matbah-I Amire）。这座宫殿的小巧颠覆了西方人期望中的宏伟景象，而厨房正是其中的一处壮观景点。御膳房巨大的多拱轮廓甚至从马尔马拉海就能看到。它的意图是给来访者造成一种印象：帝国宽宏雅量，信奉《古兰经》中喂养贫民的教义。

御膳房一天为多达5 000人提供食物。外国使节、卑微的请愿者，甚至宠物猴，任何人（或动物）进入托普卡帕宫，皆可享用一顿由苏丹提供的免费餐食。苏丹遇到丧事（taziye）或喜事（isar-I urs）时会举办宴席，宴席上会做出法律决断。为了排解冬日的无聊，宫中会举办"甜品大会"，把点燃的蜡烛放在活的海龟身上。在王室成员婚礼或割礼时，御膳房会向周围的清真寺借来罐子，到拜占庭帝国当年马车竞速比赛的竞技场举办惠及全城的盛大庆典。在这些宴席上，帕夏与平民，希腊酒馆老板和犹太税吏，亚美尼亚丝绸商人和苏菲派托钵僧，所有人都享用同样的酸奶汤、抓饭、烤孔雀、烤鹌鹑、菜叶包（dolma）和乳香脂布丁。苏丹的汤仿佛成了社交黏合剂，将多文化、多信仰帝都的众多复杂阶层团结在一起。

现在是一个明媚的六月天，我结束了初春的瓦哈卡之行，正在浏览奥斯曼时期的菜谱，心里还在为代表伊斯坦布尔特质的完美菜单而发愁。我把书本放下来，从橱柜里端出了一个大托盘。塑料托盘是在全球家居帝国宜家购买的，不过是土耳其本土制造。我低头开始揣摩它的奥斯曼风情蓝、白、红图案。这时，我有了主意。

我赶忙给盖姆兹发短信。

"咱们做一顿锁匠盘百乐餐吧！"

锁盘桌（Çilingir sofrası）在土耳其语里指的是一种小桌子，桌上摆着配茴香酒（raki）的梅泽（meze，小碟开胃菜）。锁盘桌餐类似于西班牙的塔皮奥，每道小吃都有自己的故事，只不过用不着忙乱地辗转于不同的酒吧。

"好极了，亲爱的！"（Harika canim！）盖姆兹在短信里回道，"我们就用它来弘扬我们伊斯坦布尔吧。"

伊斯坦布尔。前君士坦丁堡，罗马帝国、拜占庭帝国和奥斯曼帝国的旧都。

有人问我为什么要在这里买一间公寓——电梯坏了，房顶漏水——我总会提到博斯普鲁斯海峡的景色，当然还有食物。我第一次来这里是在20世纪80年代中期，当时在城里游荡时沉醉于诗意和美食。我在渡轮码头旁吃烤鲭鱼三明治的油香，在破旧的家常快餐厅（esnaf lokantas）里吃名叫"曼蒂"（manti）的一毛钱硬币大小的饺子，这些店是面向巴扎区生意人的食肆。我至今清楚地记得在金角湾加拉太桥（Galata Bridge）吃的那个香桃是什么味道，我一边吃，一边眺望着索菲亚大教堂和一座座皇室清真寺的宏伟穹顶和宣礼塔。这座城市仿佛是一个永无止境的东方主义陈词滥调，但这是一种犀利的陈词滥调，因为我现在明白了"呼愁"（hüzün）。呼愁是一种自由飘荡的愁绪，是失去大都市风范后的力竭感与失落感。奥尔罕·帕慕克（Orhan Pamuk）已经将它转化成了这座城市的官方情感。

俄国诗人约瑟夫·布罗茨基（Joseph Brodsky）与我同一年来了伊斯坦布尔，不过时间比我早一些。他像厌世者一样喋喋不休地抱怨伊斯坦布尔"蜿蜒污秽的街道"，说让他回想起了当时还属于苏联的阿斯特拉罕（Astrakhan）和撒马尔罕。我也回想起了苏联的地方——不过感觉是苦涩中带着甜蜜。我游历过苏联境内吱嘎作响的商场，还有东欧以及奥斯曼人踏足过的地方，因此，异域风情的伊斯坦布尔食品对我来说似乎是司空见惯。我在土耳其烤肉丸（köfte）身上认出了我在斯科普里（Skopje）品尝过的烤肉丸（cevapcici I'd）。还有我在乌克兰和亚美尼亚吃过的各种版本的菜包饭，在阿塞拜疆吃过的巴克拉瓦（baklava，阿塞拜疆当地叫pahlava），在摩尔多瓦吃过的砂锅炖蔬菜（guvetch）。对我来说，伊斯坦布尔的美食融汇合情合理——这里是一座由征服、移民和贸易形成的泛欧亚大熔炉。鉴于奥斯曼帝国幅员之辽阔，奥斯曼菜难道不应该是世界最有影响力的菜系之一吗（尽管影响方式与法餐全然不同）？

现如今，三十多年过去了，新奥斯曼主义在土耳其蔚然成风。执政的伊斯兰教政党及其领导人，出身寒微，虔信伊斯兰教，心怀苏丹理想的雷杰普·塔伊普·埃尔多安总统（President Recep Tayyip Erdoğan）一直在不懈推动新奥斯曼主义。但在20世纪80年代，几乎没有人提奥斯曼。1281年，安纳托利亚土库曼族酋长奥斯曼（Osman）建立了奥斯曼帝国。这个伊斯兰教帝国在第一次世界大战中蒙羞战败，沦为废墟。穆斯塔法·凯末尔·阿塔图尔克（Mustafa Kemal Atatürk）——"阿塔图尔克"意为"土耳其之父"，是官方授予的荣誉称号——卓越地领导了土耳其独立战争，建立了一个现代世俗国家。帝国的苍白影子在伊斯坦布尔周围阴魂不散。土耳其共和国建立后，1923年的《洛桑条约》（Treaty of Lausanne）正式承认了土耳其的新国界。穆斯塔法·凯末尔马不停蹄地大力推行自己的民族国民与公民身份愿景，这种愿景的基础是法国族裔民族主义、实证主义与政教分离的共和理念。哈里发被废除，非斯帽（fez）和闺阁（harm）被禁止。首都从海水环绕的君士坦丁堡——如今的正式名称是伊斯坦布尔，帝国时期的杂糅文化从意识形态角度看是可疑的——迁往远方安纳托利亚平原上的安卡拉（Ankara）。包含大量波斯语和阿拉伯语借词，使用阿拉伯字母书写的奥斯曼语被废弃，转为用拉丁字母书写的现代化土耳其语。就连钟表都调成了西方的格里高利历。在几十年的时间里，奥斯曼帝国遗民几乎看不懂书，也看不明白表。历史学家查尔斯·金（Charles King）写道，与此同时，新一代的土耳其学生被教导"将突厥部落民视为自己的远祖，哪怕他们的祖父其实是萨洛尼卡菜贩或者萨拉热窝裁缝"。

人们对奥斯曼帝国避而不谈，精美的宫廷御膳鲜有人提，此固无须多言。

当我90年代和世纪初开始重游伊斯坦布尔的时候，它在我眼中的形象就变了。

在历届新自由主义政府的治理下，伊斯坦布尔现在更干净了，更繁荣了，经济对世界也更开放了。城里现在有了购物商场、麦当劳和比萨——甚至有餐厅号称要呈现"奥斯曼美食宝藏与奥秘"。然而，我晚上最喜欢到烟雾缭绕的阴暗酒馆（meyhane）喝茴香酒，品小碟菜。这些酒馆聚集在伊斯坦布尔欧洲一侧的贝伊奥卢区（Beyoğlu），也就是早年间的佩拉区（Pera）。一个迷醉的历史学家曾解说道，酒馆可以追溯到这座城市的拜占庭历史。水手们可以在这些港口旁边的馆子里喝一杯，找个妞，理个发。酒馆最早是卖葡萄酒的（mey在波斯语里是"葡萄酒"的意思，hane是"房子"的意思），在奥斯曼帝国时期由允许卖酒的非穆斯林少数族裔经营，而且合法地位也岌岌可危。然而，在豪饮的阿塔图尔克执政时期，酒馆成了世俗主义的象征，兴盛起来。"土耳其之父"挚爱的"狮子奶"茴香酒一举成为"国饮"（milli içki）。酒馆墙上肖像画里的阿塔图尔克常常端着酒杯，注视着下面的我们。

酒馆原本只供应最基本的下酒菜——腌包菜、碗装烤鹰嘴豆（leblebi）之类的。但随着新自由主义繁荣的到来，盛放梅泽小盘菜的锁盘桌（çilingir的意思是"锁"，sofra的意思是奥斯曼时期的矮圆饭桌）化为了融汇伊斯坦布尔多文化遗产的奇妙美食记忆景观。在一家贝伊奥卢酒馆里，顾客能吃到切方块的"阿尔巴尼亚肝"（Arnavut ciğeri）配生洋葱丝，还有加蛋黄酱的"俄罗斯沙拉"——我小时候在莫斯科管这道菜叫"奥利维耶沙拉"
（Salat Olivier）。桌上还有希腊——还是拜占庭？——红鱼子酱
（taramasalata）和鲭鱼干（çiroz），可以追溯到安纳托利亚游牧岁
月的酸奶蘸酱，以及鹰嘴豆泥与高度焦化的洋葱组合而成的亚美
尼亚特色菜托皮克（topik）。

我心想，这一切是多么迷人而又怀旧啊……代表帝国多元历史
的一道道小菜在我面前来去匆匆，像马赛克一样地拼搭。波希米
亚风人士喝着茴香酒，一根接一根地抽烟。一个名叫阿娜希特夫
人的戴眼镜亚美尼亚艺人用她那破旧的管风琴演绎着《玫瑰人生》
（La Vie en Rose）。她跑调跑得让人难受，以至于常客们花钱让她
别吹了。

所以，我在伊斯坦布尔买了一间公寓。

"百乐餐——我爱它，亲爱的！"

盖姆兹简直兴奋得要从摇摇晃晃的红塑料凳子上跳起来了。
我们在贝伊奥卢区的农产品和鱼市场（Balik Pazari）附近的一
条幽暗小巷里，沉浸于一场硬核的伊斯坦布尔仪式：羊头三明治
（kelle söğüş sandviç）。

我本人觉得很愉悦。在伊斯坦布尔，帝国饮食文化交融的理念
甚至挺过了共和国时期的"土耳其化"。复调文化一直是这座城市
独特且最为持久的奠基神话之一。

盖姆兹反复念叨着"百乐餐"，这个词让我想起了砂锅金枪鱼，
而对她来说，它是伊斯坦布尔菜的完美隐喻。这个菜系有一个善
意的潜台词，那就是欢迎所有人上桌。计划就这样定了——每个

来宾自己带一道菜过来，用美食的方式向伊斯坦布尔的熔炉文化致敬。

盖姆兹在餐巾纸上起草了邀请名单。《亚美尼亚回忆录》作者塔库希·托夫马相（Takuhi Tovmasyan）会带来她的拿手菜托皮克。我们的犹太朋友德尼兹·阿尔普汗（Deniz Alphan）会带来一道塞法迪风格的茄子馅饼。"阿尔巴尼亚人"泽伊内普（Zeynep the "Albanian"）会带阿尔巴尼亚肝过来。我自告奋勇做俄罗斯沙拉，而且因为我确实去过高加索，所以我还会做一道切尔克斯核桃酱炖鸡，据传这道菜是由金发宠姬烹制的。盖姆兹身上带着奥斯曼的DNA——她的外曾祖父是货真价实的奥斯曼帕夏，为帝国倒数第二位君主，堕落的失败主义者阿卜杜勒哈米德二世（Abdülhamıd II）效力期间被暗杀——她承诺会做一道家传菜肴。

我是几年前遇见盖姆兹的。之前我在伊斯坦布尔半定居了差不多十年，埃尔多安的伊斯兰主义威权统治日益增强，正在粉碎一度兴盛的对土耳其民主的乐观情绪。盖姆兹是一个精致的卷发美人，是我越来越大的美食朋友圈的一员：这个圈子以女性为主，所有成员都是优雅的世界主义者，骄傲的伊斯坦布尔人，为有毒的政治势力不断破坏我们的城市感到心碎，而且愈发怀念那段亚美尼亚人、希腊人、穆斯林和犹太人在假期交换美食的过往——那朦胧的、神话般的过往。不断有人告诉我，这座城市，我们的城市有着诞生于一千零一夜的宫廷美食传统，更有少数族裔菜系的丰盛回忆，它是极其特别的。

"伊斯坦布尔菜有一种特别的风味。"盖姆兹又说了一遍。当时正是 6 月初，我们走过鱼市里丰富的桑葚、蚕豆，还有泡在蓝塑料桶里装着的醋水里的洋蓟心。"柔和，应季，精致……"

我发出一声响亮而尖锐的叹息。唉，我在自己厨房里总是找不到这种风味。

"不过啊，亲爱的，我有主意了！"盖姆兹惊呼道。她非要我们直接去就在附近的她家，一起制作生瓜酿肉（kelek dolma），就是拿来还没有成熟的绿色甜瓜，往里面塞入网球大小的奥斯曼特色馅料，内容物有肉、大米和坚果。她甚至提出要给我上一堂简短的"橄榄油煨菜"（zeytinyağlı）的教学课，就是将洋蓟、韭葱、青豆等应季蔬菜泡在大量油里小火煨熟。她坚称，这道菜"对伊斯坦布尔至关重要"。

在她家里，我们坐着挖类似黄瓜的淡绿色生甜瓜果肉，盖姆兹则回忆起了自己的童年，她当时生活在城市亚洲一侧的一间水滨木头别墅（yali）。她会在博斯普鲁斯海峡里钓鱼，跟一群邻居小孩在诡谲难测的凉水里游泳。到了满月的时候，当地家庭会在煤油灯照亮的桑达尔船（sandal，传统木船）上聚会；似油的深色海水间回荡着合唱声。盖姆兹的外祖母，那位遇刺奥斯曼帕夏的女儿，是一个优秀厨师，精致而典雅。她用酸樱桃煨茄子，直到菜品像布丁一样有光泽。她做的五香抓饭（iç pilav）是伊斯坦布尔最好的，米饭里点缀着切成块的鸡肝和醋栗，散发着多香果和肉桂的芬芳，还撒着多汁的手撕烤鸡。周六有泡芙馅饼聚会（puf börek），肉馅包在面团里油炸，做出来是轻盈的泡芙质地。在转瞬即逝的 4 月生无花果上市的季节，她会将无花果焯水后加糖烤干，然后包入月牙形的叶酥皮（yuffka pastry），皮薄得几乎可以看穿。

后来，青年时代的盖姆兹穿梭于巴黎与纽约之间，在罗伯特·威尔逊导演的先锋剧目中担任舞蹈演员。在这段时间，她花了很多钱给外祖母打电话，记录和重温她的饭菜味道，当时她童年的那个文雅的伊斯坦布尔正在变得认不出来了。1994年，她搬回了伊斯坦布尔，开始疯了似的在餐厅招待客人，后来又给店家做顾问。那段日子里，她在国际美食节组织精心编排的餐点，打响了名气。

盖姆兹是从外祖母那里学会了正要为我展示的"煸炒仪式"：将大量洋葱放入油脂，慢慢地、小心地炒化——这是大多数奥斯曼菜的基础。为了做常温食用的神奇丝滑橄榄油煨菜（读作 zey-thin-yah-lih），盖姆兹先将洋葱变成了半透明的洋葱酱，然后放入蚕豆和洋蓟。这道菜的秘诀是放几撮糖，整道菜要在橄榄油里煨到伊斯坦布尔人说的"完全融化"（helmelenmek）质地。生瓜酿肉馅料里用的洋葱要煸炒到一种特殊的淡金色，接着盖姆兹在馅料里加入了焯过水的杏仁、松子和绞肉（kıyma）。我们先按照盖姆兹外祖母的做法，用大量黄油仔细涂抹了瓜的内壁，然后用勺子将多香果气息的馅料填入球形的瓜里。

成菜有一种克制而丰腴的优雅，与东安纳托利亚移民带来的浓烈辛辣口味千差万别。

这突然让我想起了……"等等，我们的百乐餐难道不应该有胡姆斯之类的开胃菜吗？"我心里想着。或者穆罕马拉（muhammara），用红椒、核桃和石榴糖浆制成，缀以辣椒的蘸酱？

盖姆兹皱起了眉头。那是一种优雅而复杂的皱眉。

尽管外国人对土耳其菜有这样的刻板印象，但这些菜，还有卡巴布烤肉（kebab）、碾碎的小麦米（bulgur）和形似比萨的拉马昆（lahmacun）都被视为"阿拉伯"特色菜——对伊斯坦布尔来说绝非自然。

"亲爱的，我小的时候，"盖姆兹宣称，"我们从来不吃这些。"

确实如此。直到20世纪50年代东安纳托利亚人和黑海沿岸居民开始迁入——他们的人口已经从100万以上膨胀到了如今的将近1 500万——大多数世俗化、西方化的伊斯坦布尔市民从未踏足过卡巴布烤肉店。胡姆斯？那完全是外来的。阿拉·古勒（Ara Guler）是一个亚美尼亚老摄影大师，他拍摄的20世纪中期伊斯坦布尔市景世界闻名。他在1997年的访谈中对移民深恶痛绝："现在安纳托利亚来的村民已经泛滥了，他们不懂伊斯坦布尔的诗，也不懂它的浪漫。他们甚至不懂文明的种种伟大娱乐，比如美食。"

我的朋友们说得更大度一些。他们其实很喜欢胡姆斯，也在不知疲倦地研究东安纳托利亚菜系。问题在于，埃尔多安和身份政治正在撕裂这座城市，这个国家。吃小麦米丸子和卡巴布烤肉、戴头巾的保守安纳托利亚穆斯林已经不再是"黑土耳其人"（Kara Türkler），被阿塔图尔克留下的傲慢的凯末尔主义边缘化的人群，则成了颐指气使的当权派。他们是埃尔多安的人；现在，感觉受到压迫——这是正当的吗？——的反而成了"世俗精英"。

我告诉盖姆兹，我懂。

回到家，我坐在床边，博斯普鲁斯海峡的景色尽收眼底。游轮在最后一缕日光下南来北往。摆渡船相形见绌，等到夜幕降临时，它们就会像纸灯笼一样闪烁。巴里和我吃完了带给我灵感的宜家托盘上的食品；我之前在上面摆了鱼市买来的新鲜奶香杏仁、婴儿拳头大小的爱琴海橄榄，还有土耳其东北部埃尔津詹省（Erzincan）出产的臭烘烘的，包在山羊皮里熟成的图鲁姆奶酪（tulum cheese）。

宣礼师的呼喊在傍晚的空气中显得尤其急切，声音上去、下来、停顿，接着回到近乎惨叫的声调。对岸的亚洲一侧耸立着埃尔多安修建于伊斯坦布尔最高峰的仿奥斯曼风格大清真寺，看上去仿佛一个巨型的石膏模型——它不那么温柔地提醒着这座城市，这个国家在我生活的这段时间里经历的痛苦转变。就拿我们杯中浑浊的茴香酒来说吧，2003年以来，茴香酒税已经提高了665%。现在，媒体一律禁止谈酒。这年头，酒馆，那拜占庭、奥斯曼与共和国酒文化的宣传板感觉都成了濒危物种，匍匐于阴影之下。

曾经是很有希望的。埃尔多安刚上台的时候，土耳其经历了几十年的军队干政和凯末尔主义的强力压制，他似乎为土耳其开辟了一条通往民主化与宽容的道路——温和伊斯兰教的开拓性样本。这座横跨东西方的城市被国际媒体称为"伊斯坦酷尔"（Istancool），洋溢着欢欣鼓舞的气氛。我感到沾沾自喜：生活在一个人人都渴望来访的地方。但政局接着就暗淡了下去。2016年的未遂政变震撼全国，低空飞行的喷气式战斗机的音爆震碎了我家楼梯间的大窗户。当时，我母亲恳求我："快走！现在就走！"但我无法放弃这座城市，它那如水的诗，还有带给我家的感觉的友谊，即便政治带来了切肤之痛。

我又一次盯着我的宜家托盘，它预示着已经逝去的多样性，现在摆满了橄榄蒂和没吃完的奶酪块。那么，伊斯坦布尔在拜占庭帝国、奥斯曼帝国、凯末尔主义和埃尔多安统治下那漫长且常常惨痛的复杂族裔宗教格局又会如何呢？我想到，你可以在我谋划中的锁盘桌开胃菜拼盘中发现完全不同的回响。不，我暗下决心：我们不会仅仅烹制可爱的开胃菜，弘扬伊斯坦布尔往昔的普遍价值主义之魂。我要探寻没落中的罗姆人（Rum，即希腊人）、犹太人、阿尔巴尼亚人和亚美尼亚人社群，提取出菜谱中蕴含的故事与历史。

这一切背后有一个问题在游荡：

当一个多元文化的帝国变成了一个激进的民族主义国家时，它的饮食会怎样？

1453年征服君士坦丁堡后，20岁的苏丹穆罕默德二世面临着一个巨大的挑战：复兴虚弱的"世界渴望之城"。许多个世纪以来，君士坦丁堡都是欧洲最大、最宏伟的都市，而当时人口已经萎缩到了区区5万人。穆罕默德的解决办法激进而影响深远。他从奥斯曼帝国各地引入了各种各样的人群及其技艺，如有必要，可以强制。"就像从帝国每个角落来到城中市场的香料一样，"历史学家希斯·劳里（Heath Lowry）写道，"新来人口也带来了自己的风味与香味。"

为了治理庞大的混居各族，以穆斯林为国教的奥斯曼帝国发展出了独特的米利特（millet，源于阿拉伯语，本意为"民族"）管理制度，将各种宗教的信徒——穆斯林、犹太人、希腊正教基督徒、亚美尼亚使徒教会基督徒——分成了自治单位。在宗教和社会事务方面，米利特可以通过自己的规则和基础设施来管理，也允许使用自己的语言。于是，一种地方身份认同便契合了奥斯曼臣民的整体身份认同。在出奇多元的帝都，"土耳其人"只是帝国境内70多个民族之一，而且绝不是地位最高的一个。阿拉·古勒的严厉话语并不新鲜。一个历史学家写道，直到19世纪中期，"土耳其人"描述的还是安纳托利亚腹地的村夫，比起来"伊斯坦布尔的精妙环境"，"骑驴子更让他们舒服"。

到了1481年穆罕默德去世时，他珍视的城市中有40%人口是非穆斯林，这个比例一直延续到20世纪初——20世纪20年代末降低到36%，现在已经凋零到了不到1%。

"土耳其"（Turkish）菜也没有了，直到阿塔图尔克强制将国家命名为Türkiye，这是借用了中世纪拉丁语词Turchia。

近年来，奥斯曼帝国对少数群体的宽容常常被夸大了，这无疑是对共和国早期民族主义狂热的反应，当时共和国致力于将多样的人口齐一化。

现在，在我去找百乐餐的塞法迪犹太人代表德尼兹·阿尔普汗谈话的路上，我回想起了一个关于新清真寺（Yeni Cami）的故事，这座暗灰色的大型建筑位于香料巴扎街区的上方。在17世纪初新清真寺建设之前——据说是为了将一处富有商业价值的金角湾区域伊斯兰化——这里是一个人口稠密的犹太商人区，有一座犹太会堂。

德尼兹六十多岁，表情丰富，爱笑，是我的亲密老友。她在清爽的自家公寓接待我，她住在看上去很有巴黎味的尼萨塔西区

（Nisantasi），承诺要做"一些犹太菜肴"。德尼兹是一名传奇前报纸编辑，写过一本介绍塞法迪土耳其人菜肴的有影响力的书，最近还制作了一部纪录片，讲述土耳其犹太人如何奇迹般地将拉迪诺语（犹太人与西班牙人语言的结合体）延续了五个世纪——直到今天。

德尼兹的祖先是在"征服者"穆罕默德的学者皇子巴耶塞特二世（Bayezid II）在位期间来到奥斯曼地界的。斐迪南和伊莎贝拉在哥伦布扬帆起航的同一年驱逐了西班牙犹太人，巴耶塞特当时派遣一支舰队来营救他们。"你竟然说斐迪南是一位明智的统治者，"苏丹有一句著名的讥讽之语，"他让本国贫困，让我国致富！"确实如此。例如，犹太人开办了君士坦丁堡第一家印刷厂。

"到了以后，"德尼兹笑着说，仿佛有人在搔她的痒，"犹太人遇见了惊喜的美食！"许多奥斯曼食品的味道肯定是很熟悉的。在15世纪，犹太—阿拉伯—西班牙菜和奥斯曼菜都受到波斯和阿拉伯宫廷菜的深刻影响。两者都有数不清的茄子菜——"有一首拉迪诺语诗歌，主题是'茄子的36种做法'！"——还有石榴和酸梅的酸味，大量的咸味酥皮点心，以及往咸味菜肴里加糖的中世纪习惯。德尼兹喊道："奥斯曼馅饼（borék）不是西班牙馅饼（empanada）又是什么呢？"

"土耳其烤肉丸（köfte），"我补充道，"西班牙榛子丸（albóndigas，我在西班牙了解到，这个词源于阿拉伯语单词al-bunduq，意为榛子）？"

当德尼兹领我进她家厨房的时候，我就在想，是不是语言挽救了塞法迪菜，使其没有完全融入奥斯曼菜（以及后来的土耳其菜）

呢？语言是不是钥匙、家园和身份？土耳其人管卷圈馅饼叫玫瑰饼（gül börek），它尝起来的味道会不会不同呢？

德尼兹正要向我展示她要带去百乐餐的菜，奶酪烤茄子（almondrote de berencena）。这是一道蓬松的烘焙菜品，原料有茄子泥、鸡蛋和大量凯仕开菲尔（kashkaval）——也就是"犹太奶酪"——中世纪加泰罗尼亚菜谱《甜食之书》（*Llibre de Sent Soví*）中就有这道菜，做法略有不同。当德尼兹将丝滑的浅烤茄子瓤和捣碎的大蒜洋葱一起煸炒的时候，我突然感觉落入了一个美食历史的兔子洞，来到了伊莎贝拉和斐迪南的土地上。我之前在塞维利亚了解到，茄子在天主教西班牙以一种刻板印象的方式被等同于犹太人或穆斯林，甚至出现在了宗教裁判官勾勒的异教徒群体形象中。德尼兹肯定地说道，奶酪烤茄子很可能是一道安息日菜肴，周五偷偷做，周六偷偷吃。她大笑道："宗教裁判官据说可以通过油煎茄子的声音找到秘密的犹太人。"

奶酪烤茄子进了烤箱，德尼兹给我上了油润的盐腌鲣鱼（lakerda），伊斯坦布尔的所有梅泽拼盘都有这道菜。"土耳其犹太人认为它出自拉迪诺语里的 la kerida，意思是亲爱的，"她说道，"也许是因为他们太爱这道菜了！"

接着，我们坐到德尼兹家客厅里的白沙发上，看了一点她的拉迪诺语纪录片。片子有一个犀利的副标题："一门衰亡的语言，一种衰亡的饮食。"

德尼兹的母亲在家里说拉迪诺语，但跟妹妹，德尼兹的婶婶就讲法语。两姐妹都是在世界犹太联盟（Alliance Israelite Universelle）受的教育，这是法国犹太人在19世纪60年代于奥斯曼帝国境内开办的院校之一，理念是奥斯曼帝国的落后教友需要法国启蒙。德尼兹为她母亲讲一口漂亮的法语而骄傲——也为她糟糕的土耳其语而尴尬。大多数犹太女人的土耳其语都讲得很差。几个世纪以来，她们的女性先辈都只要待在奥斯曼城市犹太人区的家里，男人外出闯荡。

"但这些法国学校，它们削弱了拉迪诺语！"德尼兹喊道，"联盟教育出来的犹太人开始看不起讲拉迪诺语的人。"

比爱法人士的傲慢更严重的打击来自阿塔图尔克，他坚持将改革后的土耳其语——巧合的是，新的拉丁字母方案是由一个亚美尼亚人发明的——确立为这片文化交融多年的土地的唯一官方语言。（民族主义的自我推崇在20世纪30年代达到顶峰，当时共和国提出了伪科学的太阳语言理论，宣称所有语言都源于土耳其语。）随着1928年"公民讲土耳其语"运动的推行，讲少数民族语言的人要面临骚扰、罚金乃至逮捕。"他们甚至将犹太人的名字土耳其化，"德尼兹说，"科恩（Cohen）变成了厄兹科亨（Oz-kohen），或者居泽尔科亨（Guzel-kohen），或者埃尔科亨（Er-kohen）。"

土耳其化还在继续。

"尽管如此，"德尼兹依旧带着笑意说，"还是有很多阳光灿烂的日子。"即便发生了这一切，她的父母像许多我认识的这里的人一样，依然是狂热的凯末尔主义者，追随和崇拜阿塔图尔克的新愿景。"他们爱阿塔图尔克。我本人成长的过程中就觉得自己是土耳其人。我妈妈和所有土耳其妈妈一样做馅饼和抓饭。"

我们又看了一段拉迪诺语纪录片。片中有褐色的家庭合照，有老妇人制作费工费力的节日菜肴的视频片段——还有孩子们哀叹没有学习做饭和语言，直到为时已晚。

德尼兹叹了口气："对几乎完全不讲拉迪诺语的年轻一代来说，食品的名字就是他们与自身文化唯一的有形联结。"

"拉迪诺语？我觉得这是一门无用的语言，"德尼兹说的时候浅浅咧嘴，认命似的笑了一下，"甚至不如意第绪语，它有真正的文献。"至于食物，伊斯坦布尔仅存的几家洁食屠户其实是穆斯林。犹太男孩在成人礼上会要洁食土耳其香肠（sujuk）口味的比萨，洁食卡巴布烤肉，洁食拉马昆。

"奶酪烤茄子……"她对着烤箱里拿出来的滚烫的烤茄子点着头。又是懊恼的笑。"还有谁记得呢？"

"菜名蕴含着什么？"我心里想着。当时我正坐在回家的出租车上，途经耶尔迪兹公园（Yildiz Park）枝繁叶茂的山坡与奥斯曼帝国晚期的亭子。在帝国江河日下的年代，倒数第二位苏丹、偏执狂阿卜杜勒·哈米德二世就退隐到了这里的高墙之后。下面博斯普鲁斯海峡滨海路上的车流缓缓经过公园临街墙壁上张贴的阿塔图尔克大幅照片，仿佛是一名默片巨星的宣传板，有点像瓦伦蒂诺（Valentino），又有点像贝拉·卢戈西（Bela Lugosi）。

同时，司机也调高了吱吱啦啦的收音机的音量，播放的是埃尔多安的演讲。

"你是哪里人，司机？"（Memleket neresi, kaptan？）我大喊着。

这是我会问所有伊斯坦布尔出租车司机的问题（我不会问车

上有没有安全带，答案永远是没有）。我了解到，这个司机的父亲来自土耳其与叙利亚交界处的哈塔伊（Hatay），当地有一部分人讲阿拉伯语，以精妙的辛辣食品闻名。他母亲来自加济安泰普（Gaziantep），土耳其东南部的另一座美食圣地，当地人讲土耳其语。

"哪边的菜更好？"我大喊道。

"吃的东西差不多一样，"司机喊着回答我，"在哈塔伊叫阿拉伯语名字，在加济安泰普叫土耳其语名字。"

"但是，"我喊得更大声了，"用的语言说法不一样，口味会有任何改变吗？"

司机双手脱离方向盘，扬了起来，车子几乎是滑进了车流。"我怎么会知道呢，姐妹？"（BİLMİYORUM，ABLA？）他大吼一声，接着调大了音量。

不过，我的问题并不荒唐。心理语言学家告诉我们，口味不仅非常主观，而且具有联想性；因此，广告商会投入数百万美元设计最吸引眼球的苏打水或者甜品标签。食品的名字会影响味觉感知，所以对我来说，kebap（土耳其语烤肉串）的味道绝不会和shashlik（俄语烤肉串）一样：词语会唤起不同的联想和文化记忆。

于是，食品之间就有了争夺。

我不久前去过亚美尼亚。在埃里温（Yerevan），我遇到了一位个名叫塞德拉克·马穆拉良（Sedrak Mamulyan）的中年厨师。他的厨师帽浆过，长着平易近人的小胡子，而且坚持说就连中世纪的亚美尼亚菜也比斯拉夫人的酸奶油美味，是典型的老式苏联厨师。只不过，他现在管理着一家亚美尼亚美食传统发扬传承会。

听说我跟土耳其有渊源，马穆拉良就畅谈起了菜包饭（dolma）。大多数人相信，这道菜的名字源于土耳其语的"填满"（dolmak）。[我第一次到伊斯坦布尔时高兴地发现，菜包饭（dolma）与合拼出租车（dolmuş）同源，这些破破烂烂的雪佛兰和斯蒂庞克老爷车填满了散发着汗味的菜包饭爱好者。]马穆拉良怒气冲冲地对我摇起了手指。他坚持说，正确的发音是tolma，源自乌拉尔图语（Urartu）里的"葡萄叶"（toli）和"包起来"（ma）。乌拉尔图语是生活在凡湖（Lake Van）地区的亚美尼亚先民讲的古代语言。

我怯生生地发表了反对意见，说在土耳其语里，葡萄叶包饭专门叫sarma，出自突厥语里的"包裹"一词；番茄或者青椒酿菜之类就不叫sarma。

"一派胡言！"马穆拉良怒斥道，接着又开始长篇大论地批判联合国教科文组织决定将鸡肉和小麦米炖菜（keshkek）加入土耳其非物质文化遗产名录。"这完全是亚美尼亚菜！"他雷霆般吼道，双眼喷着怒火，"Kashi的意思是'拉'，ka的意思是'取出'——如果粥整体一起煮，然后拌开了吃，那就叫harissa。源自harel，意思是'搅拌'。"

"是啊，但是——但是——"我再次表示抗议，迷失在了一团糨糊的词源里，暗暗回想起harissa其实是波斯语词。"鸡肉和小麦米炖菜（keshkek）——还有哈里萨辣椒酱（harissa）——这种小麦粥极为古老，可能美索不达米亚人就吃。早在亚美尼亚国家存在之前很久就有人做了。"

"亚美尼亚，"马穆拉良郑重其事地纠正道，"一直存在。"

对于联合国教科文组织将拉瓦士饼指定为亚美尼亚非物质文化遗产这一点，他当然赞不绝口。至于土耳其、阿塞拜疆、伊朗、哈萨克斯坦和吉尔吉斯斯坦立即发起联合提名，要求将拉瓦士饼指定为它们的共同遗产，那就不必提了。土耳其媒体头条写道，"我们的拉瓦士饼归亚美尼亚了"，还有"他们偷走了我们的国饼"。

但是，菜谱真的有主吗？

我又一次想起了国菜文化"看似显而易见，实则似是而非"。用独特的莫利酱定义墨西哥国菜文化或许很容易；很大程度上发明了"国菜"观念本身的法国也可以这样做。谁会质疑比萨源于那不勒斯呢？但是，现代土耳其是一个庞大地理区域的一部分，早在民族国家出现前的许多个世纪里，那里的人就在烹制着相似的食物。奥匈帝国和奥斯曼帝国的崩溃，还有后来苏联的解体产生出了大约几十个新国家；其中一部分国家之前根本没有民族意识，更不用说独特菜系了。那么，胡姆斯是谁的？巴克拉瓦和多尔玛是谁的？小杯加糖黑咖啡是谁的：是土耳其人的，是波斯尼亚人（Bosanska/Bosinian）的，是塞浦路斯人（Kypriakos/Cypriot）的，还是希腊人（Elliniko/Greek）的？现在围绕鸡肉和小麦米炖菜（keshkek）或拉瓦什饼（lavash）的所有者问题仿佛一杯咖啡里的小风暴——这难道不是更深层，也远为汹涌的地缘政治冲突的新生替代品吗？

所以说，联合国教科文组织啊，你最近将多尔玛奖赏给阿塞拜疆的时候是在想什么呢？阿塞拜疆过去和亚美尼亚都是苏联加盟共和国，两国一度是友好邻邦，但自从20世纪90年代爆发纳戈尔诺-卡拉巴赫（Nagorno-Karabakh）冲突（最近再次爆发）以来，两国就成了死敌。听到多尔玛入选的新闻时，我可以想象到我的阿塞拜疆熟人塔希尔·阿米拉斯拉诺夫（Tahir Amiraslanov）脸上的洋洋喜气了。他写过一本迷人的书，书名叫《美食窃贼：亚美尼亚人如何剽窃阿塞拜疆菜》，序言作者是阿塞拜疆总统伊利哈姆·阿利耶夫（Ilham Aliyev）。

人类学家玛丽·道格拉斯（Mary Douglas）曾写道："国菜文化成了一种令人盲目的恋物癖，如果放任不管，它可能会像爆炸一样危险。"

但是，如果一个幅员辽阔，用不上民族主义的多民族政权的饮食成了一种民族饮食文化，那会发生什么呢？

鉴于土耳其共和国早期几十年间高强度的社会工程运动，我预计会有一场意识形态政策丰富的盛宴——也许是一种宏大理论的原料呢。作为后奥斯曼土耳其身份的镜鉴的食物。

"那么，共和国时代的饮食发生了什么呢？"

我急切地向扎菲尔·耶纳尔（Zafer Yenal）抛出了这个问题。他是一名研究相关主题的重要社会学家。

"呃……嗯……"扎菲尔支支吾吾。我问他的时候，他正好满嘴都是盖姆兹做的超酸的酸奶蘸酱，蘸酱里点缀着烧焦的山羊奶黄油与核桃。我们正在盖姆兹家的阳台上，眼前是博斯普鲁斯海峡与金角湾相交的开阔胜景；她正在为之后的百乐餐排练。

扎菲尔把酱咽了下去。"其实没什么。"他说。

"没什么？"

"国菜啊……"他耸了耸肩，用渴望的眼神盯着盖姆兹的豪华整条海鲈鱼，"你读过西敏司（Sidney Mintz）的相关著作吗？"

我读过。美国人类学家西敏司著有重量级专著《甜与权力》，他认为国菜是一种"整体的诡计"——本质上是一种建构物，我在旅行途中对此已经太了解了。这种建构物基于在某一政治体系视野范围内发现的食物，由具有共同文化特征的特定共同体界定。

"但这就是我要说的点，"我说，"在政治体系巨变之后，土耳其菜发生了什么？"

"我读过你讲苏联饮食的书，"扎菲尔答道，"那些苏联人甚至将食物也变成了自上而下的政治运动，简直是疯了。但土耳其这边呢？"

土耳其没有发生那种事。

"亲爱的安妮亚，恐怕，"扎菲尔总结道，他留着巨大的奥斯曼式胡子，看起来像是一个和蔼的知识分子耶尼切里，"恐怕你是在追逐幻影。"他口气很温和，仿佛是在吐露一条坏消息。

与此同时，盖姆兹家天台上还进行着另一场对话，参与者有扎菲尔的妻子，本身也是社会学家的比拉伊（Biray），还有我们亲爱的朋友，年轻的亚美尼亚-库尔德人夫妇阿迈恩和伊赫桑。比拉伊示意我们看外面的景色。夕阳在博斯普鲁斯海峡与金角湾入口处投下了一道金橙色的光芒；索菲亚大教堂的侧影与托普卡帕宫的奥斯曼塔楼并立。博斯普鲁斯海峡北边的亚欧大桥上亮起了彩色灯火。

我们在天台的桌前陷入了沉默。

第二天，扎菲尔用电子邮件给我发了几篇他的文章。一篇文章问道："巴克拉瓦有民族属性吗？"答案是："这种问题毫无意义。"

但另一篇题为"'烹制'民族"的文章部分解答了我的那个问题。扎菲尔在文中考察了土耳其共和国初期开办，一直流行到20世纪70年代的女子学院。凯末尔主义者用瑞士民法典取代伊斯兰教法的激进改革，废除一夫多妻制，禁止在公立机构戴头巾，赋予妇女平等的离婚权、投票权和财产权——这一切都是为了将土耳其青年女性转变为现代"西方世界"的一分子；或者说，最起码是成为"受过教育的家庭主妇"。职业学校性质的女子学院就是这场改革的一部分。到了20世纪中期，学院的家政课和烹饪课已经极度西方化：巧克力布丁、蛋黄酱炖鱼、炸猪排、烤牛肉配菠菜酱，还有将土耳其菜欧化和清爽化的小妙招。

妇女现代化意味着家庭以及公共领域的西方化。与之相对，女性主义学者批判印度等国的新生后殖民民族主义，认为其将家庭视为体现民族文化传统品质的首要场所——妇女成了"本土生活内在灵魂"的守护者。

但是，女子学院里教给中上层阶级女性的炸猪排和蛋挞并没有成为经典"国"菜。这是怎么回事？

那么，共和国时期的饮食到底发生了什么？

厄兹盖·萨曼哲教授（Professor Özge Samancı）是公认的19世纪奥斯曼饮食领域的世界顶级专家，正吃着曼蒂的她抬起了头。我们正在极具迪拜风情的大峡谷购物中心里的一家时髦新安纳托利亚菜餐厅里，品尝外面裹着浓厚丝滑水牛酸奶的袖珍饺子。

"没多少事情发生……"又是这个回答。

厄兹盖解释道，在帝国末期，奥斯曼精英的饮食已经相当西化了——或者说，至少是融合了现代外国菜（alafranga）和旧式东方菜（alaturka）。"阿塔图尔克国宴菜单和奥斯曼帝国晚期御膳菜单惊人得相似！"

这就说得通了……19世纪30年代至70年代之间，奥斯曼帝国发起了现代化改革"坦齐马特"（Tanzimat，意为"改组"），以对抗帝国在军事和经济领域的惊人衰落，而且与阿塔图尔克改革一样是仿效欧洲。考虑到这一点，阿塔图尔克的全盘西化就没有那么革命性了。

厄兹盖继续说，在文化领域，坦齐马特发起了全方位的品位西洋化——"穿着、饮食、艺术、装潢"。实证是奥斯曼皇室于1856年废弃了低矮的托普卡帕宫，移居成本高得吓人、西洋风味浓郁的杰作多尔玛巴赫切宫（Dolmabahçe）。后者建于博斯普鲁斯海峡岸边，就在我家旁边。奥斯曼王室几百年来都是盘腿坐在可移动的矮桌前用手抓饭吃。现在，他们炫耀起了高餐桌、刀叉和德累斯顿白瓷器——而且在传统奥斯曼厨师以外，又多了外国大厨（frenk aşçıbaşı）。新宫殿的第一场官方宴会——目的是庆祝克里米亚战争胜利——荟萃了东西方菜肴：土耳其馅饼加法式酥皮细点，巴克拉瓦加菠萝酥盒（croustade d'ananas），抓饭加牛舌鹅肝（foie gras à la Lucullus）。我兴奋地发现菜单里有极品切尔克斯炖野鸡（suprême de faisan à la circassian）——这就是我的锁盘桌百乐餐里切尔克斯炖鸡的野鸡豪华版。

　　多尔玛巴赫切宫的饮食路数涓滴到了富户家门，还有伊斯坦布尔传统欧洲区佩拉区（今贝伊奥卢区）的甜品店、咖啡厅和餐馆。奥斯曼帝国晚期的菜谱里充斥着肉冻、奶油汤（土耳其语写作 krema）、饼干（土耳其语写作 biskuvi），还有烤肉排——就像19世纪从墨西哥到波兰，再到埃及的许多菜谱一样，全都是全球饮食法国化的产物。

　　我突然间意识到，厄兹盖似乎为某件事分心了。"奇怪啊，你想一想，"她一边吃着酸樱桃口味面包布丁，一边思索着，"这边怎么没有人研究共和国时期的饮食呢……所有毕业论文都是我指导的，所以我知道。"

　　但这怎么会呢？我继续自己思索着。一个激进的新生共和国规定了新土耳其人的宗教、语言、音乐、卫生、帽子、历法、钟点，它怎么会单单将饮食留在了社会工程计划之外呢？斯大林有一个"饮食政委"，亚美尼亚人米高扬（Mikoyan），他支持编写了一部社会主义现实主义厨房圣经，还建立了中央菜谱体系GOST。绝非美食家的墨索里尼推行了著名的"谷物之战"运动（Battaglia del Grano），目的是将意大利人从外国小麦的奴役中解救出来。领袖甚至写了一首歪诗《爱面包》（Amate il Pane），敦促意大利妇女使用廉价本地食材。

　　然而，如果你在网上搜索关键词"阿塔图尔克＋食物"，大多数结果都是在描述当年阿塔图尔克机场的餐饮设施。（我对此满心伤感：破败的旧航空枢纽刚刚被埃尔多安修建的遥远庞大机场所取代，为此有一片森林被毁了。）事实上，用一名传记作家的话说，受人崇敬爱戴，以身作则西式生活的土耳其之父本人"对食品没有兴趣，偏爱朴实的农民菜，比如干豆子和抓饭"。

确实，阿塔图尔克爱吃的牛肉炖豆子（kuru fasulye）近乎是土耳其的国菜。在他的冥辰 11 月 10 日，学校食堂会做这道菜，很多人家里也会做。但阿塔图尔克有没有在著作和演讲中宣扬它？共和国的学校午餐或军队口粮政策呢？这些细节看似无关紧要，但确实有助于铸造国菜意识。与大多数其他国家不同，土耳其甚至连一本创造"想象的共同体"的奠基性菜谱都没有——这或许是因为备选选手，也就是奥斯曼帝国晚期那些东西合璧烹饪的指南直到 20 世纪 80 年代才翻译成现代土耳其语。令人惊奇的是，土耳其直到 20 世纪 70 年代之前都没有一本书名里带"土耳其"字样的菜谱。

那就是没有历史了吗？或者说，没有史书？厄兹盖证明，没有土耳其学者写书研究发生巨大变革的共和国时代的饮食。为什么呢？

主要障碍原来是？

没有档案。

"没有档案？"

我坐在一家破旧老字号酒馆缓缓转动的风扇下目瞪口呆。店里装饰着阿塔图尔克的相关物料和当年的茴香酒瓶。一个名叫伊希尔·乔库拉什（Işıl Çokuğraş）的年轻教授作陪。伊希尔曾经要写一本关于共和国时代啤酒屋的书，耗费一年时间查档案无果，最后改写 18 世纪酒馆。"因为涉及酒税，"她解释道，"奥斯曼人至少会规整地保存账目。非常税务中心，那些奥斯曼人。"

"但没有共和国时期的档案？"我抱着脑袋喃喃道，"没有？"

"你看，安妮亚！"伊希尔说，"土耳其人与书面知识是另一种非西方式的关系。"

我想起了法国，汗牛充栋的百科全书式饮食论文，还有富有文学色彩的美食哲学……

一家名叫Uniq的闪亮购物综合体里有一家活泼的爱琴海风味餐厅，两边分别是"寿司合作社"和"汉堡实验室"。综合体本身位于大兴土木、摩天大楼扎堆的马斯拉克区（Maslak）旁边的一片林荫地带。马斯拉克区是伊斯坦布尔欧洲一侧的重量级新商务区之一。这家餐厅并不是一个会引发后帝国时代"呼愁"的地方。

但它符合我寻回记忆的精神——还有为我百乐餐项目找几道希腊梅泽开胃菜做法。我来这里是为了见梅泽地带餐厅的业主，梅里·切维克·西蒙尼迪斯（Meri Çevik Simyonidis）。

五十多岁的红头发梅里自信昂扬，是记者也是餐厅老板，属于伊斯坦布尔人数稀少的罗姆人（即希腊人）群体，也就是所谓的"君士坦丁堡里人"（Konstantinoupolites），简称"堡里人"。在第一次世界大战前，这个群体曾有30多万人，占伊斯坦布尔人口的四分之一，而且占据了城市商贸业的绝大部分份额。如今，他们只剩下了不到2 000人。

梅里21世纪初曾在本地的希腊领事馆工作，其间沉浸于堡里人的饮食和历史当中。人们会自发带着菜谱和旧物来找她——为了"将食品和记忆传给下一代"。她出版了两本对罗姆旅店、酒馆和甜品店老板的访谈录和小传。也就是说，书的主题是1955年之前的整个伊斯坦布尔餐饮文化，当时有90%的餐饮店都是希腊人开的。

现在，她把侄子阿里带来了梅泽地带。阿里是一名真诚的纽约大学学生，当时正回国度假。他们两人讲话的时候，一句话开头是通用希腊语（Demotic Greek）——堡里人的语言——结尾是土耳其语，也可能反过来。然后，阿里会费力地帮我翻译成英语。

写完第一本书后，梅里又出了一本访谈录，访谈对象是1955年后离开土耳其，移民希腊的罗姆人。巴伊兰、因吉、萨沃伊、巴哈尔……她列举着一家家甜品店的名字，我几乎每天都会光顾购买店里精致的西洋曲奇、海绵蛋糕和巧克力夹心糖果。

"全是希腊人开的？"我惊呼道。

"当初是，在劫难（katastrofi）到来之前。"

梅里和阿里反复多次说了这个词：劫难。希腊语里也叫"九月事件"（Septemvriana）或者"出走"（Exodus）。

根据土耳其评论家艾坎·埃代米尔（Aykan Erdemir）的看法，劫难带来最长久损害的是土耳其的公民平等理念——"不仅是堡里人，也包括国内其他非穆斯林少数群体"。

伊斯坦布尔的罗姆人开始离开。1923年签订的《洛桑条约》规定，他们免于希腊和新生土耳其民族国家之间的人口交换。土耳其仅仅依据宗教就驱逐了150万希腊人；希腊也驱逐了50万土耳其人。他们都被送回了完全陌生的"祖国"。

在雅典，我听到有人将这场强制迁徙描述为20世纪的奠基性创伤：第一次劫难。除了造成巨大痛苦之外，这次迁移让希腊人口暴增了20%以上。从士麦那［Smyrna，土耳其语叫伊兹密尔（Izmir）］等城市来的市民拥入这片当时落后的土地，带来了资产阶级文化与烹饪。然而，土耳其人几乎不提人口交换。对他们来说，这不过是大规模移民年代里的又一次移民。阿塔图尔克的遗产建构了一套民族奠基的胜利叙事。同时希腊人的历史观则是：一曲悲恸与巨大不公的挽歌。

"从土耳其被赶走的时候像希腊人，在希腊受到的待遇像土耳其人……"梅里在梅泽地带里复述了这句对强制移民的老掉牙总结。只不过，她指的是多次移民，1955年之后是一次，1964年塞浦路斯再起争端后又有更多希腊人离开。阿里笨拙地翻译道，梅里在雅典采访流亡罗姆人时的心都碎了。"永远是外人。双重疏离。"这个"二次创伤"最令梅里惊骇。她回忆道："人们谈起在君士坦丁堡度过的美好童年时常常噙着喜悦的泪花。"（希腊人依然将伊斯坦布尔称作君士坦丁堡。这座原称拜占庭的城市于1453年陷落——但名义上保留了东正教会首席的地位，也长久地牵动着整个希腊民族的心。）

除了这些之外，还有个为什么。

希腊语里叫Giati？土耳其语里叫Neden？为什么啊？

为什么心碎的伊斯坦布尔堡里人不得不放弃伟大的帝都，将索菲亚大教堂抛在身后，前往一座曾经以养牛为业，山上有一处陌生异族废墟的城市呢？

我们的梅泽到了。"伊斯坦布尔的文化马赛克！"梅里说道，那熟悉的、记录在伊斯坦布尔DNA里的口味组合，那正是我们自己的百乐餐锁盘桌上要摆的开胃菜。桌上有罗姆版的葡萄叶包饭（sarmdakia），用柠檬和香草提色。有几种橄榄油煨菜——基督徒米利特的经典大斋节特色菜。亚美尼亚托皮克旁边摆着阿尔巴尼亚肝和切尔克斯鸡。梅里指着"可能来自拜占庭"的红鱼子酱、"很可能是犹太人吃"的盐腌鲣鱼，还有"肯定是爱琴海希腊风味"的蚕豆泥。

我摇着脑袋问，我们真的能够真正着手追根溯源吗？

梅里赞许地笑道："全是混着的（Hepsi karışık）。"如果说有身份标签的话，那就是宗教。基督徒大斋节期间吃大量素菜，比如谷物馅料的骗子（yalanci）多尔玛；穆斯林吃包肉的。非穆斯林坚持用橄榄油，而不用澄清黄油。罗姆人和亚美尼亚人的饮食传统里有大量违反伊斯兰教规的贝类。

"但等一等——真的有特色'罗姆菜'这个东西吗？"

我突然焦虑起来，感觉我可能又是在追逐幻影。

梅里若有所思地耸耸肩。"或许是一种微妙的味道。一种有点特别的餐桌文化……"罗姆人会在家里摆满梅泽，亚美尼亚人则是去酒馆吃梅泽。亚美尼亚人可能偏好香料，希腊人则喜欢香草多一点。但话说回来："肉桂、糖、柠檬，这是伊斯坦布尔罗姆菜的三根支柱——再加上大量的橄榄油。"

"那离开的罗姆人，他们愤怒吗？"我的问题回到了那个话题，"他们恨土耳其人吗？"

"不，不，他们怀旧！"梅里坚定地说，"他们被满心的强烈渴望压倒了！"

她的书的意图不是确定责任或者批判。相反，她想要疗愈："展现伊斯坦布尔人从这次分裂中也蒙受了重大损失。"

伊斯坦布尔的希腊人是城市的脸面：花匠和裁缝，酒店老板、服务员和餐厅老板。他们是伊斯坦布尔的东西方文化桥梁，引进了西洋风尚与饮食传统——他们营造了世界大都会（atmósfaira）的氛围。他们在博斯普鲁斯海峡里捕鱼，让布祖基琴声响彻街道，打理着摆放着圆球泡芙和闪电泡芙的鲜亮甜品店橱窗。从奥斯曼帝国早期开始，他们就是伊斯坦布尔主要的酒馆老板。

我突然想到，如果没有罗姆人，就不会有摆着梅泽的锁盘桌。

"来吧，去看看我的土耳其老人朋友菲斯蒂克·艾哈迈德（Fistik Ahmet），"梅里提议道，"他没有一天不谈创伤的。他生活的街区怎样突然失去了笑声。他的所有童年伙伴怎一夜间都消失了。他缅怀起来没个完。"

苏丹艾哈迈德区（Sultanahmet）的克里特餐厅（Giritli），加雷特佩特区（Gayrettepe）的佐巴经酒馆（Zorba Taverna）……残留的老字号罗姆饭馆屈指可数。这些店，还有记忆中名叫埃莱妮或佐伊的漂亮女服务员，名叫科斯塔斯或乔治，为复活节烤制芳香羊羔的爽朗大厨。

Giati？ Neden？[1]梅里又在问。为什么？年轻的阿里附和道。

日子一天天过去，夏天的雷暴在博斯普鲁斯海峡上降下雨幕，我家屋顶又开始漏水了，而我自己的"为什么"还在累积——接连不断。我的百乐餐计划起初其实是一个巧妙的策略，让大家欢乐相聚，探讨各种伊斯坦布尔美食的深层故事。但我已经深入了

1　见第264页。

一片属于渴望与文化清洗的领域，一块笼罩着阴暗的、更阴暗的记忆的土地。

在一个泥泞的傍晚，我决定乘电车跨过加拉太大桥，去一趟托普卡帕宫——为了喘口气，或许还能从镀金的奥斯曼遗迹中获得一些新鲜的洞见。

这时的苏丹寝宫丝毫不像我初到伊斯坦布尔时见到的一大片杂乱阴暗的房屋。宫中的凉亭和茉莉花园恢复了往日的美丽。多亏了讲述苏莱曼大帝和他工于心计的妻子许蕾姆故事的高人气土耳其电视连续剧《宏伟世纪》，摩尔多瓦、阿塞拜疆和乌克兰的许蕾姆迷拥入了宫中。我走进有10座圆拱炉的御膳房。它经历漫长的翻新后重新开放，添加了大量新奥斯曼风格物件，现在像是一间极其昂贵的餐具展示厅：光彩照人的青瓷、用整块绿松石雕刻成的杯子、苏丹妃嫔喜爱的珠宝蜜饯碗。相比于从多尔玛巴赫切宫转移过来的新洛可可风格西洋物件，它们看起来是多么典雅啊。

我在第二庭院的花坛中间找了一个地方，注视着复原后富有韵律感的御膳房高烟囱，设计者是奥斯曼建筑设计领域的米开朗琪罗——米玛·希南（Mimar Sinan）。一座宫廷厨房能让我们对权力有何了解？托普卡帕宫低矮的亭阁奇妙地形似一连串石头做的军帐，这是在致敬奥斯曼人的游牧经历，那么这座宫殿里的厨房为何如此壮观？征服君士坦丁堡后的苏丹彻底与世隔绝，彰显乾纲独断的新王权——他们独自用餐，身份只有弄成聋哑的仆人，彼此用手语交流——那为什么这些与世隔绝的苏丹要推出世界上最豪华、最高效的待客奇观呢？

宴席不仅仅是在都城的御膳房。从贝尔格莱德到巴格达，奥斯曼帝国专门设立了名为"伊玛莱特"（imaret）的大型施食处，这些由官僚巧妙管理的慈善机构常常一天为500名来客提供食物。在新征服的土地上，伊玛莱特展现和炫耀着奥斯曼殖民化的善意一面。菜单大体上相同：早餐吃大米粥，晚餐吃小麦米粥，常备鹰嘴豆和面包，接风美食是金钱肚，周五吃羊肉，甜品是藏红花米布丁。17世纪著名奥斯曼旅行家艾弗里雅（Eviliya Çelebi）发现，所有食物都是免费发放给"拜火教徒和异教徒、基督徒、犹太人、科普特人、欧洲人……乃至吉卜赛人和赤贫之人"。

当然，世上没有真正的免费午餐；招待行为将受惠者纳入了一张义务和感恩的蜘蛛网。奥斯曼人知道这一点。他们用剑征服，但用汤粥来合法化和操纵自己的权力。

我在粉紫色的夕阳下飘然走过皇帝门（Imperial Gate）。当时正是斋月的最后几天。写着"斋月就是分享"的条幅在蓝色清真寺的宣礼塔之间若隐若现。在老城区艾哈迈德苏丹区的大广场上，埃尔多安的正义与发展党（AKP）摆了开斋餐的长桌。

我走近了才发现，原来正义与发展党的开斋餐是邀请制的，完全违背了"分享"的斋月之道。出于好奇心，我小声说出了"记者"（gazeteci），溜进了一个贵宾帐篷。胖乎乎的正义与发展党女管理员戴着泛光的涤纶面纱，对没有遮脸的我投来不怀好意的目光。我感觉自己是双重意义上的擅闯者，挑了几个斋月的椰枣和面饼吃，没有喝扁豆汤、鹰嘴豆和抓饭，然后就去了一个更亲民的开斋饭桌。那边有大卡车卸下小山一样的盒装开斋餐，效率极高。

汤、饼、抓饭、豆子、米布丁、奶酪、橄榄……就这些？国菜

（milli yemek）全都在热收缩包装里？

这是一半国民的国菜。

你吃了埃尔多安的椰枣和饼子？

第二天晚上，我的朋友们对我怒吼道。我们当时在一场美食爱好者的鸡尾酒会上，我讲述了自己的开斋餐历险记。食物是人与人之间的善意黏合剂，这个想法也就这样吧。

"我是想了解一点土耳其人菜（türk mutfagi）。"我低声说道。

土耳其人菜？以精巧现代梅泽闻名的年轻大厨吉万·埃尔（Civan Er）闻言皱起了眉头。他告诉我，"土耳其人"这个形容词是政治不正确，是反动的凯末尔主义，排除了拉兹人（Laz）、亚美尼亚人、阿布哈兹人、波斯尼亚人、犹太人——尤其是库尔德人。

英俊的吉万正在思考中，我朝他狠狠眨眼，难以置信却并不惊讶。没错，这就是土耳其，就连一个直白的词语都可以蕴含着身份政治的女巫毒药。

"那么，你怎么称呼你所生活的国家的饮食呢？"

吉万回答道："土耳其的（Türkiyeli）。"

我后来发现，共和国成立时就已经有人提出用这个词来形容公民，但后来输给了民族主义色彩更激进的"土耳其人"。在自由化的90年代，"土耳其的"一词作为年轻进步派内部的政治宣言再次出现。当时，围绕身份的对话正在打开，多元文化主义成了模式。

"我更喜欢安纳托利亚的（Anadolu）。"另一个年轻大厨说道。"其实吧，"他补充道，"是新安纳托利亚。"

一个年纪比较大，态度专横的菜谱作者把我拉到一边。她属于那种硬核民族主义者，管库尔德人叫"山地土耳其人"，只要听人提到"亚美尼亚人问题"就会发火。"别听他们的。"她教训道。"我们的所有菜都是土耳其人的菜。我很愤怒，"她凶狠地抱怨道，"乔巴尼——老板是个土耳其人！——把我们的酸奶说成希腊酸奶在全美国卖！"

我觉得最好还是不要指出，乔巴尼创始人哈姆迪·乌卢卡亚（Hamdi Ulukaya）是库尔德人。

每一个主张我的酸奶，我的巴克拉瓦的说法都有一个普世主义的反驳，那就是，所有食物属于所有人。我已经明白，两种说法都有自己的虚构，是不同的想象的共同体创造出来的神话。在伊斯坦布尔，劝我用"土耳其的"自由派朋友圈子经常重复同一句话：美食无民族，只有地域。我一直在琢磨，这句常有人重复的格言出自谁口？后来有一天，盖姆兹告诉了我。

"出自我的亚美尼亚朋友塔库希·托夫马相，"她说，"要带托皮克来百乐餐的那个。"

她在2004年写过一本深受喜爱的小册子，书名叫《祝你餐桌快乐》（*Sofranız Şen Olsun*）。

我不知道，塔库希那本童话般的美食回忆录写道，这些菜在多大程度上是亚美尼亚人的，在多大程度上是希腊人的，在多大程度上是土耳其人的，在多大程度上是阿尔巴尼亚人的，在多大程度上是切尔克斯人的，在多大程度上是爱国者的，在多大程度上是吉卜赛人的。但有一件事我知道，那就是，这些做法是我从阿卡比奶奶和塔库希奶奶那里学到的……我的祖母和外祖母。

塔库希的祖母和外祖母都来自伊斯坦布尔西侧的小城乔尔卢（Çorlu）。不过，当地亚美尼亚人的菜肴与大城里的同胞截然不同，与位于土耳其另一侧、苏联解体后成为亚美尼亚共和国的地区饮食差异还要更大。塔库希本人在伊斯坦布尔长大，住在城南马尔马拉海滨的古老街区七塔区（Yedikule），高处是建于5世纪、当年守护着拜占庭都城君士坦丁堡的狄奥多西城墙，而当时城墙已经处于坍塌中。如今，七塔是一个穆斯林人口比例极高的贫民区，但回到塔库希童年的20世纪中叶，那里是一个回荡着希腊语和亚美尼亚语的繁荣地带。新年到来前，斜坡街道上会散发出亚美尼亚主妇们煸炒小山一样的洋葱的香味，炒到焦黄的洋葱是亚美尼亚节日餐桌必备菜托皮克的一个关键食材。到了夏天，七塔会冒起烤鲭鱼的烟。马尔马拉海盛产贻贝，把手插进水里就能捞起来——然后往里面加上甜味香料饭、葡萄干和松果，制成贻贝包饭（midye dolma）。

文火煸炒的洋葱、鲭鱼、多香果的芬芳……这就是老伊斯坦布尔亚美尼亚人的家庭。

我在一天晚上看了她的书。塔库希写道，亚美尼亚人的百乐餐叫做"灵爱宴"（Can/Sevgi Yemekleri），牧师会与夫人们分享食谱心得。到了洗衣日，她父亲贝德罗斯——一个真正的七塔绅士——把大块肥皂擦进水里，女人们则做起了豆子炖猪蹄（fasulye paçası）。圣母升天节时，阿卡比奶奶会用葡萄装点"蝴蝶"曲奇（petaluda），不许小孩碰，直到8月的最后一个星期天。

到了圣诞节，托夫马相家会给希腊邻居阿波斯托拉基斯家送去祭祀用的肉桂小麦布丁（anuşabur）。按照传统，罗姆人会献上自家的圣诞点心罗勒皮塔饼（ayvasil pida），两家还会互祝发财兴旺。

后来，阿波斯托拉基斯家突然不见了。再也吃不到同样的味道了。"没有杏干、无花果干、枣子干了……没有他们家偷偷掺了苦艾酒的奥林匹斯牌柠檬水了……"

塔库希再现了一个去不复返的世界的迷人童话，背后则徘徊着——作者有意略过，但合适的读者会感到历历在目——真实的历史罪行。

塔库希的祖父加扎罗斯·埃芬迪（Gazaros Efendi）在建于拜占庭时代的七塔门外开了一家酒馆，附近的人都会来这里聚饮他的妻子、塔库希奶奶制作的茴香酒和开胃菜。1942年财富税造成了毁灭性的债务，他不得不在第二次世界大战后卖掉了心爱的酒馆。因为心碎和压力，他中风发作，最终瘫痪在床而去世。

还有更深，更阴暗的事：当塔库希奶奶接受加扎罗斯·埃芬迪的求婚时，这个鳏夫跟她讲，他有两个孩子。直到婚礼当晚，她才知道丈夫还有第三个孩子，一个名叫马尔迪克的学步男童。塔库希奶奶暴怒了。"你说你有两个孩子，我接受了，"她告诉新婚丈夫，"如果你说有三个，我本来也能接受。但我希望你不是在耍我！"于是，还在学走路的小马尔迪克，这个"耍"出来的孩子，被隐瞒的第三个孩子被送去乔尔卢，跟祖父母一起生活。

那是1915年。奥斯曼帝国即将开始特西尔（tehcir，驱逐）。

在我们为库尔德-亚美尼亚朋友伊赫桑和阿迈恩办的送行会

上，我终于遇见了塔库希。绿色眼眸，剪短白发的她散发出一种女王般的谦和雍容。我很喜欢她带来的亚美尼亚祭祀小麦布丁（anuşabur）。"它只是名字里有亚美尼亚，"她温和地纠正道，"土耳其人叫它aşure，希腊人叫它kolliva，格鲁吉亚人叫它gorgot。"我问起回忆录的事，她告诉我，她从来没有打算写一本令人心碎的书，更别说出版了。"我的本意是写一本家庭菜谱和故事杂记，"她用非常温柔的语气说，"传给我的孩子。"但她写着写着就流下了眼泪，词句变成了另外的东西。

"它们变成了一场纪念，一段祷文，为了那些离去的灵魂。"

塔库希家餐桌周围通过死者最喜欢的食品缅怀往生之人，甚至都没有刻意的痕迹。她的回忆录中短小的菜谱章节同样是悼词：献给加扎罗斯·埃芬迪和他爱吃的皮拉基煮豆（bean pilaki），献给爱吃鸡肉酥饼（çullama）的耶亚叔叔，献给茄子卡巴布配蒜香酸奶爱好者克里科尔叔叔。

塔库希写道，在度过了1915年的苦难之后，"有些人忘记了流亡途中发生的事。有些人闭口不谈，与苦难和解，或者装作和解"。还有些人，比如她的叔叔耶亚，"从不曾忘记，从不曾和解，就这样离开了这个世界"。

被送走的幼童小马尔迪克消失在了1915年的迁移中。塔库希奶奶悲悔不已，余生都在寻找他。她80岁去世时依然为此心碎，而她的使命与创伤也传给了塔库希的父母，贝德罗斯和玛丽亚身上。他们终其一生都在徒劳地寻找马尔迪克，打听他的消息。塔库希现在告诉我，书里的话语和菜谱都不属于她："我只是亲戚们的传声筒。"

但是，书中的最后一道菜是属于塔库希本人的。那是哈尔瓦酥糖（imrik helva），一道为死者灵魂烤制的粗麦粉甜品。"家里的老人拒绝承认他真的已经走了，从来不为小马尔迪克做哈尔瓦酥糖。"她对我说。她那平静的哀愁话语几乎淹没在了聚会的聊天声中。

"我最后自己做了酥糖，为他做了祷告。我让小马尔迪克安息了。所以，我就不用将丧亲与负罪感的创伤传给我的孩子了。"

塔库希的回忆录终于哈尔瓦，却始于托皮克。

"托皮克"在土耳其语中意为"小球"：外皮是鹰嘴豆泥，内馅是松子和加了糖跟香料的洋葱，然后包在平纹细布里煮熟。根据传说，每个亚美尼亚女孩的嫁妆里都有平纹细布。但塔库希告诉我，托皮克的亚美尼亚语原名要更高贵："牧师"（vardapet）。在作为梅泽传到伊斯坦布尔之前，它是东安纳托利亚亚美尼亚修道院里的一道大斋节主菜。

我还记得自己第一次邂逅托皮克是在90年代中期。地点是贝伊奥卢区的一家热闹酒馆，名叫邦久克，当时骄傲地自称做亚美尼亚菜。其时，我根本不知道这些怀旧风什锦梅泽品牌的潮流，还有对少数族裔文化的新兴趣，及奥斯曼厨艺与遗产的复兴——这些都是政治与社会自由化的产物，发起者是80年代的一个名叫图尔古特·厄扎尔（Turgut Özal）的男人。

厄扎尔是一个热情洋溢的胖子，一个至少有部分库尔德血统的虔诚穆斯林，一个自由市场的热忱宣教士。1983年之后，他先后以总理和总统身份领导土耳其，直到1993年意外身亡——死因的说法多种多样，有说是毒死的，也有说是出访中亚期间吃了一整只烤全羊，结果心脏病发作。暴食是厄扎尔新自由主义时代的一个贴切隐喻。但他被人铭记是因为更重大的功绩：重新将伊斯兰教引入公共生活，将死气沉沉的土耳其国有企业私有化，打开了全球商品资本主义（和大规模腐败）的闸门。另一个转折点是全面重新评判奥斯曼历史，尽管厄扎尔的奥斯曼主义不同于狭隘激烈的埃尔多安伊斯兰主义视角，他要务实和包容得多。奥斯曼多起来了。于是，在全球化时代，一大批先前受到压制的身份被重新接纳，成为开放活跃的新土耳其的一部分——而且用社会学家雅埃尔·纳瓦罗（Yael Navaro）的话说，被重新接纳并包装"为商品的形式"。（熟悉的商品化之叹……）

经过数十年（宗教、族裔、帝国历史方面的）的禁忌，城市青年开始疯狂地从阁楼里拿出家庭照片，或者到古玩店里搜罗当年驱逐流亡者留下的纪念品，这些基督徒的角落新近迎来了士绅化。阿尔巴尼亚和切尔克斯文化协会，希腊人和亚美尼亚人出版社纷纷涌现。现在，过去被打成土耳其民族国家叛徒的少数族裔受到了——一定限度内的——弘扬，成了怀旧文化资产，伊斯坦布尔品牌的一部分，对伊斯坦布尔"宽容多元的新奥斯曼主义天堂"的新全球形象至关重要。

这就说回了托皮克。

这道菜出现在贝伊奥卢酒馆的"伊斯坦布尔马赛克"梅泽拼盘中，令新兴怀旧风的90年代的我神往。我身边的公馆、拱廊和咖啡厅都恢复了原貌，彰显贝伊奥卢在美好时代的旧日光彩。

"托皮克……"

　　回忆录作者塔库希警觉地笑了。托皮克在都市年轻人中间大火，以至于有一个当地亚美尼亚艺术家出版了一本与食品无关的卡通小册子，题为《我不是托皮克》（*Ben Topik Değilim*）。塔库希说道，那本书概括了亚美尼亚人的情怀。善良的新一代自由派雅痞赞扬亚美尼亚食品，坚持说自己的婶婶常跟亚美尼亚邻居一起喝樱桃酒，以此显示思想开明。

　　"托皮克和樱桃酒……"塔库希小声重复道，"一整个文化，一整段过往，压缩成了这两个刻板印象……"

　　随着百乐餐晚宴的邻近，我发现自己在越来越多地思考大都会怀旧崇拜现象，这种伊斯坦布尔特有的神话创造形式在新自由主义的90年代再度兴起。它是学者们称为"怀旧消费"的全球性繁荣的一部分——从墨西哥原住民农家菜，到唤起古时乡村乌托邦形象的意大利慢食运动，再到日本对理想化"故乡"的消费主义沉迷。当然，这些运动都是对全球化与同质化袭来的反应。但它们也是晚期资本主义文化逻辑的产物，这种逻辑将身份、归属、传统和起源神话都当作了服从市场规律的商品。

　　这种消费主义难道不是白人市民阶层的一项特权吗？伊斯坦布尔人果真一直珍视希腊人、亚美尼亚人和犹太人过节互送食品的日子吗？贝伊奥卢的那些梅泽拼盘到底有多大的包容性呢？在20世纪90年代士绅化过程中流离失所的库尔德人和吉卜赛人的菜呢？阿列维派（Alevis）的菜呢？他们信奉的伊斯兰教不属于逊尼派，得不到尊重。还有东安纳托利亚乡村移民的菜呢？正因为他们出现在伊斯坦布尔，才有了许多对于他们到来之前的"文明"

过往的叹息。

我开始思考，我们是不是应该取消这次怀旧活动，去阿克萨赖（Aksaray）订一家餐厅。阿克萨赖位于历史悠久的半岛上的大巴扎外，是穆罕默德二世为了恢复君士坦丁堡人口而设置的强制移民安置区之一。现在，它成了伊斯坦布尔的潮流多元文化中心。阿拉伯语招牌兜售着来自贝鲁特的连锁炸豆丸和来自大马士革的连锁烘焙；摩洛哥人、叙利亚人和苏联加盟共和国逃亡者蜂拥到此，寻找短工和廉价住房。阿克萨赖有自己的后帝国时代怀旧——不过是另一种风味。我来这里买仿苏式巧克力和察察酒（chacha），这种格鲁吉亚家庭自酿葡萄果渣白兰地是从苏联高加索地区通过公共汽车偷运过来的。在格鲁吉亚的快闪咖啡厅里，当年的同胞们啃着社会主义版的玛德琳蛋糕、油润的巧克力香肠饼干（kolbasa），同时用俄语抱怨流亡生活。

但我没有对盖姆兹提起这些。盖姆兹正为百乐餐苦恼呢。

一件事是有人临时说来不了，于是，我们失去了梅里和她的罗姆红鱼子酱，还有阿尔巴尼亚朋友泽伊内普的油炸切块"阿尔巴尼亚肝"配紫皮洋葱。然后是盖姆兹家在派对当天早晨停气了，我们只好匆匆出门改成外卖。我们停在独立大街外的鱼市，从盖姆兹最喜欢的鱼贩手里买了几块发亮的乌鱼子，用来做红鱼子酱，还买了犹太菜（还是拜占庭菜），黄油质感的盐腌鲣鱼。旁边坐落着我们的主要目的地，一家门面狭小的古旧下水铺子（奥斯曼语里称作ciğerci）。店里有两个先生，都是一头白色卷发，看着卷成花环形状的小肠、形似蕾丝的金钱肚，还有绵羊蹄，长得像一尘不染的婴儿似的。两人名叫奥尔罕贝伊和卡米勒贝伊，阿尔巴尼亚人，是一对表兄弟。

我问起了阿尔巴尼亚肝。"阿尔巴尼亚名菜，是吧？"

哥哥卡米勒贝伊大笑起来。"大家都这么觉得。"他说。据他讲解，大多数阿尔巴尼亚人是在巴尔干战争后来到这里的——然而，上个世纪初的更多战争重新安排了人们的命运——定居下来，他们是垂暮帝国境内最优秀的养牛户、下水师傅和屠宰场老板。"你想要最好的肝？找阿尔巴尼亚人买。于是就有了这个名字——'阿尔巴尼亚肝'——阿尔巴尼亚没有这道菜！"

我们安排店里做好这道阿尔巴尼亚没有的肝菜，然后外送给我们。这时，弟弟奥尔罕贝伊突然怀起了旧。"我们的顾客本来是文明人……男士穿西装，女士穿美丽的长裙。这边的所有商贩，哪怕是土耳其人商贩都会讲希腊语和一点法语。但1955年来了……"他发出一声悠长的叹息，摊开了一双老手。敏感的盖姆兹也发出叹息，险些要流泪。我们都知道那段故事的结局。"现在呢？"卡米勒贝伊示意外面坐着的一群闷闷不乐的小伙子，蹲着吃塑料盘装的烤小肠（kokoreç）。他们血迹斑斑的光头裹着不祥的黑色绷带。

"帮派成员？"我警觉地小声说。

"还不如呢！海湾国家来的植发游客！"

盖姆兹回家了，我顺着隔壁的"鲜花通道"（Ciçek Pasajı）离开了市场。这条张扬的巴黎风格拱廊如今满是不受待见的游客酒馆，1876年由一位希腊银行家委托修建，原名为"佩拉西堡"（Cité de Pera）。改名源于布尔什维克革命后逃到君士坦丁堡，来这里卖花的白俄贵族。那些难民带过来的，也是我要带到百乐餐上的俄罗斯沙拉呢？由于美国的马歇尔计划和二战后强烈的反共主义，这款沙拉改名为"美国沙拉"（Amerikan salatasi）。

伊斯坦布尔：改名之都。

我缓缓沿着独立大街往家走，品味着当年的佩拉大道（Grande Rue de Pera），体现了奥斯曼帝国末期慕洋思想的土耳其"香榭丽舍大街"，那时街上有使馆、音乐厅、勒蓬马歇百货商店和音乐咖啡厅——1893年，一个英国游客写道，这是一条令人惊叹的大街，"不属于任何国度，又属于所有国度……有跳旋转舞的托钵僧，有卖水人，有抬轿人……小亚细亚来的阿尔巴尼亚伐木工，波斯赶驴人，克罗地亚人和本地土耳其人，人口之多样，举世无双"。

我在由一个阿尔巴尼亚裔希腊人创办的因吉甜品店旧址（现已搬迁）停下脚步，回想起早年在伊斯坦布尔生活的罪恶快感，当时我在店里买了热量多到致命的泡芙球。这里还有马尔基兹甜品店，另一家甜品圣地，曾经的老板是一个胖胖的亚美尼亚人。店里有著名的两季瓷砖画，"秋季"（L'Automne）和"春季"（Le Printemps），伊斯坦布尔文人经常聚在这里吃巴黎巧克力。如今瓷砖画还在，但文化记忆一扫而空，场地现在是一家名叫"饭菜俱乐部"（Yemek Kulübü）的快餐厅，优雅的窗户贴上了每日汉堡薯条特价套餐的海报。这里还有二手书走廊，是瓦尔特·本雅明笔下巴黎拱廊的活化石。这些虽然还活着，但看上去是何其衰败阴森啊，散发着霉味，等待着开发商大锤的到来。

在奥尔罕·帕慕克1990年的小说《黑书》中，伊斯坦布尔呈现为一座博尔赫斯式的双层城市：地上是模仿替代品，地下是废墟，集合了"被遗弃的……让我们之所以是我们的旧物"。《黑书》是帕慕克惯常的那种满怀呼愁的沉思，他思考着凯末尔西化运动对奥斯曼故都城市肌理的抹除。只不过在今天，就在前方的塔克西姆广场（Taksim Square），一座宽阔的新清真寺趾高气扬地拔地而起，原址是一座60年代的现代主义地标性文化中心，拆除后取代它的是一座浮华的新复制品……复制的是它本身。而在独立大道周边的窄巷中，"伊斯坦酷尔"时代的酒吧正在边缘化，换成了面向节俭的沙特游客的伪东方式水烟咖啡馆。

怀旧……这座城市，我们的城市——这就像一座水滨的怀旧工厂，永远在生成，再生成着无尽的失落轮回。现在，一种过分拥挤却贫困的都市感特别强烈，一层层的过往文明——拜占庭、奥斯曼、凯末尔主义，甚至还有新自由主义全球化——正淹没在徒有其表、吹毛求疵的伊斯兰浪潮之下，而它本身也采取新自由主义政策。于是我心想，我只不过是一个偏爱此地的短居者，又去质疑朋友们对自身过往经历的伤怀，他们对文明大都市玫瑰色神话的顽固执念，我又算是什么人呢？

我最后下坡走向自己的公寓时，看见彬彬有礼的社区裁缝又在窗上摆了一幅阿塔图尔克画像。这个冰冷而优雅的人物竟然莫名安心：我们受到威胁的世俗化生活方式，还有女性解放的动员符号。当然，直到我们回忆起激进民族主义、对库尔德人的压迫、阿塔图尔克自身对历史和异质成分的抹除。这年头，我觉得这些看起来都像是小恶了吧。我费力地走上了六层摇摇晃晃的楼梯，为不得不在宗教和世俗这两种沉重的模式之间做选择而心碎。然后，我开始削土豆皮，切成骰子块，用来做俄罗斯——还是美国——沙拉。在午后的微风吹拂下，窗外的博斯普鲁斯海峡泛起粗罗似的涟漪。

午夜过后，巴里和我才走出盖姆兹的公寓。14世纪由热那亚商人修建的巨型石塔加拉太塔耸立在屋外的卵石路上，尖顶直冲近乎圆满的月亮。加拉太区与君士坦丁堡本身一样古老，一直是外国人生活区——也是红灯区，异教徒"罪恶堕落"之地。15世纪奥斯曼诗人拉蒂菲（Latifi）称之为世界上最大的酒馆。

我们好好醉了一场，没有辜负加拉太的盛名。我们喝了盖姆兹的100纯度茴香酒，还有奇特的苏勒尼墨黑葡萄酒。后者产自土耳其东南部，由基督教亚述正教会信徒酿造，这些人依然在讲一种阿拉米语——基督说的语言。

我们的锁盘桌成了记忆中最美好的聚会之一，不是我小时候在费城上非母语英语课时的那种多样性表演，而是在庆祝友情以及对伊斯坦布尔的共同热忱。所有人都怀着敬畏的心围在盖姆兹巧妙布置的桌旁。她在我的宜家托盘上安排了一场正式的茴香酒仪式，到场者有皮是玫瑰色的饱满开心果，还有黝黑打卷的巴斯图尔马（basturma），这是奥斯曼版的五香熏牛肉（pastrami）前身，早在17世纪就有亚美尼亚人制作了。希腊红鱼子酱晕成了一片咸味的云彩，顶上有透亮的鱼卵。"推行坦齐马特改革的马哈茂德二世（Mahmud II）苏丹爱吃鱼子酱！"盖姆兹说道。她用肉桂粉在塔库希的托皮克上面撒出了精美图案，又在德尼兹蓬松的塞法迪奶酪烧茄子上面点缀了炸松子和莳萝叶。

我们的库尔德朋友伊赫桑意外到场，带来了一大堆香喷喷的贻贝包饭。他的妻子阿迈恩已经开始在波士顿读研了。伊赫桑本来也该走了，但他还是来了这里，编出种种理由推迟行期，留下来与朋友们畅饮茴香酒。

"那这是谁的菜？"微醺的伊赫桑一边哲思，一边从贻贝壳里挖出肉桂味的饭。"贻贝包饭。"他自问自答道。在希腊人和亚美尼亚人从伊斯坦布尔餐厅中消失之前，曾经是基督徒酒馆的一大特色菜。这道菜本来可能会随着他们一起消亡，但它得到伊斯坦布尔的库尔德移民接纳，成了一道街头美食。这些移民来自土耳其东南部的马尔丁（Mardin）地区，离开家乡是为了逃离贫困以及20世纪80年代以来针对库尔德人的内战，一场无人讲述的内战。经济原因与政治原因就这样不可避免地纠缠在一起，让马尔丁库尔德人成了伊斯坦布尔的街头贻贝包饭小贩。他们的贻贝是一种新文化融合的朴素图腾。

全是混着的（Hepsi karışık）。我心里这样想着，回荡着罗姆历史记录者梅里的话语。是啊：谁的食物？在我旅程中的一些落脚处，答案似乎显而易见。但现在过了午夜，在这处千百年来的文明十字路口与重写羊皮纸上，指定特定菜品的原初身份，解开其中的复杂纠缠似乎是一项纯粹荒谬的任务。

我们在盖姆兹家的阳台上抽了太多烟，一边观看博斯普鲁斯海峡对岸某个大户人家办婚礼放的烟花，一边喝着茴香酒和亚述葡萄酒。盖姆兹的丈夫阿尔达是一个有索邦大学博士学历的业余打碟者（DJ）。他播放的是罗扎·埃斯凯纳齐（Roza Eskenazi）的歌——她是一个生于君士坦丁堡的犹太歌手，后来成了希腊里贝提克（Rebetiko）女王。这种布鲁斯音乐属于人口交换过程中流亡希腊的土耳其人。罗扎的悲声音量太大，以至于有新邻居报了警。

"好了，亲爱的，"盖姆兹最后说了一句，同时用亲吻表示晚安，"我猜这意味着派对圆满成功了！"

尾声

国　菜

2022年2月25日，我在度过了动荡的一夜后醒来。前一天晚上，我在跟进俄乌冲突的新闻，而在震惊、突然大叫和肾上腺素飙升的末日刷刷刷之余，一个看似无关紧要，却令我切身不安的念头进入了我的头脑。我意识到，经过这些年对国菜和民族身份的研究，我已经不知道如何思考或者谈论红菜汤（borsch），这道乌克兰和俄罗斯都宣称属于自己的甜菜汤了。我在苏联时代的莫斯科长大时，一周最少喝两次红菜汤——用西里尔字母写作борщ，结尾没有t，那是意第绪语给加上的。不管是好还是坏吧，对我来说，它一直代表着我们已经离开的家乡。在皇后区的我家，冰箱里就放着一大锅我妈刚做的红菜汤。但是，谁有权利声称它是自己的遗产呢？我长久以来一直在思考这个纠缠不清的文化所有权问题，而它如今来到了我自己的桌上，让我紧张起来，突然间感到它有一种深刻的、灼热的切身性。

当年在勃列日涅夫时代的莫斯科，我从来不觉得红菜汤是任何民族的"国菜"。它就在那里，是我们共同的苏维埃现实的一部分，就像冬天的棕雪，充斥着宿醉口气的公交车，还有我那扎人的羊毛校服。那时的红菜汤有不同的形态。单位红菜汤散发着不新鲜的卷心菜味，在横跨11个时区的庞大苏维埃社会主义共和国联盟的幼儿园、医院和工人食堂里几乎没有区别。私家红菜汤则显现出每一个苏联母亲和祖母的甜蜜手艺——尽管对我来说，最后吃起来还是一个味。我母亲对她的超快全素版热红菜汤特别自豪。我至今还记得她在莫斯科家中整洁的厨房里一边下巴夹着电话，一边用笨重的磨丝器将胡萝卜、卷心菜和甜菜擦成丝，装进我家的搪瓷锅。历历在目。她一直坚持说，那是她的配方，用一罐番茄膏和若干蔫了的根茎类蔬菜在经济短缺年代创造出的奇迹。在秋天，她会往汤里加一个安东诺夫卡酸苹果；在冬天，可能会加一勺进口美国番茄酱，营造出一种刺激性的非苏联质感。我从来没敢告诉她，我更喜欢她的冒牌法式火锅，也就是别墅季吃的冷红菜汤，相当于品红色冷汤里的沙拉，短暂北国夏日里的黄瓜、大葱和芜菁口感爽脆，生机勃勃。

1991年，乌克兰成了一个独立国家。它曾经是苏联的创始加盟共和国，而且从18世纪后期就并入了沙俄。最早提到红菜汤的文献是一个在1584年前往基辅的德国商人日记。当时，今天的乌克兰大部都属于波兰-立陶宛联邦（Polish-Lithuanian Commonwealth）——远早于乌克兰或俄罗斯形成现代民族意识的年代。就此而言，红菜汤这个斯拉夫语词在当时很可能指的是猪草，一种当地常见的植物，经发酵后用来制作一种酸味绿色浓汤。我们熟悉的深红色汤肯定是快到18世纪才形成的，当时东欧开始栽种甜菜。从那时开始，俄罗斯菜谱中经常收录红菜汤了，尽管往往提及"小俄罗斯"（Malorossiya）——帝国时期对乌克兰的称呼。

苏联人自己从不否认红菜汤源于乌克兰。事实上，除了寒酸的定量红菜汤以外，苏联共和国饮食多种多样的宣传性菜谱里还有一道菜——正宗乌克兰红菜汤。那是一道巴洛克式的菜肴，浓到可以让勺子立住，汤里满是各种商店里从未见过的肉——肉啊！尽管这道菜本意是弘扬乌克兰特色，但它当然是苏维埃化的刻奇传说。

直到1989年为止，我都没有多思考过"正宗"乌克兰红菜汤。当时，我和母亲已经移居美国15年了，我也写了自己的第一本烹饪书——《请上桌》（*Please to the Table*）。我的书也意在弘扬苏联各加盟共和国的饮食多样性——我现在不安地回顾那本书，它或许带有一点帝国主义色彩？这确实极具讽刺意味，因为我的书付梓之际，苏联正在嘎吱作响，分崩离析，各加盟共和国也在不断主张独立。在苏联的日暮时分，我前往西乌克兰调研红菜汤，结果惊讶地发现了多个我从未想到过会存在的版本：加糖用甜菜和牛肝菌的红菜汤，加甜菜发酵成的格瓦斯的红菜汤，还有一种加了烟熏梨干和路上偶遇的猎人打到的野味。回到纽约后，我采访了当地的乌克兰移民。这些慷慨的人给我吃了芳香蜂蜜蛋糕，还有加入小饺子（vushki）的圣诞红菜汤。后来当我的出版商将《请上桌》的副标题定为"俄罗斯菜谱"时，他们还写来了愤怒的抗议信。

《请上桌》里收录了我妈妈的"超快全素版"红菜汤，此外还有五六种红菜汤的做法。将近30年后，在某种奇特的反转作用下，它成了她的救赎。经历了特朗普和疫情的黑暗岁月，她在2021年初奇迹般地恢复了生机，开始给优秀的多元文化教育机构"厨房联盟"上Zoom[1]线上烹饪课。为了上课，妈妈捡起了她当年在莫斯科做的全素版红菜汤，还有叫做潘普什基（pampushky）的香草蒜香面包。"厨房联盟"网站上刚登出她要教的"经典俄罗斯美食"菜单，一个乌克兰裔美籍记者就发来了一封怒气冲冲的电子邮件。

"将红菜汤说成俄罗斯菜是不准确的，而且可以视为冒犯了很多人，"邮件里写道，"近年来，在俄罗斯与乌克兰持续冲突的背景下，红菜汤也是论战不断。"

确实如此。第一场真正围绕红菜汤的政治争端爆发于2019年。当年，俄罗斯联邦外交部发了一条推文："永恒经典！#红菜汤是俄罗斯最著名且最受喜爱的#美食，也是传统饮食的一个符号。"这条推文引发了乌克兰社交媒体的愤怒和轻蔑回应。一条评论怒斥道："你非要将红菜汤从乌克兰偷走。"就此问题接受采访的乌克兰人喊道："文化盗窃！"基辅的青年活动家大厨叶夫根·克洛波坚科（Ievgen Klopotenko）发起了一项运动，要将红菜汤纳入联合国教科文组织非物质文化遗产名录。他发誓："（俄罗斯人）不会夺走我们的红菜汤。"

"正如阿拉伯人和以色列人争夺胡姆斯的归属权一样，"《纽约时报》评论道，"这场争端分裂了两个相邻的文化，而这些传统原本可能会让两者联合起来。"

1　一款多人手机云视频会议软件。

　　乌克兰记者的电子邮件让我妈妈很受伤。她，还有跨越众多国境的繁多人群世世代代都做这道菜，已经将其内化。"红菜汤有很多种类，"她一边把胡萝卜和甜菜擦丝，一边坚定地说，"俄式的，波兰式的，立陶宛式的，摩尔多瓦式的，卡累利阿式的，流散犹太人式的——对，对，还有乌克兰式的。"她会进一步主张，红菜汤是一种暖心食品，把不仅吃过同样的食品，也共同经历过悲剧命运的人连接起来。不管怎么说，这就是她的，拉里莎的菜谱，饱含着她的个人感触，与许多回忆发生着共鸣。

　　我不会跟妈妈争论一道菜"真正"是谁的。通过多年的相关研究，我对菜品的本质主义主张心存警惕。民族主义在这些说法中就像膝跳反应一样，难免与民族建构和利润纠缠在一起。滥用的文化盗窃概念也是一样。我赞同哲学家夸梅·安东尼·阿皮亚（Kwame Anthony Appiah）的看法，他坚称，这种做法为文化行为蒙上了类似企业知识产权的性质。而在现实中，用他的话说："一切文化行为与文化对象都是流动的；它们容易传播，自身也几乎都是交融的产物。"

　　如果说在我开启国菜研究计划的时候，我为自己的全球化普世主义感到自在的话，那么我现在产生了一种存在层面的剥离感。在本应是我内心安乐之所在的地方，现在留下了一个巨大的空洞。

　　在危急时刻，儿时的食物会带来家和安全的感觉，让我们安心，重新与我们的身份、我们的故乡建立联结。这是一句常青的陈词滥调。但是，只是想到红菜汤就会让我更心痛。红菜汤属于谁？这个问题悬浮在空中，就像一阵斥责我的烟尘。

前些天里，俄乌冲突的炮火带给我母亲极大的创伤。现在，她在红菜汤中找到了一个情绪锚点。

我母亲现在谈论红菜汤时有了一种新的权威感和明确的道德意识。她坚持说，到底谁"发明"了红菜汤不重要，它最早出现在什么地方更不重要。重要的是，红菜汤在一种民族叙事中的面貌。红菜汤是一个有力的团结象征。"红菜汤，"她在接受一次电台采访时说，"代表家庭、慷慨、土地富饶、家族纽带。"

2022年夏末，我给利沃夫（L'viv）的食品学者奥萝拉·奥戈罗德尼克（Aurora Ogorodnyk）打了一通电话。她正与人类学家玛丽亚娜·杜沙尔（Marianna Dushar）合写一本关于红菜汤的书。

我是在战前的一个晴朗日子里遇见奥萝拉的，场合是一场国际食品会议。这些日子里，她大部分时间都待在乌克兰西部的利沃夫家中，远离南部和东部的主战场，但一直处于导弹袭击的威胁之下。"这边生活如常。"她告诉我，语气里有一种奇异的平和。

红菜汤意外成了我旅程中的最后一道国菜，它是如此熟悉，却如此抵牾，而我在这里做这道菜的缘由又是如此令人揪心。为了践行我对奥萝拉的诺言，于是我决定做真正的乌克兰红菜汤。数日以来，我用乌克兰语研究这道汤，一开始用在线翻译挺别扭，后来总归熟悉了这门与我的语言如此接近，现如今却无比遥远的语言。

托玛和安德烈看着我的头盘菜，眼睛都睁大了：冷红菜汤。我按照几个世纪前的做法，亲手酿制了甜菜格瓦斯，然后按照一种玛丽亚娜·杜沙尔提供的利沃夫做法，添入酸樱桃和大黄，增加果酸味。"在基辅，"托玛说，"我们用新鲜醋栗提酸。""但我们在这边没见过。"安德烈补充道。

仅仅六个月前，我们还是同样的人，我悲伤地反思道。我妈把切片肝和鲱鱼冻传给大家吃，还有她老家敖德萨的特色犹太开胃菜，蒜香茄子蘸酱。我们都是流落海外的苏联人，都说俄语，有着复杂的族裔背景，都读普希金，有着同样的文化坐标。

过去六个月里，托玛和安德烈与乌克兰同呼吸、共命运，起床上床都是追踪新闻，查看基辅家人的动态。他们今晚的欢聚上笼罩着一层脆弱的倦怠。安德烈的姐姐（或妹妹）得了严重抑郁症和惊恐发作，正在德国接受治疗。"从空袭中缓口气也好，"安德烈说，"但她等不及回到儿女和孙子孙女身边了。"

我现在端出了我的第二道红菜汤。汤是富有冲击力的粉红色，汤里放了酸奶油，加入烟熏猪肉的高汤让汤色柔和了些许。汤里没有土豆或卷心菜，本来是婚礼上放在杯子里抿着喝的。桌前没有人尝过这种口味。这种做法是玛丽亚教我的，她是刚刚从乌克兰西部伊万诺-弗兰科夫斯克（Ivano-Frankivsk）逃来的难民。

谈话不可避免地绕回了我们的身份变化。安德烈——我告诉自己，他是犹太—波兰—乌克兰背景，就像红菜汤一样——上的是乌克兰语学校，但现在很后悔没有好好用原文读乌克兰语文学。

托玛生于德累斯顿（前德意志民主共和国），但从小生活在基辅。

他们谈话的时候，我想起了几个星期以来一直在做的梦。我坐在小时候住的莫斯科公寓里，陪我已经离去的父亲和兄弟喝加了糖的茶——醒来时，我感觉自己无家可归，脱离了自己的过去。我想把梦告诉他们，但托玛正要起头祝酒。

"祝红菜汤，"她提议道，"它是石榴的颜色，像乌克兰民歌一样明亮。"

"祝经常与我们爱的人一起吃饭。"我母亲说道。

我们喝下了酒。

致 谢

斯科特·莫耶斯（Scott Moyers），我的同志，导师，优秀的编辑。他早在我之前很久就懂得了这本书。如果没有他，他的智慧和指引，本书根本不会写成。他是一名作者梦想中的支持者。我赞美他，向他致敬。

本书的创作之旅刚开始，我就无比幸运地结识了横跨多个大洲的众多非凡人物，他们慷慨地与我分享了他们的餐桌，他们的学术巧思，他们的个人经历，还有他们国家的历史。我发自内心地感谢下列诸位；还有些人的名字我可能没有提及，但我依然永远感谢他们的善意。

巴黎：感谢（remerciements）贝内迪克特·博热（Bénédict Beaugé）、尼古拉·沙特尼耶（Nicolas Chatenier）、马蒂亚斯·克龙（Mattias Kroon）、亚历山大·米绍（Alexandra Michot）、阿兰·迪卡斯（Alain Ducasse）、艾米·塞拉芬（Amy Serafin）、亚历克·洛布拉诺（Alec Lobrano）、拉尔比·凯什塔阁下（Monsieur Larbi Kechta）、梅格·博廷（Meg Bortin）、林赛·特拉穆塔（Lindsey Tramuta）、吉勒斯·普德洛夫斯基（Giles Pudlowski）、奥利维耶和马蒂娜·弗雷斯（Olivier and Martine

Fraysse）。

　　那不勒斯等地：感谢（grazie）恩佐·科恰（Enzo Coccia）、安东尼奥和多纳泰拉·马托齐（Antonio and Donatella Mattozzi）、伊丽莎白·莫罗（Elisabetta Moro）、马里诺·尼奥拉（Marino Niola）、吉诺·索比洛（Gino Sorbillo）、农齐亚·里韦蒂（Nunzia Rivetti）、塔朗蒂娜·塔朗（Tarantina Taran）、朱利娅纳·布鲁诺和安迪·菲耶尔贝格（Giuliana Bruno and Andy Fierberg）、利维娅·亚卡里诺（Livia Iaccarino）、阿梅迪奥·科莱拉（Amedeo Colella）、毛里齐奥·科尔泰塞（Maurizio Cortese）、贝亚特里切·切卡罗（Beatrice Cecaro）、法布里齐奥·曼戈尼（Fabrizio Mangoni）、梅拉·弗劳托（Mela Flauto）、安东尼奥·图贝利（Antonio Tubelli）、达维德·布鲁诺（Davide Bruno）。

　　东京：感谢（arigato）柳原尚之、佐佐木宏子、玛丽亚·科博（Maria Cobo）、艾布拉姆·普劳特（Abram Plaut）、庄野智治、由尾瞳和由尾春美、舩久保正明、布莱恩·麦克达克斯顿（Brian Macduckston）、都筑响一、渡边元子、沙乌勒·马古利斯（Shaul Margulies）、柴田元幸和青木瞳、梅琳达·乔尔（Melinda Joel）、森枝卓士、罗纳德·克尔斯（Ronald Kelts）、马特·阿尔特（Matt Alt）、克雷格·莫德（Craig Mod）、玉城翼、罗布·萨特怀特（Robb Satterwhite）、哈米什·麦卡斯基尔（Hamish Macaskill）、楠瀬裕之、阿克拉姆·拉希莫夫（Akram Rahimov）。

　　塞维利亚等地：真心感谢（agradecimientos）拉法·阿尔马尔查（Rafa Almarcha）、安娜·巴尔德拉瓦诺斯和梅赛德斯·帕尔多·洛佩兹女士（Ana Valderrábanos and Señora Mercedes Pardo López）；5J公司的帕斯·费尔德南斯·本戈瓦（Patxi Fernández Bengoa）、伊莎贝尔·冈萨雷斯·特莫（Isabel González Turmo）、阿尔韦托·特罗亚诺（Alberto Troyano）、玛丽亚·卡斯特罗·贝穆德斯-科罗内尔（María Castro Bermúdez-Coronel）和塞韦里亚诺·桑切斯（Severiano Sánchez）、费尔南多·维多夫罗（Fernando Huidobro）、亚历杭德罗·安东纳·利亚内斯（Alejandro Antona Llanes）、埃里克·克朗布和卢斯·罗西克（Eric Crambes and Ruth Rosique）、曼努埃尔·莱昂和塞莉娅·马西亚斯（Manuel León and Celia Macías）、肖恩·亨内西（Shawn Hennessey）、阿尔韦托·坎道（Alberto Candau）、哈维尔·阿瓦斯卡尔（Javier Abascal）、安东尼奥·索伊多（Antonio Zoido）、伊斯雷尔、博尔哈、戴维和其他特里亚纳市场的好客摊贩；莫雷诺商店的埃米利奥·巴拉（Emilio Vara）和其他保持塞维利亚精神活力的塔帕斯店主。科尔多瓦：帕科·莫拉莱斯（Paco Morales）和阿尔穆德纳·比列加斯（Almudena Villegas）。赫雷斯：爱德华多·奥赫达（Eduardo Ojeda）。加的斯：洛德斯·阿科斯塔（Lourdes Acosta）。马德里：阿尔韦托·费尔南德斯·邦宾（Alberto Fernandez Bonbín），他为我打开了很多扇门。

瓦哈卡等地：感谢（milliónes de gracis）卡夫雷拉·奥罗佩萨（Cabrera Oropeza）、卡洛斯（Carlos）、米格尔（Miguel）、埃维塔女士（Señora Evita）、乔尼塔奶奶（Abuelita Chonita）和太阳阶梯餐厅员工；塞利亚·弗洛里安（Celia Florián）、阿比盖尔·门多萨（Abigail Mendoza）及其姐妹、卡耶塔诺·利蒙·桑

切斯（Cayetano Limón Sánchez）和纳蒂维达德·安布罗西奥（Natividad Ambrosio）、胡利奥·塞萨尔·弗洛里斯（Julio César Flores）、埃尔默·加斯帕尔·格拉（Elmer Gaspar Guerra）、欧弗罗西娜·克鲁兹·门多萨（Eufrosina Cruz Mendoza）、豪尔赫·维拉（Jorge Vera）、图乔和丹尼尔·埃尔南德斯（Tucho and Daniel Hernández）、弗拉维奥·阿拉贡·奎瓦斯（Flavio Aragón Cuevas）、格洛丽亚·萨弗拉博士（Dr. Gloria Zafra）、塔利亚·巴里奥斯（Thalía Barrios）、玛丽·帕斯·伊图里瓦里亚（Mari Paz Iturribarría）、埃斯特拉·诺拉斯科（Estela Nolasco）、劳拉·马丁内斯·伊图里瓦里亚（Laura Martìnez Iturribarría）、亚历杭德罗·鲁伊斯（Alejandro Ruiz）、保罗·塞尔希奥（Paulo Sergio）、伊维特·穆拉特（Ivette Murat）、格拉谢拉·安赫莱斯·卡雷尼奥（Graciela Ángeles Carreño）、萨尔瓦多·奎瓦（Salvador Cueva）、乔纳森·巴维里和伊拉·巴列霍（Jonathan Barbieri and Yira Vallejo）、夸特莫克·培尼亚（Cuauhtémoc Peña）、阿马多·拉米雷斯·莱瓦（Amado Ramírez Leyva）、豪尔赫·莱昂（Jorge Leon）、科卡·萨拉特（Coca Zarate）。墨西哥城：玉米饼基金会的拉斐尔·米尔（Rafael Mier of Fundación Tortilla）和贡萨洛·古（Gonzalo Goût）。

伊斯坦布尔：感谢（teşekkürler）盖姆兹·伊内切里和阿尔达·伊佩克（Gamze Ineceli and Arda Ipek）、德尼兹·阿尔普汗（Deniz Alphan）、扎菲尔·耶纳尔（Zafer Yenal）、厄兹盖·萨曼哲（Özge Samancı）、梅里·切维克·西蒙尼迪斯（Meri Çevik Simyonidis）、塔库希·托夫马相（Takuhi Tovmasyan）、伊希

尔·乔库拉什（Işıl Çokuğraş）、塞姆雷·托伦（Cemre Torun）、萨比哈·阿帕伊登和格克汗·格嫩利（Sabiha Apaydin and Gokhan Gönenli）、许利亚和阿德南·埃克希吉尔（Hülya and Adnan Ekşigil）、巴哈尔·卡拉贾（Bahar Karaca）、穆罕默德·居尔斯（Mehmet Gürs）、恩金·阿金（Engin Akin）、布尔恰克和穆拉特·卡兹达尔（Burçak and Murat Kazdal）、德夫内·卡拉奥斯曼奥卢（Defne Karaosmanoğlu）、列翁·巴乌斯（Levon Bağış）、泽伊内普·米拉齐（Zeynep Miraç）、阿西耶·坚吉兹（Asiye Cengiz）、伊赫桑·卡拉亚兹和阿迈恩·阿韦季相（Ihsan Karayazi and Armine Avetisyan）、谢姆萨·德尼兹塞（Şemsa Denizsel）、内斯利汗·申（Neslihan Şen）、哈尔敦·丁塞廷（Haldun Dinccetin）。

利沃夫：感谢（dyakuyu）朱利娅·奥萝拉·奥戈罗德尼克（Julia Aurora Ogorodnyk）和玛丽亚娜·杜沙尔（Marianna Dushar）。

我的梦中情社企鹅出版社的各位工作人员做出了巨大贡献，包括米娅·康斯尔（Mia Council）、海伦·隆纳（Helen Rouner）、拉维纳·李（Lavina Lee）、艾莉森·达马托（Alyson D'Amato），等等，等等，等等。我要特别感谢希拉·穆迪（Sheila Moody）对细节的敏锐关注。

特别感谢无与伦比的罗兹·沙斯特（Roz Chast），他让本书展开了笑颜。

怀利代理公司纽约和伦敦办事处：非常感谢安德鲁·怀利（Andrew Wylie）那永远明智的建议，特蕾西·博安（Tracy

Bohan）的全球开拓，还有从不差拍的整个团队。

向朱利娅·科斯格罗夫（Julia Cosgrove）、詹妮弗·弗劳尔斯（Jennifer Flowers）以及《远方》（*AFAR*）旅行杂志的各位优秀朋友致敬，是他们支持和滋养了我的漫游癖。我还要向可爱的苏菲·布里克曼（Sophie Brickman）致敬，我的塞维利亚和东京文章是她为我非常怀念的《爱彼迎杂志》约的稿。

一本讲美食的书如果不能与朋友们分享，那就毫无意义了。当我们从疫情期间孤立心痛的黑暗日子里走出时，这条真理具有了关乎存在本身的紧迫意义。干杯，德夫内·艾丁塔什巴什（Defne Aydintaşbaş）和梅尔特·埃尔奥乌尔（Mert Eroğul）、厄苏拉和乔纳斯·黑格维施（Ursula and Jonas Hegewisch）、梅丽莎·克拉克（Melissa Clark）、凯特·塞库莱斯（Kate Sekules）、凯特·克拉德（Kate Krader）、安娜·布罗茨基（Anna Brodsky）、安德烈和托玛·扎格丹斯基（Andrei and Toma Zagdansky）、萨莎和伊拉·格尼斯（Sasha and Ira Genis）、索尼娅·格罗普曼（Sonya Gropman）、马克·科亨和伊冯·马古利斯（Mark Cohen and Ivone Margulies），以及其他许多给我打气的伙伴。

我的母亲拉里莎是我的榜样，最好的朋友，下厨与用餐的同伴，也是我最喜爱的书中角色。她的爱不断将我从旅途中唤回。

巴里·尤格劳（Barry Yourgrau），我的伴侣，他让我旅程的每一步，手稿的每一页都变得更好。他是我的批评者和密友，我的灵感来源，我的支柱——我唯一的真爱。再多感激的话语都不足以表达我的感情。

参考文献

Anderson, Benedict. *Imagined Communities: Reflections on the Origin and Spread of Nationalism*. London: Verso, 1983.

Appadurai, Arjun. "How to Make a National Cuisine: Cookbooks in Contemporary India." *Comparative Studies in Society and History* 30, no. 1 (January 1988): 3-24. https://doi.org/10.1017/s0010417500015024.

Bauman, Zygmunt. *Culture in a Liquid Modern World*. Cambridge: Polity Press, 2011.

Billig, Michael. *Banal Nationalism*. Los Angeles: SAGE, 1995.

DeSoucey, Michaela. "Gastronationalism." *American Sociological Review* 75, no. 3 (June 2010): 432-55. https://doi.org/10.1177/0003122410372226.

Erman, Michel. "What Is a National Dish?" *Medium* 28, no. 3 (2011): 31-43. www.cairn-int.info/journal-medium-2011-3-page-31.htm.

Hobsbawm, Eric, and Terence Ranger, eds. *The Invention of Tradition*. Cambridge: Cambridge University Press, 2002.

Ichijo, Atsuko, and Ronald Ranta. *Food, National Identity and Nationalism*. London: Palgrave Macmillan, 2016.

Jensen, Lotte, ed. *The Roots of Nationalism: National Identity Formation in Early Modern Europe, 1600-1815*. Amsterdam: Amsterdam University Press, 2016.

King, Michelle, ed. *Culinary Nationalism in Asia*. London: Bloomsbury Academic, 2019.

Porciani, Ilaria, ed. *Food Heritage and Nationalism in Europe.* Abingdon, Oxon., UK: Routledge, 2020.

Skey, Michael, and Marco Antonsich, eds. *Everyday Nationhood: Theorising Culture, Identity and Belonging after Banal Nationalism.* London: Palgrave Macmillan, 2017.

Smith, Anthony D. "Gastronomy or Geology? The Role of Nationalism in the Reconstruction of Nations." *Nations and Nationalism* 1, no. 1 (1995): 3–23.

前言：巴黎火锅

Adams, Craig. "The Taste of Terroir in 'The Gastronomic Meal of the French': France's Submission to UNESCO's Intangible Cultural Heritage List." *M/C Journal* 17, no. 1 (March 18, 2014). https://doi.org/10.5204/mcj.762.

Beaugé, Bénédict. "On the Idea of Novelty in Cuisine." *International Journal of Gastronomy and Food Science* 1, no. 1 (January 2012): 5–14. https://doi.org/10.1016/j.ijgfs.2011.11.007.

Bell, David. *The Cult of the Nation in France: Inventing Nationalism, 1680–1800.* Cambridge, Mass.: Harvard University Press, 2003.

Carême, Marie Antonin. *L'Art de la Cuisine Française au Dix-Neuvième Siècle. Tome 1.* Boston: Adamant Media, 2005.

Csergo, Julia. *Pot-au-Feu: Convivial, Familial: Histoires d'un Mythe.* Paris: Autrement, 1999.

Edwards, Nancy. "The Science of Domesticity: Women, Education and National Identity in Third Republic France, 1880–1914." PhD Diss., University of California, Berkeley, 1997.

Ferguson, Priscilla Parkhurst. *Accounting for Taste: The Triumph of French Cuisine.* Chicago: University of Chicago Press, 2006.

Gopnik, Adam. *The Table Comes First: Family, France, and the Meaning of*

Food. New York: Vintage Books, 2012.

Ichijo, Atsuko. "Banal Nationalism and UNESCO's Intangible Cultural Heritage List: Cases of Washoku and the Gastronomic Meal of the French." In *Everyday Nationhood: Theorising Culture, Identity and Belonging after Banal Nationalism*, edited by Michael Skey and Marco Antonsich. London: Palgrave Macmillan, 2017.

Kelly, Ian. *Cooking for Kings: The Life of Antonin Carême, the First Celebrity Chef.* New York: Walker, 2005.

Mennell, Stephen. *All Manners of Food: Eating and Taste in England and France from the Middle Ages to the Present.* Urbana: University of Illinois Press, 2006.

Poole, Benjamin. "French Taste: Food and National Identity in Post-Colonial France." PhD Diss., University of Illinois, 2014.

"Quels Sont les Plats Préférés des Français?" Elle à Table, *Elle* (France), December 16, 2016. www.elle.fr/Elle-a-Table/Les-dossiers-de-la-redaction/News-de-la-redaction/Quels-sont-les-plats-preferes-des-Francais-3401246.

Spang, Rebecca L. *The Invention of the Restaurant: Paris and Modern Gastronomic Culture.* Cambridge, Mass.: Harvard University Press, 2000.

Spary, E. C. *Eating the Enlightenment: Food and the Sciences in Paris, 1670–1760.* Chicago: University of Chicago Press, 2014.

Steinberger, Michael. *Au Revoir to All That: Food, Wine, and the End of France.* New York: Bloomsbury, 2010.

Tebben, Maryann. "French Food Texts and National Identity: Consommé, Cheese Soufflé, Francité?" In *You Are What You Eat: Literary Probes into the Palate*, edited by Annette Magid, 168-89. Newcastle, UK: Cambridge Scholars, 2008.

Tebben, Maryann. *Savoir-Faire: A History of Food in France.* London: Reaktion Books, 2020.

Trubek, Amy B. *Haute Cuisine: How the French Invented the Culinary Profession.* Philadelphia: University of Pennsylvania Press, 2001.

Weber, Eugen. *Peasants into Frenchmen: The Modernization of Rural France, 1870-1914.* Stanford, Calif.: Stanford University Press, 2007.

Weiss, Allen S. "The Ideology of the Pot-au-Feu." In *Taste, Nostalgia*, edited by Allen S. Weiss. New York: Lusitania Press, 1997.

那不勒斯：比萨、意面、番茄

Artusi, Pellegrino. *La Scienza in Cucina e l'Arte di Mangiar Bene.* Torino: Einaudi, 1974.

Artusi, Pellegrino. *Science in the Kitchen and the Art of Eating Well.* Toronto: University of Toronto Press, 2004.

Belmonte, Thomas. *The Broken Fountain.* New York: Columbia University Press, 1989.

Benjamin, Walter, and Asja Lacis. "Naples." In *Reflections: Essays, Aphorisms, Autobiographical Writings*, 163-73. New York: Harcourt Brace Jovanovich, 1978.

Callegari, Danielle. "The Politics of Pasta: La Cucina Futurista and the Italian Cookbook in History." *California Italian Studies* 4, no. 2 (2013). https://doi.org/10.5070/c342016030.

Camporesi, Piero. "Introduzione." In *La Scienza in Cucina e l'Arte di Mangiar Bene.* Turin: Einaudi, 1974.

Capatti, Alberto, and Massimo Montanari. *La Cucina Italiana: Storia di una Cultura.* Rome: Laterza, 2014.

Caròla Francesconi, Jeanne. *La Cucina Napoletana.* Naples: Grimaldi, 2010.

Cavalcanti, Ippolito. *Cucina Teorico-Pratica.* Naples: Grimaldi, 2018.

Choate, Mark I. *Emigrant Nation: The Making of Italy Abroad.* Cambridge, Mass.: Harvard University Press, 2008.

Cinotto, Simone. *The Italian American Table: Food, Family, and Community in*

New York City. Urbana: University of Illinois Press, 2013.

Dickie, John. *Delizia! The Epic History of the Italians and Their Food*. New York: Free Press, 2010.

Diner, Hasia R. *Hungering for America: Italian, Irish, and Jewish Foodways in the Age of Migration*. Cambridge, Mass.: Harvard University Press, 2001.

Gabaccia, Donna R. *We Are What We Eat: Ethnic Food and the Making of Americans*. Cambridge, Mass.: Harvard University Press, 2000.

Gentilcore, David. *Pomodoro! A History of the Tomato in Italy*. New York: Columbia University Press, 2010.

Goethe, Johann Wolfgang von. *Italian Journey*. Translated by W. H. Auden and Elizabeth Mayer. London: Penguin, 2004.

Hazzard, Shirley, and Francis Steegmuller. *The Ancient Shore: Dispatches from Naples*. Chicago: University of Chicago Press, 2009.

Helstosky, Carol. *Garlic and Oil: Politics and Food in Italy*. Oxford: Berg, 2006.

Helstosky, Carol. *Pizza: A Global History*. London: Reaktion Books, 2013.

La Cecla, Franco. *La Pasta e la Pizza*. Bologna: Il Mulino, 2002.

Lancaster, Jordan. *In the Shadow of Vesuvius: A Cultural History of Naples*. London: Tauris Parke, 2011.

Levenstein, Harvey. "The American Response to Italian Food, 1880–1930." *Food and Foodways* 1, no. 1–2 (January 1985): 1–23. https://doi.org/10.1080/0740971 0.1985.9961875.

Lewis, Norman. *Naples' 44*. New York: Pantheon Books, 1985.

Mattozzi, Antonio. *Inventing the Pizzeria: A History of Pizza Making in Naples*. London: Bloomsbury Academic, 2015.

Montanari, Massimo. *Italian Identity in the Kitchen, or Food and the Nation*. New York: Columbia University Press, 2013.

Montanari, Massimo. *A Short History of Spaghetti with Tomato Sauce*. New York: Europa Editions, 2022.

Moyer-Nocchi, Karima. *Chewing the Fat: An Oral History of Italian Foodways from*

Fascism to Dolce Vita. Perrysburg, Ohio: Medea, 2015.

Nowak, Zachary. "Folklore, Fakelore, History." *Food, Culture & Society* 17, no. 1 (March 2014): 103–24. https://doi.org/10.2752/175174414x13828682779249.

Parasecoli, Fabio. *Al Dente: A History of Food in Italy*. London: Reaktion Books, 2014.

Serao, Matilde. *Il Ventre di Napoli*. Milan: BUR Rizzoli, 2019.

Sereni, Emilio. *I Napoletani: Da "Mangiafoglia" a "Mangiamaccheroni": Note di Storia dell'alimentazione nel Mezzogiorno*. Naples: Libreria Dante & Descartes, 2015.

Serventi, Silvano, and Françoise Sabban. *Pasta: The Story of a Universal Food*. New York: Columbia University Press, 2002.

Snowden, Frank M. *Naples in the Time of Cholera, 1884-1911*. Cambridge: Cambridge University Press, 2002.

Twain, Mark. *The Innocents Abroad*. Berkeley: Mint Editions, 2020.

东京：拉面与米饭

Bray, Francesca. *The Rice Economies: Technology and Development in Asian Societies*. Berkeley: University of California Press, 1994.

Bray, Francesca, Peter A. Coclanis, Edda L. Fields-Black, and Schäfer Dagmar, eds. *Rice: Global Networks and New Histories*. New York: Cambridge University Press, 2017.

Cang, Voltaire. "Policing Washoku: The Performance of Culinary Nationalism in Japan." *Food and Foodways* 27, no. 3 (July 3, 2019): 232–52. https://doi.org/1 0.1080/07409710.2019.1646473.

Cwiertka, Katarzyna. *Modern Japanese Cuisine: Food, Power and National Identity*. London: Reaktion Books, 2014.

Cwiertka, Katarzyna, and Ewa Machotka, eds. *Consuming Life in Post-Bubble*

Japan: A Transdisciplinary Perspective. Amsterdam: Amsterdam University Press, 2018.

Cwiertka, Katarzyna, with Yasuhara Miho. *Branding Japanese Food: From Meibutsu to Washoku*. Honolulu: University of Hawai 'i Press, 2021.

Dale, Peter N. *Myth of Japanese Uniqueness*. London: Routledge, 2012.

Farina, Felice. "Japan's Gastrodiplomacy as Soft Power: Global Washoku and National Food Security." *Journal of Contemporary Eastern Asia* 17, no. 1 (2018): 152-67.

Ishige, Naomichi. *The History and Culture of Japanese Food*. New York: Routledge, 2011.

Krämer, Hans Martin. "'Not Befitting Our Divine Country': Eating Meat in Japanese Discourses of Self and Other from the Seventeenth Century to the Present." *Food and Foodways* 16, no. 1 (March 14, 2008): 33-62. https://doi.org/10.1080/07409710701885135.

Kushner, Barak. *Slurp! A Social and Culinary History of Ramen— Japan's Favorite Noodle Soup*. Leiden: Koninklijke Brill, 2014.

Laurent, Christopher. "In Search of *Umami*: Product Rebranding and the Global Circulation of the Fifth Taste." *Food, Culture & Society*, April 13, 2021, 1-17. https://doi.org/10.1080/15528014.2021.1895468.

Lyon Bestor, Victoria, Theodore C. Bestor, and Akiko Yamagata, eds. *Routledge Handbook of Japanese Culture and Society*. Abingdon, Oxon., UK: Routledge, 2013.

Ohnuki-Tierney, Emiko. *Rice as Self: Japanese Identities through Time*. Princeton, N.J.: Princeton University Press, 1995.

Pons, Philippe. "Japan's Changing Food Tastes Are Hard to Swallow for Rice and Sake Enthusiasts." *Guardian*, June 5, 2015. www.theguardian.com/lifeandstyle/2015/jun/05/japan-changing-food-tastes-rice-sake.

Rath, Eric C. *Japan's Cuisines: Food, Place and Identity*. London: Reaktion Books, 2016.

Sand, Jordan. "A Short History of MSG: Good Science, Bad Science, and Taste Cultures." *Gastronomica* 5, no. 4 (November 2005): 38-49. https://doi. org/10.1525/gfc.2005.5.4.38.

Schilling, Mark. *The Encyclopedia of Japanese Pop Culture.* New York: Weatherhill, 1997.

Simone, Gianni. "The Future of Rice Farming in Japan." *Japan Times*, January 29, 2016. www.japantimes.co.jp/life/2016/01/29/food/the-future-of-rice-farming-in-japan/.

Solt, George. *The Untold History of Ramen: How Political Crisis in Japan Spawned a Global Food Craze.* Berkeley: University of California Press, 2014.

Takeda, Hiroko. "Delicious Food in a Beautiful Country: Nationhood and Nationalism in Discourses on Food in Contemporary Japan." *Studies in Ethnicity and Nationalism* 8, no. 1 (April 8, 2008): 5-30. https://doi.org/10.1111/j.1754-9469.2008.00001.x.

Tracy, Sarah Elizabeth. "Delicious: A History of Monosodium Glutamate and Umami, the Fifth Taste Sensation." PhD Diss., University of Toronto, 2016.

Vlastos, Stephen. *Mirror of Modernity: Invented Traditions of Modern Japan.* Berkeley: University of California Press, 1998.

Whitelaw, Gavin. "Rice Ball Rivalries: Japanese Convenience Stores and the Appetite of Late Capitalism." In *Fast Food/Slow Food: The Cultural Economy of the Global Food System*, edited by Richard Wilk. Lanham, Md.: AltaMira Press, 2006.

塞维利亚：西班牙塔帕斯地带的流动盛宴

Afinoguénova, Eugenia, and Jaume Martí-Olivella. *Spain Is (Still) Different: Tourism and Discourse in Spanish Identity.* Lanham, Md.: Lexington Books, 2008.

Alvarez-Junco, José. *Spanish Identity in the Age of Nations*. Manchester, UK: Manchester University Press, 2016.

Anderson, Lara. *Control and Resistance: Food Discourse in Franco Spain*. Toronto: University of Toronto Press, 2020.

Anderson, Lara. *Cooking Up the Nation: Spanish Culinary Texts and Culinary Nationalization in the Late Nineteenth and Early Twentieth Century*. Woodbridge, Suffolk, UK: Tamesis, 2013.

Anderson, Lara. "The Unity and Diversity of La Olla Podrida: An Autochthonous Model of Spanish Culinary Nationalism." *Journal of Spanish Cultural Studies* 14, no. 4 (December 2013): 400–414. https://doi.org/10.1080/14636204.2013.91 6027.

Arbide, Joaquín. *Sevilla, Siempre un Bar: De la Tiza al Ordenador*. Seville: Samarcanda, 2019.

Baztán, Maria Reyes. "Potatoes and Nation-Building: The Case of the Spanish Omelette." *Journal of Iberian and Latin American Studies* 27, no. 2 (May 4, 2021): 151–70. https://doi.org/10.1080/14701847.2021.1939529.

Burgos, Antonio. *Guía Secreta de Sevilla*. Barcelona: Ediciones 29, 1999.

Castro, Américo. *The Spaniards: An Introduction to Their History*. Berkeley: University of California Press, 2018.

Díaz, Lorenzo. *La Cocina del Quijote*. Madrid: Alianza, 1997.

Dursteler, Eric. "The 'Abominable Pig' and the 'Mother of All Vices': Pork, Wine, and the Culinary Clash of Civilizations in the Early Modern Mediterranean." In *Insatiable Appetite: Food as Cultural Signifier in the Middle East and Beyond*, edited by Kirill Dmitriev, Julia Hauser, and Bilal Orfali. Leiden: Koninklijke Brill, 2020.

Freidenreich, David M. *Foreigners and Their Food: Constructing Otherness in Jewish, Christian, and Islamic Law*. Berkeley: University of California Press, 2015.

González Troyano, Alberto. *Don Juan, Fígaro, Carmen*. Seville: Fundación José

Manuel Lara, 2007.

González Turmo, Isabel. *Comida de Rico, Comida de Pobre: Los Hábitos Alimenticios en el Occidente Andaluz (Siglo XX)*. Seville: Universidad de Sevilla, Secretariado de Publicaciones, 1997.

González Turmo, Isabel. *200 Años de Cocina: Historia y Antropología de la Alimentación*. Madrid: Cultiva, 2013.

González Turmo, Isabel. *Sevilla: Banquetes, Tapas, Cartas y Menús, 1863-1995: Antropología de la Alimentación*. Seville: Área de Cultura, Ayuntamiento de Sevilla, 1996.

Holguín, Sandie. *Flamenco Nation: The Construction of Spanish National Identity*. Madison: University of Wisconsin Press, 2019.

Ingram, Rebecca. "Spain on the Table: Cookbooks, Women, and Modernization, 1905-1933." PhD Diss., Duke University, 2009.

Kissane, Christopher. *Food, Religion, and Communities in Early Modern Europe*. London: Bloomsbury Academic, 2020.

"La Tapa." In *Revista Española de Cultura Gastronómica*, No. 0. Madrid: Real Academia de Gastronomía, 2018. https://realacademiadegastronomia.com/wp-content/uploads/2021/05/RAG_REVISTA-0.pdf.

"Las Tapas, Cada Vez Más Cerca de Ser Patrimonio Cultural Inmaterial," *La Vanguardia*, February 17, 2018. www.lavanguardia.com/comer/al-dia/20180217/44857743748/tapas-patrimonio-cultural-inmaterial.html.

Martínez Llopis, Manuel. *Historia de La Gastronomía Española*. Madrid: Alianza, 1989.

Menocal, María Rosa. *The Ornament of the World: How Muslims, Jews, and Christians Created a Culture of Tolerance in Medieval Spain*. New York: Back Bay Books, 2012.

Nadeau, Carolyn A. *Food Matters. Alonso Quijano's Diet and the Discourse of Food in Early Modern Spain*. Toronto: University of Toronto Press, 2016.

Nash, Elizabeth. *Seville, Córdoba, and Granada: A Cultural History*. New York:

Oxford University Press, 2005.

"Origen y Evolución de las Tapas," ABC Sevilla, February 28, 2011. https://sevilla. abc.es/gurme/sevilla/sevi-origen-y-evolucion-de-las-tapas-201102282200_ noticia.html.

Ortega y Gasset, José. *Teoría de Andalucía y Otros Ensayos*. Madrid: Revista de Occidente, 1952.

Pack, Sasha D. *Tourism and Dictatorship: Europe's Peaceful Invasion of Franco's Spain*. New York: Palgrave Macmillan, 2006.

Pardo Bazán, Emilia. *Cocina Española Antigua Y Moderna*. Donostia-San Sebastián, Spain: Iano, 2007.

Pardo, Mariano, Ana Palmer Monte, and Maria Fernanda González Llamas. *La Mesa Moderna*. Seville: Cerro Alto, 1994.

Riesz, Leela. "Convivencia: A Solution to the Halal/Pork Tension in Spain?" *Revista de Administração de Empresas* 58, no. 3 (June 2018): 222-32. https://doi. org/10.1590/s0034-759020180303.

Ríos, Alicia. "The Olla." *Gastronomica* 1, no. 1 (February 2001): 22-24. https://doi. org/10.1525/gfc.2001.1.1.22.

Romero de Solís, Pedro. "La Taberna en Espagne et en Amérique." *Terrain*, no. 13 (October 1, 1989): 63-71. https://doi.org/10.4000/terrain.2953.

Rosendorf, Neal M. *Franco Sells Spain to America: Hollywood, Tourism and Public Relations as Postwar Spanish Soft Power*. Basingstoke, UK: Palgrave Macmillan, 2014.

Savo, Anita. "'Toledano, Ajo, Berenjena': The Eggplant in Don Quixote." *La Corónica: A Journal of Medieval Hispanic Languages, Literatures, and Cultures* 43, no. 1 (2014): 231-52. https://doi.org/10.1353/cor.2014.0033.

Sevilla, María José. *Delicioso: A History of Food in Spain*. London: Reaktion Books, 2019.

Stillo, Stephanie. "Forging Imperial Cities: Seville and Formation of Civic Order in the Early Modern Hispanic World." PhD diss., University of Kansas, 2014.

307

Storm，Eric. *The Culture of Regionalism: Art, Architecture and International Exhibitions in France, Germany and Spain, 1890-1939.* Manchester，UK：Manchester University Press，2011.

Venegas，José Luis. *The Sublime South: Andalusia, Orientalism, and the Making of Modern Spain.* Evanston，Ill.：Northwestern University Press，2018.

Villegas，Almudena. *Gastronomía Romana y Dieta Mediterránea: El Recetario de Apicio.* Bloomington，Ind.：Palibrio，2011.

Wild，Matthew J. "Eating Spain: National Cuisine since 1900." PhD Diss.，University of Kentucky，2015.

瓦哈卡：玉米、莫利酱、梅斯卡尔酒

Aguilar-Rodríguez，Sandra. "Cooking Modernity: Nutrition Policies, Class, and Gender in 1940s and 1950s Mexico City." *The Americas* 64，no. 2 (2007): 177-205. www.jstor.org/stable/30139085.

Aguilar-Rodríguez，Sandra. "'Las Penas con Pan Son Menos': Race, Modernity and Wheat in Modern Mexico." *Bulletin of Spanish Studies* 97，no. 4 (January 22，2020)：539-65. https://doi.org/10.1080/14753820.2020.1701330.

Aguilar-Rodríguez，Sandra. "Mole and Mestizaje: Race and National Identity in Twentieth-Century Mexico." *Food, Culture & Society* 21，no. 5 (September 27，2018)：600-617. https://doi.org/10.1080/15528014.2018.1516403.

Bak-Geller Corona，Sarah. "Culinary Myths of the Mexican Nation." In *Cooking Cultures: Convergent Histories of Food and Feeling*，edited by Ishita Banerjee-Dube，224-46. New York：Cambridge University Press，2016.

Barros，Cristina. *El Cocinero Mexicano: México, 1831.* Mexico City：Consejo Nacional para la Cultura y las Artes，Culturas Populares，2000.

Bauer，Arnold J. "Millers and Grinders: Technology and Household Economy in Meso-America." *Agricultural History* 64，no. 1 (1990)：1-17.www.jstor.org/stab

le/3743179 ?seq=1&cid=pdf-.

Bonfil Batalla, Guillermo. *México Profundo: Una Civilización Negada.* Mexico City: Grijalbo, 1990.

Castillo Cisneros, María del Carmen. "En Mi Mero Mole: Una Lectura Antropológica de 'Mole' en Chapters of Food." *Entre Diversidades. Revista de Ciencias Sociales y Humanidades* 8, no. 1 (January 30, 2021): 164-85. https://doi.org/ 10.31644/ed.v8.n1.2021.a07.

Chapa, Martha. *La República de Los Moles: El Recetario Más Completo del Platillo Mexicano por Excelencia.* Mexico City: Aguilar, 2005.

Coe, Sophie D. *America's First Cuisines.* Austin: University of Texas Press, 1994.

Earle, Rebecca. *The Body of the Conquistador: Food, Race, and the Colonial Experience in Spanish America, 1492-1700.* Cambridge: Cambridge University Press, 2013.

El Mole en la Ruta de Los Dioses. Vol. 12 of Cuadernos de Patrimonio Cultural y Turismo, 29-53. Mexico City: Conaculta, n.d.

Esteva, Gustavo. *Sin Maíz No Hay País.* Mexico City: Consejo Nacional para la Cultura y las Artes, 2007.

Fitting, Elizabeth. "The Political Uses of Culture." *Focaal* 2006, no. 48 (December 1, 2006): 17-34. https://doi.org/10.3167/092012906780646307.

Fussell, Betty. *The Story of Corn.* Albuquerque: University of New Mexico Press, 2004.

González, Roberto J. *Zapotec Science: Farming and Food in the Northern Sierra of Oaxaca.* Austin: University of Texas Press, 2001.

Gutiérrez Chong, Natividad. "Forging Common Origin in the Making of the Mexican Nation." *Genealogy* 4, no. 3 (July 20, 2020): 77. https://doi.org/10.3390/ genealogy4030077.

Juárez López, José Luis. *Nacionalismo Culinario: La Cocina Mexicana en el Siglo XX.* Mexico City: Conaculta, 2013.

Kennedy, Diana. *Oaxaca al Gusto: An Infinite Gastronomy.* Austin: University of

Texas Press, 2010.

Keremitsis, Dawn. "Del Metate al Molino: La Mujer Mexicana de 1910 a 1940." *Historia Mexicana* 33, no. 2 (1983): 285–302.www.jstor.org/stable/25135862.

Laudan, Rachel, and Jeffrey M. Pilcher. "Chiles, Chocolate, and Race in New Spain: Glancing Backward to Spain or Looking Forward to Mexico?" *Eighteenth-Century Life* 23, no. 2 (May 1999): 59–70.

Lavín, Mónica, and Ana Luisa Benítez Muro. *Sor Juana en la Cocina*. Mexico City: Planeta Mexicana, 2021.

Lind, David, and Elizabeth Barham. "The Social Life of the Tortilla: Food, Cultural Politics, and Contested Commodification." *Agriculture and Human Values* 21, no. 1 (2004): 47–60. https://doi.org/10.1023/b:ahum.0000014018.76118.06.

Mann, Charles C. *1493: Uncovering the New World Columbus Created*. New York: Knopf, 2011.

Marcus, Joyce, and Kent V. Flannery. "Ancient Zapotec Ritual and Religion." In *The Ancient Mind: Elements of Cognitive Archaeology*, edited by Colin Renfrew and Ezra B. W. Zubrow, 55–74. Cambridge: Cambridge University Press, 2004.

Martínez, Zarela. *The Food and Life of Oaxaca: Traditional Recipes from Mexico's Heart*. New York: Macmillan, 1997.

Matta, Raúl. "Mexico's Ethnic Culinary Heritage and Cocineras Tradicionales (Traditional Female Cooks)." *Food and Foodways* 27, no. 3 (July 3, 2019): 211–31. https://doi.org/10.1080/07409710.2019.1646481.

Méndez Cota, Gabriela. *Disrupting Maize: Food, Biotechnology, and Nationalism in Contemporary Mexico*. London: Rowman & Littlefield, 2016.

Morton, Paula E. *Tortillas: A Cultural History*. Albuquerque: University of New Mexico Press, 2014.

Núñez Miranda, Concepción Silvia. *DISHDAA'W: La Palabra Se Entreteje En La Comida Infinita: La Vida de Abigail Mendoza Ruiz*. Oaxaca: Fundación Alfredo Harp Helú/Proveedora Escolar, 2011.

Overmyer-Velázquez, Mark. *Visions of the Emerald City: Modernity, Tradition, and the Formation of Porfirian Oaxaca, Mexico*. Durham, N.C.: Duke University Press, 2006.

Pilcher, Jeffrey M. "The Land of Seven Moles: Mexican Culinary Nationalism in an Age of Multiculturalism." *Food, Culture & Society* 21, no. 5 (September 27, 2018): 637-53. https://doi.org/10.1080/15528014.2018.1516404.

Pilcher, Jeffrey M. *Planet Taco: A Global History of Mexican Food*. New York: Oxford University Press, 2017.

Pilcher, Jeffrey M. *Que Vivan Los Tamales! Food and the Making of Mexican Identity*. Albuquerque: University of New Mexico Press, 1998.

Pollan, Michael. *The Omnivore's Dilemma: A Natural History of Four Meals*. New York: Penguin Books, 2016.

Poole, Deborah. "Affective Distinctions: Race and Place in Oaxaca." In *Contested Histories in Public Space: Memory, Race, and Nation*, edited by Daniel J. Walkowitz and Lisa Maya Knauer, 197-226. Durham, N.C.: Duke University Press, 2009.

Restall, Matthew. *When Montezuma Met Cortés: The True Story of the Meeting That Changed History*. New York: Ecco, 2019.

Stephen, Lynn. *Zapotec Women*. Austin: University of Texas Press, 1991.

Thomas, Hugh. *Conquest: Montezuma, Cortés, and the Fall of Old Mexico*. New York: Simon & Schuster, 1993.

Villafaña, Hana Xochitl. "The Global Reach of the Mexican Corn Revolution." *Perspectives: A Journal of Historical Inquiry* 45 (n.d.). calstatela.edu/centers/perspectives/volume-45.

伊斯坦布尔：奥斯曼百乐餐

Ágoston, Gábor, and Bruce Masters. *Encyclopedia of the Ottoman Empire*. New

York: Facts On File, 2009.

Alphan, Deniz. *Dina'nın Mutfağı: Türk Sefarad Yemekleri*. Istanbul: Boyut, 2012.

Aslan, Senem. "'Citizen, Speak Turkish!': A Nation in the Making." *Nationalism and Ethnic Politics* 13, no. 2 (May 17, 2007): 245–72. https://doi.org/10.1080/13537110701293500.

Aykan, Bahar. "The Politics of Intangible Heritage and Food Fights in Western Asia." *International Journal of Heritage Studies* 22, no. 10 (August 25, 2016): 799–810. https://doi.org/10.1080/13527258.2016.1218910.

Brodsky, Joseph. "Flight from Byzantium." In *Less than One: Selected Essays*, 393–446. New York: Farrar, Straus and Giroux, 1987.

Cevik, N. K., ed. *Imperial Taste: 700 Years of Culinary Culture*. Ankara: Ministry of Culture and Tourism Publications, 2009.

Douglas, Mary. *Food in the Social Order: Studies of Food and Festivities in Three American Communities*. London: Routledge, 2009.

Elliot, Frances Minto. *Diary of an Idle Woman in Constantinople*. London: J. Murray, 1893.

Erdemir, Aykan. "The Turkish Kristallnacht." *POLITICO*, September 7, 2015. www.politico.eu/article/the-turkish-kristallnacht-greece-1955-pogrom-polites-orthodox/.

Fisher Onar, Nora. "Echoes of a Universalism Lost: Rival Representations of the Ottomans in Today's Turkey." *Middle Eastern Studies* 45, no. 2 (March 2009): 229–41. https://doi.org/10.1080/00263200802697290.

Göktürk, Deniz, Levent Soysal, and Ipek Türeli, eds. *Orienting Istanbul: Cultural Capital of Europe?* London: Routledge, 2010.

"Interview with Zafer Yenal: On the Connection between Nationalism and Cuisine." Qantara.de — Dialogue with the Islamic World, 2007. https://en.qantara.de/node/786.

Işın, Priscilla Mary. *Bountiful Empire: A History of Ottoman Cuisine*. London: Reaktion Books, 2018.

Karaosmanoğlu, Defne. "Cooking the Past: The Revival of Ottoman Cuisine." PhD Diss., McGill University, 2006.

Karaosmanoğlu, Defne. "From Ayran to Dragon Fruit Smoothie: Populism, Polarization and Social Engineering in Turkey." *International Journal of Communication* 14 (2020): 1253-74.

Kia, Mehrdad. *Daily Life in the Ottoman Empire*. Santa Barbara, Calif.: Greenwood, 2011.

King, Charles. *Midnight at the Pera Palace: The Birth of Modern Istanbul*. New York: W. W. Norton, 2015.

Mango, Andrew. *Atatürk*. London: John Murray, 2004.

Mansel, Philip. *Constantinople: City of the World's Desire, 1453-1924*. London: John Murray, 2006.

Mills, Amy. "The Ottoman Legacy: Urban Geographies, National Imaginaries, and Global Discourses of Tolerance." *Comparative Studies of South Asia, Africa and the Middle East* 31, no. 1 (January 1, 2011): 183-95. https://doi.org/10.1215/1089201x-2010-066.

Mills, Amy. "The Place of Locality for Identity in the Nation: Minority Narratives of Cosmopolitan Istanbul." *International Journal of Middle East Studies* 40, no. 3 (August 2008): 383-401. https://doi.org/10.1017/s0020743808080987.

Navaro-Yashin, Yael. *Faces of the State: Secularism and Public Life in Turkey*. Princeton, N.J.: Princeton University Press, 2006.

Necipoğlu, Gülru. *Architecture, Ceremonial, and Power: The Topkapi Palace in the Fifteenth and Sixteenth Centuries*. New York: Architectural History Foundation, 1991.

O'Connor, Coilin. "Food Fight Rages in the Caucasus." Radio Free Europe/Radio Liberty, January 17, 2013. www.rferl.org/a/food-fight-rages-in-the-caucasus-coilin/24840815.html.

Öncü, Ayşe. "The Politics of Istanbul's Ottoman Heritage in the Era of Globalism." In *Cities of the South: Citizenship and Exclusion in the Twenty-First Century*,

313

edited by Barbara Drieskens, Franck Mermier, and Heiko Wimmen, 233-64. London: Saqi Books, 2007. https://research.sabanciuniv.edu/id/eprint/9395.

Öney Tan, Aylin. "Empanadas with Turkish Delight?" *Hürriyet Daily News*, December 9, 2013. www.hurriyetdailynews.com/opinion/aylin-oney-tan/empanadas-with-turkish-delight-59222.

Örs, İlay Romain. *Diaspora of the City: Stories of Cosmopolitanism from Istanbul and Athens*. New York: Palgrave Macmillan, 2018.

Özyürek, Esra. *The Politics of Public Memory in Turkey*. Syracuse, N.Y.: Syracuse University Press, 2007.

Pamuk, Orhan. *Istanbul: Memories and the City*. New York: Alfred A. Knopf, 2017.

Pamuk, Orhan. *The Black Book*. New York: Vintage International/Vintage Books, 2006.

Pultar, Gönül. "Creating Ethnic Memory: Takuhi Tovmasyan's 'Merry Meals.'" In *Imagined Identities: Identity Formation in the Age of Globalism*, edited by Gönül Pultar, 59-67. Syracuse, N.Y.: Syracuse University Press, 2013.

Salmaner, Muge. "The Bittersweet Taste of the Past: Reading Food in Armenian Literature in Turkish." PhD Diss., University of Washington, 2014.

Samancı, Özge. "The Cuisine of Istanbul between East and West during the 19th Century." In *Earthly Delights: Economies and Cultures of Food in Ottoman and Danubian Europe, c. 1500-1900*, edited by Angela Jianu and Violeta Barbu, 77-98. Leiden: Koninklijke Brill, 2018.

Samancı, Özge. "History of Eating and Drinking in the Ottoman Empire and Modern Turkey." In *Handbook of Eating and Drinking: Interdisciplinary Perspectives*, edited by Herbert L. Meiselman, 55-75. [Cham, Switzerland]: Springer, 2020. https://doi.org/10.1007/978-3-030-14504-0_154.

Samancı, Özge. "Images, Perceptions and Authenticity in Ottoman-Turkish Cuisine." In *Food Heritage and Nationalism in Europe*, edited by Ilaria Porciani, 155-79. Abingdon, Oxon., UK: Routledge, 2019.

Samancı, Özge. "Pilaf and Bouchées: The Modernization of Official Banquets at the Ottoman Palace in the Nineteenth Century." In *Royal Taste: Food, Power and Status in European Courts after 1789*, edited by Daniëlle De Vooght, 111-42. Abingdon, Oxon., UK: Routledge, 2011.

Simyonidis, Meri Çevik. *İstanbulum: Tadım, Tuzum, Hayatım*. Yenibosna, Istanbul: İnkılâp Kitabevi, 2015.

Singer, Amy. "Serving Up Charity: The Ottoman Public Kitchen." *Journal of Interdisciplinary History* 35, no. 3 (2005): 481-500. www.jstor.org/stable/3657036.

Tovmasyan, Takuhi. *Mémoires Culinaires du Bosphore*. Marseille: Parenthèses, 2012.

Tovmasyan, Takuhi. *Sofranız Şen Olsun: Ninelerimin Mutfağından Damağımda, Aklımda Kalanlar*. Istanbul: Aras Yayıncılık, 2004.

Türeli, İpek. "Ara Güler's Photography of 'Old Istanbul' and Cosmopolitan Nostalgia." *History of Photography* 34, no. 3 (July 12, 2010): 300-313. https://doi.org/10.1080/03087290903361373.

Yenal, Zafer. "'Cooking' the Nation: Women, Experiences of Modernity, and the Girls' Institutes in Turkey." In *Ways to Modernity in Greece and Turkey: Encounters with Europe, 1850-1950*, edited by Anna Frangoudaki and Caglar Keyder, 191-214. London: Bloomsbury, 2020.

Yerasimos, Marianna, and Sally Bradbrook. *500 Years of Ottoman Cuisine*. Istanbul: Boyut, 2005.

Zat, Erdir. *Rakı, Modern and Unconventional*. Istanbul: Overteam, 2014.

Zubaida, Sami, and Richard Tapper, eds. *A Taste of Thyme: Culinary Cultures of the Middle East*. London: Tauris Parke Paperbacks, 2011.